U0110870

大展好書　好書大展
品嘗好書　冠群可期

大展好書　好書大展
品嘗好書　冠群可期

休閒生活●
●10

蘭　花
栽培小百科

殷華林　編著

品冠文化出版社

前　言

　　在中國傳統的十大名花中，蘭花有著獨特的地位。蘭花的花語爲「謙謙君子」。這是因爲蘭花不但具有體態嫻雅、株形瀟灑、花型獨特、幽香清冽的特色，更具備潔身自好、剛柔大度、不媚世俗、超凡灑脫的「君子品格」。蘭花不僅可以賞花，還可以賞葉，以其姿、色、香、韻而深得人們的鍾情和喜愛。

　　蒔養蘭花，不僅能在栽培過程中得到種蘭、養蘭的樂趣，在欣賞過程中陶冶情操，體會到自強、自立的做人道理，在蘭花生長的各個階段，還能對其充分利用。蘭花全草均可入藥，有滋陰清肺、化痰止咳的功效，根和花瓣還有促進分娩的作用。

　　蘭花除了藥用，花朵的食用價值也不小，可以用來提取香精，用以製作食品和飲料，也可用於窨茶、浸蜜或用於製作菜餚。

　　蘭花比較名貴，蒔養起來也有一定難度，但它畢竟只是一種植物，只要掌握這種植物的生物學和生態學特性，儘量滿足它的生長條件，那麼將它培育健壯，使它年年開出肥碩的花朵，就不是特別難的事情。養蘭本是一種愛好和休閒方式，不能急功近利，要用平常心去蒔養它，日子久了，就會慢慢地摸索出養蘭的規律了。

　　本書從介紹蘭花種類和習性入手，向養蘭愛好者介紹蘭花識別、欣賞、購買、繁殖、栽培、養護等方面的知識和技術，與養蘭者共同探討一些關鍵的養蘭經驗。

　　本書由殷華林編著，潘勁草、劉爲道、胡海才、鮑國喜、魏生林、喬雲海、達慶斌、馮國之、巫慶雲、陳平章、馮大用、梅林森、顧乃平、朴仁義等提供彩照。殷華林繪製所有插圖。

　　本書編寫時參閱和引用了有關蘭花栽培技術的資料，在此對相關作者表示衷心感謝。由於筆者的學識、能力、經驗有限，書中難免存在謬誤，懇請讀者不吝賜教。

　　　　　　　　　　　　　　　　　　編　者

目　錄

第一章
蘭花的種類和品種

蘭花——蘭科植物中用於觀賞的種類和品種。廣義上的蘭花包括洋蘭在內所有的蘭科觀賞花卉，狹義上的蘭花特指中國蘭。

有許多花朵芳香、色彩素雅的植物名稱中都帶有「蘭」字，如木蘭科的白蘭、菊科的澤蘭、楝科的米蘭、百合科的吊蘭、石蒜科的君子蘭等，但這些都不是人們通常所說的蘭花，真正的蘭花屬於蘭科植物。為了能科學養蘭，人們根據其生長特性將蘭花分為地生蘭、附生蘭、半附生蘭和腐生蘭四大類。

地生蘭——指根系生長在土壤裡，從土壤中吸收水分和無機鹽而生長的蘭花。

本書所介紹的中國蘭都屬於地生蘭。如建蘭、蕙蘭等（圖1-1）。

附生蘭——指根系附著在樹幹上或地面岩石上，根系的大部分或全部裸露在空氣中的蘭花。

附生蘭所需要的水分和養料是取自雨水和雨水中含有的無機鹽，霧和夜間的露水也可供作水分的來

圖1-1　地生蘭——建蘭

蘭花栽培小百科

圖1-2 附生蘭——卡特蘭

圖1-3 半附生蘭——兜蘭

圖1-4 腐生蘭——天麻

源。如石斛蘭、卡特蘭等（圖1-2）。

半附生蘭——指那些既能地生又能附生的蘭花，它們既可依附在岩壁和樹幹上生長，又可在土壤中生長。

中國半附生蘭有獨佔春、兔耳蘭、美花蘭、冬鳳蘭、鶴頂蘭屬、獨蒜蘭屬、兜蘭屬等（圖1-3）。

腐生蘭——指一般沒有葉綠素，僅靠與真菌共生而吸取養分的蘭科植物。

中國腐生蘭有大根蘭、天麻等（圖1-4）。

有一些蘭花種類，在幼苗時期像真正的地生蘭，生長在森林的土壤中，而後則發展成為附生蘭，生長在樹幹上，如萬代蘭、樹蘭的某些種類。

洋蘭——受西方人喜愛的蘭花。

洋蘭是相對於中國蘭而言的。這些蘭花並非都產於西方，像蝴蝶蘭、兜蘭、石斛蘭這些屬中有不少種是產於中國的。正如洋蘭中有不少種原產於熱帶，有人便將之稱為熱帶蘭一樣，這種叫法並不確切，

因為洋蘭並非全部原產於熱帶。所以洋蘭的「洋」字並非是標明其產地的標籤，而只是代表此類蘭花更符合西方人欣賞的口味。目前主要栽培的洋蘭品種有卡特蘭、萬代蘭、石斛蘭、兜蘭、大花蕙蘭、蝴蝶蘭、文心蘭等（圖1-5）。

圖1-5 洋蘭──文心蘭

　　中國蘭──簡稱「國蘭」，是指原產中國的蘭屬花卉。傳統栽培的有春蘭、蕙蘭、建蘭、寒蘭、墨蘭、春劍、蓮瓣蘭等地生蘭花。

　　將春蘭、蕙蘭等這些蘭花種類稱為國蘭，是因為這些蘭花在中國已經有1000多年的栽培歷史，其清幽、逸致、潔淨、高雅的風姿很符合中國文化傳統。實際上，以上被稱為國蘭的並非是中國獨有。如春蘭在日本、朝鮮半島南部、印度北部就有分佈，寒蘭在日本有分佈，墨蘭、建蘭也產於越南。

　　在我們生活的地球上現存植物的種類有40多萬種，其中人類已知的綠色開花植物有30多萬種。在這些綠色開花植物的類群中，蘭科植物的種類僅次於菊科植物，是單子葉植物的第一大家族，全世界約有700個屬20000餘種，其中產於中國的蘭科植物有174屬1200種以上，這還不包括大量的變種和人工培育的品種。

　　雖然蘭科植物種類有這麼多，但適合中國一般家庭種養的蘭花種類還是有限的。諸如花卉市場上銷售的各種色彩斑斕的洋蘭，由於它們多為附生蘭，生活的環境條件要求較複雜，在一般家庭種養不太容易存活，更不要談讓它們年年開花了。此外，中國地域廣闊，各地的環境條件有所不同，在不同的環境

條件下，有些蘭花適合養，有些則不太適合，有些品種能夠年年見花，有些品種則難以開花。所以，中國大部分地區家庭養蘭，多是蒔養國蘭。即使只是蒔養國蘭，要使它們生長健壯，年年開花，並且開得精神、豔麗，如果蘭花的種類和品種選得不正確也是不容易達到的。所以，在蒔養蘭花之前，一定要因地制宜地科學選擇蘭花的種類和品種。

第一節　種與品種的區別

蘭花經過人們千百年來長期的培育，已經發展出了各具特色的品種，並且每年還不斷有新品種被養蘭愛好者培養出來。

在日常生活中，大家可能經常會接觸到「種」和「品種」這樣的專業名詞，但許多人對這兩個專業名詞的意義並不清楚，比如有蘭友會將自己家現有的春蘭、蕙蘭、建蘭3種蘭花說成有3個品種，這就屬於對「種」與「品種」的概念沒弄明白，將這兩個名詞的屬性搞混淆了。

現在我們就來說明一下種與品種的區別。

一、種的概念

種——生物分類系統的基本單位，是具有相似形態特徵，表現一定的生物學和生態學特性，能夠產生遺傳相似的後代，佔有一定自然分佈區的個體總和。

本書介紹的蘭屬植物中的春蘭、墨蘭、建蘭、蕙蘭、寒蘭等都分別是一個單獨的種。種是生物界最基本的分類單位。它是由大多數性狀極為相似的個體組成的。一般來說，除性狀相似外，種內的不同個體之間應能夠由自然交配繁殖後代，也就是說能夠相互交流遺傳物質，進行有性生殖。

　　同一個種在地球上還佔有一定的自然分佈區域，比如春蘭主要分佈在中國大陸、日本和朝鮮，蝴蝶蘭在臺灣和泰國、菲律賓、馬來西亞、印尼等地都有分佈，以臺灣出產最多。

　　每一個種的個體都不會完全相同，它們之間也會存在一些差異，蘭花的每個種都會在花期、花瓣的瓣型、花色、葉色、葉姿等方面出現變化。在分類學上，專家們將形態上與原種有較明顯不同變化的種，叫作變種。

　　變種——生物分類學上種以下的分類單位，是某些遺傳特徵已有別於原來的種，但其基本特徵仍未超脫原種範圍，有一定的地理分佈範圍的一群個體。

　　在地球上，綠色開花植物約占植物種類的一半，是世界上分佈最廣的一類植物。綠色開花植物能有如此眾多的種類，有極其廣泛的適應性，這與它的結構複雜化、完善化是分不開的。特別是其繁殖器官的結構和生殖過程的特點，提供了它適應、抵禦各種環境的內在條件，使它在生存競爭、自然選擇的矛盾鬥爭過程中，不斷產生新的變異，從而產生新的物種。

　　變種的出現是因為種內某一個體可能由於突變而發生變異，在自然選擇和人工選擇下，這種變異會在種內不斷擴散，最後形成某些遺傳性不同於原種的一個群體。同一種的不同變種之間雖有某些差異，如花色、形態、葉的寬窄等，但差異還不夠大，主要是不具有獨立的遺傳機制，即變種之間是可以自然雜交的，僅由於地理或自然條件的原因，長期與其他變種出現自然生殖隔離，而選擇保留出了自己獨特的性狀。隨著生殖隔離條件消失，變種會逐漸融合，只保留種的特徵。

　　蘭花變種的出現，有利於我們培育新品種。過去一些傳統銘品都是透過蘭花的變種逐漸培育而來的，如今我們仍努力期待一些下山蘭有新花形、新葉形出現。

二、品種的概念

品種——經人類選擇和培育而成的、具有一定經濟價值的、能適應一定的自然條件或栽培條件的、性狀相對穩定的植物群體。

人們在栽培植物的過程中發現了某些植物在形態上產生變化，經過選育，保留了它們變化的優良性狀，就形成了品種。所以，品種又叫栽培變種，它是人類長期選擇性定向繁育的結果。植物的栽培品種通常指單一植株無性繁殖所產生的直接後代，也就是說，在遺傳上完全一致的一群個體。當然，不是所有不同性狀的植株都會成為一個品種。

人們在對植物定向繁育時是有選擇性的，通常是達到或趨近某個人們所預期性狀的植株被繁育為一個品種。如株形、抗病性、產量、花期、花色等性狀優良的植株在農業或園藝上就有可能被人為地選擇並定為一個品種。選定一個品種後，人們就會用科學的方法去大量地繁育它。

用大家在養蘭中經常接觸的蘭花來舉例，春蘭是一個種，但它有人們熟知的宋梅、龍字、萬字、綠雲等許多品種。這些品種都是養蘭人在野生蘭花中偶然發現花形的變化，並將它們不斷繁殖，一直保持到現在的結果。

由此看來，要將新發現的蘭花變種培養成為一個蘭花新品種，必須符合四個條件：一是經過了人工選育；二是具有觀賞價值；三是能夠繁殖下去；四是能夠將變化的形態繼續保持。

三、行花與銘品

行花——又稱粗花，指沒有任何符合標準觀賞點的普通蘭花。

　　行花的意思就是檔次低的、開品很普通的、不能入品的花。從花形上看，凡外三瓣和捧瓣都呈尖狹雞爪形或竹葉形的花朵，都稱為行花，有些地方稱之為「普草」。一般沒有變異的蘭花原種，儘管經過多年栽培，但在形態上沒有觀賞特點的，仍然稱為行花。

　　銘品——又稱細花，指在瓣型、花色、葉態等方面有觀賞特色，並符合一定標準的蘭花。

　　銘品有名貴品種的意思，所以也稱「名品」，這是相對於行花而言的。凡具有梅、荷、水仙、素心、奇瓣型的花朵，都可稱為銘品。銘品可以是傳統名蘭優良品種，也可以是新下山的變異蘭花，如果下山蘭變種能夠經由栽培並複花，很可能成為蘭花新銘品。

四、品種登錄

　　品種登錄——全稱為「花卉品種國際登錄」，又叫做觀賞植物栽培品種登記，就是將觀賞植物及其品種的名稱在國際權威組織機構中登記入冊，並正式公佈。

　　花卉品種國際登錄的主要意義在於讓不同的花卉新品種有其統一、合法的名稱，建立國際統一的花卉品種檔案材料，使各地的花卉品種名稱趨於規範化、標準化，便於各科研教學單位、專業協會以及種苗公司和生產者之間的交流。

　　獲得某種花卉的登錄權，就意味著控制了該種花卉的品種認定、命名、發佈權利。這是園藝事業中一項極為重要的智慧財產權，相當於一種花卉植物的正規「國際名片」。凡取得對某一類栽培植物品種進行國際登錄的專業機構即被視為權威機構，從事該項登錄的專業技術專家即為權威專家。接受登錄的單位是國際園藝學會，每種植物都由國際園藝學會授權的品種

登錄權威機構來負責該品種的具體登錄工作。目前，全世界共有71個花卉類作物的國際登錄權威機構分佈在14個國家，其中美國29個，英國20個，澳洲5個，亞洲僅有4個。如菊花、蘭花、百合、杜鵑花、蓮類在英國，月季在美國，山茶在澳洲，梅花、桂花在中國。蘭花品種國際登錄的主要是洋蘭品種，如廣東省農科院花卉所已向國際園藝學會授權的英國皇家園藝學會申請登錄了5個蝴蝶蘭品種、2個大花蕙蘭品種和3個春石斛品種。

中國蘭花的品種登錄工作目前主要由「中國蘭花品種登記註冊審查委員會」進行。該委員會由中國蘭花協會和中國蘭花學會共同組成。1993年，「華強素」首次進入蘭花品種登錄的史冊，至今全國多個省份都有了自己的蘭花登錄品種。截至2011年8月底，中國已有361個蘭花品種通過了蘭花品種登記註冊委員會的考核和評定，獲准進行品種登錄。已登錄的361個國蘭品種涵蓋春蘭、蕙蘭、建蘭、寒蘭、墨蘭、春劍、蓮瓣蘭等多個類型。

中國蘭花品種登錄已經形成了一套比較合理的登錄辦法。對於新發現或雜交育成的具有觀賞和商業價值的優秀蘭花品種，品種持有人可以向蘭花品種登記註冊委員會提出登錄申請，申請時需提供所登記品種三芽以上、性狀一致的彩色照片，交各自所在省市區委員初審。然後，由註冊委員會組成的專家團隊對實物進行考核評定，一旦合格後就可批准註冊。目前，全國有8位評審專家分佈在各個省份，申請人所在地如果沒有評審專家，可就近選擇其他省份的評審專家進行評定。

蘭花品種登錄是為了對品種更好的保存，也是對品種持有人自身利益的維護。登錄後的品種有了公認的命名，也十分方便蘭友之間交流，從而對蘭花產業起到更好的推動作用。

　　台灣在國際有「蘭花王國」稱號，儘管世界第一的產量寶座已被荷蘭摘去數年，但台灣在蘭花品種的登錄數量，依然傲視國際。尤其是蝴蝶蘭。台灣蘭花育種者協會秘書長朱品聰估計，全世界每十株蝴蝶蘭當中，就有一株來自台灣。目前台灣養植蘭花已達五百多家，一年的產株值逼近四十億元。台灣是全世界唯一可以將蝴蝶蘭「帶盆輸入」美國海關的國家。

✸ 第二節　春　蘭 ✸

　　春蘭又稱草蘭、山蘭、朵朵香或撲地蘭。屬於地生蘭。由於春蘭植株較矮小，所以有些地方把它叫做小蘭。

一、形態特徵

　　春蘭植株矮小，集生成叢。它的假鱗莖很小，完全被葉的基部包住。葉狹帶形，4～6片集生在一起，葉長20～60 cm，寬6～11 mm，頂端漸尖，邊緣有細鋸齒。花莛直立，花莛上有4～5片長鞘；苞葉形似花莛上的鞘，寬而長，比子房和花梗的總長還要長。春蘭的花一般只有1朵，少數2朵，花色呈淺黃綠、綠白或黃白色，直徑4～5 cm。萼片狹矩圓形，近等大，長3.5 cm左右，寬6～8 mm，頂端急尖，中脈基部具紫褐色條紋。花瓣比萼片稍寬而短，稍彎；唇瓣短於花瓣，3裂不明顯，先端反捲或反而下掛，色淺黃，有或無紫紅色斑點；唇盤中央由基部至中部具有2條褶片；蕊柱長約1.5 cm。花期在春季的2～3月。

　　春蘭是國蘭的代表，中國古代將蘭花統稱為「蘭蕙」。北宋著名大書法家黃庭堅（1045—1105年）在《幽芳亭》中對蘭和蕙作了這樣的區別：「一干一華而香有餘者蘭，一干五七華

而香不足者蕙。」這「一干一華」是說一個花莛上只有一朵花，顯然就是指春蘭了。如果我們想用最簡單的方法在形態上區別春蘭與蘭屬植物的其他蘭花，可以這麼來記：

　　春蘭的特徵——植株矮小，早春開花，莛花常一朵。

二、分佈區域

　　每一種蘭花都有一定的適宜生長地區，即在自然界裡佔有一定範圍的分佈區域。蘭花分佈區是受氣候、土壤、地形、生物、地史變遷及人類活動等條件的綜合影響而形成的，可分為天然分佈區和栽培分佈區兩種類型。

　　天然分佈區——指依靠自身繁殖、侵移和適應環境能力而形成的分佈區，又稱原產地。

　　春蘭在中國天然分佈比較廣泛，甘肅南部、陝西南部、河南、安徽、湖北、湖南、江西、浙江、江蘇、西藏等地都有它的分佈。此外，福建、廣東、廣西、四川、貴州、雲南、臺灣及海南五指山尖峰嶺，廣東中山市的五桂山等地也均有天然分佈。春蘭在台灣有春蘭、細葉春蘭、闊葉春蘭三種，皆一莖一花，有迷人清香。

　　栽培分佈區——指由於科學研究和生產發展的需要，自國外或國內其他地區引入植物，在新地區進行栽培而形成的分佈區。

　　春蘭是中國人民栽植最廣泛的蘭花之一。它的栽培分佈區目前已經遍及全國各地。

三、主要品種

　　春蘭老八種——宋梅、龍字、集圓、萬字、汪字、小打梅、賀神梅、桂圓梅。

春蘭皇后——綠雲。

春蘭四大天王——宋梅、龍字、集圓、萬字（日本版）。

春蘭四大名花——宋梅、龍字、集圓、汪字（江浙版）。

春蘭二喬——宋梅、集圓。

國蘭雙璧——宋梅、龍字。

荷瓣代表——大富貴。

梅瓣代表——宋梅。

水仙之冠——汪字。

荷形水仙之冠——龍字。

梅形水仙之冠——西神。

春蘭四大奇花——綠雲、軍旗、紫綬金章、寧波雪荷。

春蘭的品種很多，現在每年還有許多新品種登錄。一般野生春蘭多為竹葉瓣，而栽培品種常分為梅瓣、荷瓣、水仙瓣、蝶瓣、奇花、色花等類型。

（一）梅瓣型

梅瓣型的春蘭，花葶在剛露出苞片時，花蕾上待放的萼片邊緣多有白鑲邊，猶似披雪含苞的梅花蕾。從花朵形態上看，梅瓣型花萼片短圓，稍向內彎，形似梅花花瓣。捧瓣短而圓，邊緊，向內成兜；唇瓣短而硬，不向後反捲。梅瓣型春蘭在中國傳統蘭花中佔有重要地位，有上百個品種。

1. 宋梅（ *Cymbidium goeringii* cv. Song Mei ）

「宋梅」是清朝乾隆年間，以發現這個品種的浙江紹興人宋錦璇的姓與花之梅瓣相結合而起的名。它萼片短闊，先端圓而有小尖，裡扣呈兜狀，萼基收細；中萼片端莊，兩側萼平伸或稍落肩。捧心瓣捲曲成蠶蛾狀，合抱於蕊柱之上，邊緣有白覆輪；唇瓣短而圓，劉海舌，端正，有1～2個或多個紅點（圖

圖1-6　宋梅

圖1-7　集圓

圖1-8　萬字

1-6）。有時能開一莛雙花，香氣醇正，為春蘭梅瓣之典型代表。日本蘭界將宋梅、集圓、龍字、萬字列為春蘭四大天王，江浙蘭界將宋梅、集圓、龍字、汪字稱為春蘭四大名花。

2. 集圓（*Cymbidium goeringii* cv. Ji Yuan）

「集圓」這個品種由清朝道光末年一位高僧選育，因為花的萼片基部匯合處集結成圓球形而得名。它花色嫩綠，萼片稍長圓，翠綠色，兩側萼平伸。花瓣有兜，兩片合抱在蕊柱左右，蕊柱稍外露；唇瓣大而圓，端正，有紅點（圖1-7）。由於集圓與宋梅均是高標準的梅瓣型花，被譽為春蘭「二喬」。

3. 萬字（*Cymbidium goeringii* cv. Wan Zi）

「萬字」的品種名因浙江杭州的「萬家花園」首先栽培而得名。又因為在清代同治年間，浙江嘉興的鴛鴦湖畔，也發現了與此相同的品種，故又稱鴛湖第一梅。它花大，直徑5〜6 cm。萼片黃綠色，短闊，端圓而有微突

尖，基部較狹窄；兩側萼平伸或稍向下。花瓣肉厚，有兜，質糯，有微紅點，緊貼在蕊柱之上；唇瓣稍外露，小如意舌小而圓，端正，不下垂（圖1-8）。

4.綠英（*Cymbidium goeringii* cv. Lü Ying）

「綠英」這個品種是清朝光緒年間，由蘇州顧翔宵選育出來的。它萼片大頭，基狹窄，兩側萼向下落，少數有平伸的。花瓣短圓，形似蠶蛾；唇瓣為大如意舌，短圓，紅點清晰可見。整朵花為綠色（圖1-9）。

圖1-9　綠英

5.瑞梅（*Cymbidium goeringii* cv. Rui Mei）

瑞梅這個品種抗戰時期產於浙江紹興，後蘇州謝瑞山購得並命名。它萼片緊圓，端有尖鋒，兩側

圖1-10　瑞梅

萼平伸。花瓣端圓，分列蕊柱左右；唇瓣短圓，稍外露。花容端正，花期長，繁殖快，容易開花，是廣泛流傳的品種之一（圖1-10）。

6.小打梅（*Cymbidium goeringii* cv. Xiao Da Mei）

小打梅這個品種在清朝道光年間，選育於蘇州。因相傳兩兄弟為此花爭打而得名。它的花小，直徑約5 cm。萼片短、厚，質軟，緊邊，端圓，兩側萼平伸或稍落肩。花瓣半硬，短圓，有兜；唇瓣圓，下掛，有2個紅點（圖1-11）。

圖1-11　小打梅

圖1-12　賀神梅

圖1-13　逸品

7.賀神梅（*Cymbidium goeringii* cv. He Shen Mei）

該品種又稱鸚哥梅或簡稱「哥梅」。它的花直徑4～4.5 cm。萼片極圓，基部長而狹窄；兩側萼平伸或向上翹（飛肩）。花瓣短圓，兩片幾相連，覆於蕊柱之上；唇瓣圓而有角，稍下掛，紅點稍淡（圖1-12）。

8.逸品（*Cymbidium goeringii* cv. Yi Pin）

該品種1915年由杭州汪登科選育出。它的萼片端圓，基部較長，狹窄，緊邊，有紫色脈紋，兩側萼平伸。

花瓣質硬，起兜，蠶蛾狀；唇瓣小而圓，端正，有紅色大斑（圖1-13）。

9.發揚梅（*Cymbidium goeringii* cv. Fa Yang Mei）

該品種老葉斜立，花莛高，花直徑4～5 cm。萼片端圓，基部長，緊邊，翠綠色，兩側萼平伸或稍向下落。

花瓣圓闊，短，分列蕊柱左右；唇瓣硬而下掛，有一大紅點在中間，甚為鮮明（圖1-14）。

圖1-14　發揚梅

圖1-15　西神梅

10.西神梅（*Cymbidium goeringii* cv. Xi Shen Mei）

該品種1912年由無錫榮文卿選育。它的萼片闊，兩側萼平伸或呈「門」字肩，故顯得花大。花瓣有淺兜，邊緣平直，質柔軟有透明感，淺翠綠色；唇瓣小而圓，端正，有朱紅斑點（圖1-15）。

11.玉梅素（*Cymbidium goeringii* cv.Yu Mei Su）

圖1-16　玉梅素

該品種又稱白舌梅或簡稱玉梅。它的花大。萼片短圓，較厚，兩側萼梢向下落。花瓣質硬，合抱於蕊柱及唇瓣外側；唇瓣緊靠蕊柱，露出小半圓形，呈純白色。花期較早（圖1-16）。

此外，被歷代蘭家公認的名品還有：無雙梅（圖1-17）、九章

圖1-17　無雙梅

圖1-18　九章梅

圖1-19　清源梅

圖1-20　史安梅

梅（圖1-18）、清源梅（圖1-19）、史安梅（圖1-20）、天興梅、吉字、方字、桂圓梅、秦梅、永豐梅、西湖梅、梁溪梅、榮翔梅、太原梅、養安、畹香、宜興新梅、翠文、元吉梅、老代梅、翠雲、笑春、天綠、湖州第一梅、翠桃等。

自改革開放以來，新培育的春蘭梅瓣名品也不斷湧現，主要有以下品種：

二七梅（*Cymbidium goeringii* cv. Erqi Mei）

二七梅又稱葉梅，屬於荷形梅瓣的品種。在20世紀80年代，因由浙江紹興棠棣鄉渚二七選出，葉志慶分種，遂以姓和名來命名。該品種萼片略呈放角收根，緊邊，平肩；花瓣圓潤，有兜；劉海舌（圖

圖1-21　二七梅

1-21）。形態端莊，可與宋梅相媲美。

慶梅（*Cymbidium goeringii* cv. Qing Mei）

因1982年由浙江紹興漓渚人葉志慶在嵊縣對溪山採得後而命名。萼片端圓、收根，色翠，蠶蛾捧，如意舌。花容端正，香氣濃。

東神梅（*Cymbidium goeringii* cv. Dong Shen Mei）

該品種因形態與西神梅有相似之處而得名。1987年由浙江省紹興市園林處選育出。萼片端圓，緊邊；花瓣短圓，半硬有兜；劉海舌。

錦梅（*Cymbidium goeringii* cv. Jin Mei）

該品種因1990年上海馬錦榮選育而得名。萼片卵形，平肩至飛肩；大圓舌。

皖晶梅（*Cymbidium goeringii* cv. Wan Jin Mei）

該品種由20世紀90年代，安徽李仁韻自大別山選育出的梅瓣素心品種。

此外還有四川代福志的風扇梅、鄧少康的瀘梅、李昌壽的翡翠梅、廖家發的胭脂梅、周家長的圓梅、劉光福的福梅素、浙江朱曉陽的長萼梅等。

（二）荷瓣型

荷瓣春蘭的花萼片寬大，短而厚，基部較狹窄（俗稱「收根」），先端寬闊，形似荷花的花瓣，萼端緣緊縮並呈向內捲狀（俗稱緊邊）。花瓣短圓稍向內彎，但不起兜，形如蚌殼；唇瓣闊而長，反捲。荷瓣春蘭的品種不多，以鄭同荷為代表。傳統的主要品種如下：

1. **鄭同荷**（*Cymbidium goeringii* cv. Zheng Tong He）

該品種因1908年浙江湖州人鄭同梅選育而得名。它的花

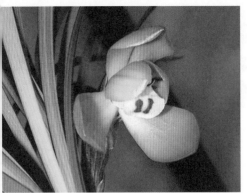

圖1-22　鄭同荷

圖1-23　大富貴

大，直徑4.5～5 cm。萼片寬厚，長而基部狹窄，先端稍有小尖，兩側萼平伸或稍下垂。花瓣短圓，合抱於蕊柱之上，蕊柱稍露出；唇瓣大而短，稍向下掛，有馬蹄形紅色斑點。花色淨綠，稍帶光澤。常有一莛雙花。為荷瓣型中的典型代表（圖1-22）。

過去許多介紹蘭花的書籍和一些花卉報刊雜誌稱鄭同荷的又名為大富貴（*Cymbidium goeringii* cv. Da Fu Gui）（圖1-23），認為它們是同物異名。

據傳在1908年，浙江的一個採蘭農挖得一叢荷瓣春蘭，雙林鄭同梅與余姚王叔平兩人，平分了這叢春蘭，各自種植和命名，所以雖然兩個名稱，實際是同一個品種。

但中國蘭界一些專家對此作了專門研究，發現它們在葉和花的色澤、形態、開花習性上都有不同之處，因此認為鄭同荷與大富貴是兩個具有不同特徵的栽培品種，並發表了專門文章。現將福建許東生先生研究的對照表摘錄如下，供養蘭者參考（見表1-1）。

2. 綠雲（*Cymbidium goeringii* cv. Lü Yun）

該品種清同治年間產於杭州。它的花莛短，花在葉面之下。萼片經常增加至4～6枚，短圓肥厚。唇瓣和花瓣也常有變化，常增加2～3枚；色淺綠白，無紅紫色斑紋。時常出現多花

表1-1　鄭同荷與大富貴形態對照表

內容項目	品種	鄭同荷	大富貴
葉	葉態	闊厚、呈弓形彎曲。	直立、翻捲。
	葉色	深綠。	黃綠。
	葉基	明顯收縮。	收根不明顯。
	葉端	鈍圓、呈授露形。	較尖。
	葉面	較平展、葉脈青色。	略中折、葉脈黃亮。
花	花芽	圓大，鮮紫色。	粗大，淡紫紅色。
	莛鞘	狹長，緊箍；筋暈深紫紅色。	短闊、鬆裏；筋暈鮮紅色。
	花莛	短(8～12 cm)而略彎曲，披深紫紅筋紋。	較長（10～15 cm），筆直，披鮮紅筋紋。
	苞片	深紫紅色。	鮮紅色。
	莛花數	常開雙朵。	單朵。
	花徑	4.5～5.0 cm。	5.0～5.5 cm。
	萼片	短圓。放角、緊邊不明顯。	較長。放角典型，有緊邊。
	花肩	側萼稍下垂。	平肩。
	花瓣	短圓，緊邊，似蚌殼。挨蓋蕊柱，微露藥帽。	闊大，右瓣半蓋左瓣，微露藥帽。
	唇瓣	劉海舌，舌面上有馬蹄形鮮紅斑。	大圓舌，舌面有對稱珠鏈狀深紅斑。
	花色	淨綠。	黃綠。

圖1-24　綠雲

圖1-25　翠蓋荷

圖1-26　張荷素

現象，古書上稱為奇種。觀賞價值較高（圖1-24）。

3. 翠蓋荷（*Cymbidium goeringii* cv. Cui Gai He）

清光緒年間產於紹興。葉短矮，肥厚，扭曲，為春蘭中葉型最短小的品種。花葶矮小，萼片短圓。花瓣圓，覆於蕊柱兩側；唇瓣大而圓，有U形紅紫色斑。花色翠綠，被認為是蓋世無雙的荷瓣花，固又稱為蓋荷。萼片與花瓣基部稍有紫色條紋（圖1-25）。

4.張荷素（*Cymbidium goeringii* cv. Zhang He Su）

該品種清宣統年間產於浙江紹興棠棣鄉，又稱大吉祥素。偶有一葶雙花。萼片長闊，有透明柔軟之感。初開時兩側萼多為平伸，後為下垂（落肩），基部稍狹窄。花瓣披針形，與唇瓣全為綠白色（素心）；唇瓣長而反捲（圖1-26）。

5.寰球荷鼎（*Cymbidium goeringii* cv. Huan Qiu He Ding）

該品種1922年產於紹興。花外三瓣短圓、緊邊、收根細、質厚，一字肩，蚌殼捧，劉海舌。花色綠中帶紫紅色（圖1-27）。在

著名的古代蘭譜《蘭蕙小史》中，「寰球荷鼎」被列為荷瓣典型的名種。

6.月佩素(*Cymbidium goeringii* cv. Yue Pei Su)

20世紀20年代產於浙江上虞縣。花葶翠綠色。萼片端圓截，稍捲，基部收根，兩側萼平伸；花形整齊。花瓣厚，彎曲，兩片幾相連，覆蓋於蕊柱之上；唇瓣大而圓，端反捲，白色，基部側緣有時偶有緋紅色暈。為荷瓣素心之名品，有時一葶雙花（圖1-28）。

7.文團素(*Cymbidium goeringii* cv. Wen Tuan Su)

該品種又稱大學荷素。清道光年間，由江蘇蘇州周文段選育。花大，直徑5～6 cm，綠白色。萼片長而闊，兩側萼平伸。花瓣披針形，合抱於蕊柱兩側；唇瓣圓而大，色嫩白，反捲（圖1-29）。

此外，傳統名品還有端秀荷、文豔素、如意素、寅谷素、虎山綠雲、楊氏荷素等。現在經由養蘭愛好者精心培育，許多新型的春蘭荷瓣品種不斷出現，大大豐富了春蘭的觀賞類型，如1990年浙江舟山

圖1-27　寰球荷鼎

圖1-28　月佩素

圖1-29　文團素

蘭花栽培小百科

市選出的翔字荷、1990年魯水良在浙江餘姚縣選出的龍荷素、浙江朱曉陽選出的玉荷素等。

(三)水仙瓣型

該品種特徵是萼片稍長，中部寬，先端漸尖，基部狹窄，略呈三角形，形似水仙花之花瓣。花瓣有兜或淺兜，唇瓣大而下垂或反捲，紅點清晰可見。在水仙瓣型中，又分為梅形水仙瓣和荷形水仙瓣。梅形水仙瓣萼片稍長，略似梅瓣，中萼片收根更為顯著；荷形水仙瓣萼片較闊，略似荷瓣。

有時是因栽培方法而使花形、葉色和葉形的大小發生變化。在古書上，時有梅瓣變成水仙瓣的記載。

傳統名品如下：

1. 龍字（*Cymbidium goeringii* cv. Long Zi）

該品種出產於浙江餘姚縣高廟山之「千岩龍脈」，故而命名為龍字，又稱姚一色。屬荷形水仙瓣。花大，直徑可達7 cm。萼片厚，緊邊，淺翠綠色，有透明感，長闊而端鈍尖，兩側萼多平伸或稍向下落。花瓣短闊，有兜，分立於蕊柱之側；唇瓣長而反捲，為大鋪舌，白色，舌面有倒品字形三個紅點（圖1-30）。

花容端莊而豐麗，栽培較易。為「春蘭四大天王」之中最為豔麗者，常與宋梅合稱「國蘭雙璧」。

2. 汪字（*Cymbidium goeringii* cv. Wang Zi）

該品種的名字因清康熙時浙江省奉化的汪克明選育而來。萼片似荷瓣，端圓而向內捲，向前稍彎，兩側萼平伸或稍向下落。花瓣覆於蕊柱之上，稍露蕊柱前端，花瓣短而軟；唇瓣短圓，下掛而不捲，有淡紅色斑點（圖1-31）。花耐久，容易開花，為江浙「春蘭四大名花」中名品之一。

圖1-30　龍字

圖1-31　汪字

3. 翠一品（*Cymbidium goeringii* cv. Cui Yi Pin）

該品種在抗戰前由杭州吳恩元選出。葉半垂，花莛細長，高約20 cm，略低於葉面；鞘淡紫色，苞片淺綠白色。萼片中部寬，基部窄，端圓而微皺，色翠綠，兩側萼平伸。花瓣質軟，有淺兜；唇瓣半圓形，有鮮紅色斑點。花期早（圖1-32）。

圖1-32　翠一品

4. 蔡仙素（*Cymbidium goeringii* cv. Cai Xian Su）

該品種於民國年間在浙江蕭山選出。葉半垂，曲線優美。萼片厚，先端寬，淡翠綠色，兩側萼平伸。花瓣質軟，有兜；唇瓣純白色，無斑點（圖1-33）。

圖1-33　蔡仙素

蘭花栽培小百科

圖1-34　宜春仙

圖1-35　春一品

5. 宜春仙（*Cymbidium goeringii* cv. Yi Chun Xian）

該品種為1923年前由浙江紹興人阿香選育。萼片長腳圓頭，瓣中脈有一條紅色筋脈。軟觀音捧，大圓舌（圖1-34）。

6. 春一品（*Cymbidium goeringii* cv. Chun Yi Pin）

該品種為清同治年間由上海姚氏選育，故又名「姚氏春一品」。萼片長腳圓頭，觀音捧，劉海舌（圖1-35）。

此外還有西子、嘉隆、楊春仙、太極、奇峰、姚石仙等也較為著名。改革開放後，春蘭水仙瓣的新名品也不斷出現，如1985年選自浙江舟山的江南第一仙就是標準的水仙瓣。

（四）蝶瓣型

蝶瓣是春蘭花被的唇瓣化的畸形變態。這類變異有些屬於偶然出現，性狀不固定，次年不再出現；有些品種性狀固定，每年都能開出蝶瓣型的花。蝶瓣春蘭的品種不多，傳統名品如下：

1. 簪蝶（*Cymbidium goeringii* cv. Zan Die）

葉半立，花莛短或中長。萼片長，中萼片直立而大，有3～5紫脈在基部；兩側萼的下半邊增大，變成白色，向下落，

中間有紫脈。花瓣長而彎曲，向前，有紫紅斑；唇瓣長而大，反捲，白色有紅點（圖1-36）。

2.四喜蝶（*Cymbidium goeringii* cv. Si Xi Die）

該品種外輪萼片4枚對生，分居四周，呈X形；內輪花瓣3枚，1枚中間居上，2枚分居左右，各有一半增大，著色；唇瓣在下方居中，白色有紅點（圖1- 37）。

3. 蕊蝶（*Cymbidium goeringii* cv. Rui Die）

該品種又名三星蝶。葉細狹，半垂。萼片狹長，基部狹窄，前端放角。花瓣變成唇瓣，長而反捲（圖1-38）。

4. 梁溪蕊蝶（*Cymbidium goeringii* cv. Liang Xi Rui Die）

該品種葉姿半垂，新芽呈紫色，芽尖有米粒似的「白峰」。葉長25～32 cm，寬1 cm左右；葉質糯潤，葉片上經常出現花藝或在葉尖，或在葉邊，或在葉面呈現蝶化現象。花葶高10 cm以上，花梗赤紫，苞片紫紅色並綴有紫筋。外三瓣竹葉形，綠底綴有紫色筋紋。唇瓣下掛反捲，亦綴有紫紅斑點。貓

圖1-36　簪蝶

圖1-37　四喜蝶

圖1-38　蕊蝶

圖1-39　梁溪蕊蝶

圖1-40　余蝴蝶

圖1-41　彩蝶

耳捧四周呈現白色唇化現象，捧內綴著紫紅色斑塊與條紋，雙捧上端各有1～2個嬌豔的紫紅點（圖1-39）。

此外，還有余蝴蝶（圖1-40）、彩蝶（圖1-41）、合蝶、笑蝶、素蝶、迎春蝶、裡蝶、淵蝶、冠蝶、楊氏素蝶等傳統名品。

改革開放以來，也有許多新發現的春蘭蝶瓣名品，如1987年由江蘇省常熟人沈德堯培育的虞山奇蝶；1990年雲南蔡大章選出的春菊；1990年上海聞金坤選出的聞蝶；20世紀90年代四川人廖家發選出的天龍蕊蝶、十字蝶、捲萼捧蝶，張學友的桃園夢蝶，賈學成的墨素奇蝶、彩粉菊；浙江朱曉陽的五彩肩蝶，朱人一的少捧飛蝶，王其浩的覆輪捧蝶，錢寶芳的錢蝶、水平舌蝶，周瑋琪的周氏蝶，江蘇胡王倫的X萼捧蝶、分莖重抬菊、金荷蝶；雲南人尚明貴的單捧蝶等。

5. 雪蘭（變種）（*Cymbidium goeringii* var. papyriflorum Y.S.Wu）

雪蘭又稱白草，分佈於四川、貴州，與春蘭基本相似。葉4～5

枚，直立性較強，長50～55 cm，寬0.9～1.0 cm，葉面光滑，邊緣有鋸齒。花莛高約20 cm，有花兩朵（極少數1朵），色嫩綠帶紙白色。花被披針狀，長圓形；唇瓣長，反捲，有兩條紫紅色條紋。在四川栽培甚廣。

　　6.線葉春蘭（變種）（*Cymbidium goeringii* var.serratum（Schltr.）Y. S. Wu et S. C. Chen）

　　該品種又稱線蘭。葉3～6枚，細線形，基部狹窄，邊緣有細鋸齒，質較硬；葉長35～70 cm，寬0.4～0.5 cm。花1或2朵，花莛高出葉面或與葉面等高；花大，直徑約6 cm。無香。萼片矩圓狀披針形，濃綠色。花瓣長圓形，先端尖，有紫色脈紋，中基部尤明顯；唇瓣三裂不明顯，長而反捲，有紫紅色斑點。花期12月至翌年3月。分佈與春蘭相同。

　　線葉春蘭常見品種為豆瓣綠（*Cymbidium goeringii* cv. Dou Ban Lu），又稱翠蘭、鸚哥綠。葉長粗硬，邊緣有細鋸齒。花1～2朵，花莛高25～30 cm，花濃綠色，挺立有神。花被質厚，有紫紅色條紋或斑點，無香氣（圖1-42）。花期為2～3月。

圖1-42　豆瓣綠

　　春蘭還有許多顏色鮮豔的品種，如金梅（圖1-43）、桃紅朵香（圖1-44）、金黃朵香（圖1-45）、桃瓣春蘭（圖1-46）、翠綠素（圖1-47）、紅玉素（圖

圖1-43　金梅

蘭花栽培小百科

圖1-44　桃紅朵香

圖1-45　金黃朵香

圖1-46　桃瓣春蘭

圖1-47　翠綠素

圖1-48　紅玉素

1-48）、紫花春蘭（圖1-49）、黃花春蘭（圖1-50）等。這些品種主要產於雲南、貴州、四川一帶。

　　隨著養蘭熱潮的興起，每年都有大量的春蘭新品種被培育出來，奇花異草不斷出現，大大豐富了春蘭的觀賞類型。

圖1-49　紫花春蘭

圖1-50　黃花春蘭

第三節　蕙　蘭

蕙蘭（*Cymbidium faberi* Rolfe）又稱九子蘭、九節蘭、夏蘭、九華蘭。

一、形態特徵

蕙蘭根粗而長，假鱗莖不顯著。葉5～9片叢生，長25～80 cm，寬0.75～1.5 cm，直立性強，中下部常內折，邊緣有粗鋸齒，中脈明顯，有透明感。花莛直立，高30～80 cm，有花5～18朵，苞片小。花淺黃綠色，香氣稍遜於春蘭，花直徑5～6 cm。萼片近相等，狹披針形，長3～4 cm，寬5～6 mm。花瓣略小於萼片，唇瓣短於萼片，3裂不明顯，側裂片直立，有紫色斑點，中裂片長橢圓形，上面有許多透明小乳突狀毛，唇瓣從基部至中部有兩條稍弧曲的褶片。花期為3～5月。

蕙蘭是中國栽培最久和最普及的蘭花之一。古人稱一莛九花為「蕙」，宋代黃庭堅一句「一干五七華而香不足者蕙」成為後人區分春蘭與蕙蘭的根據，現代植物分類學也據此把這類

春末開花的一干多華的蘭定名為蕙蘭。用簡單的方法在形態上區別蕙蘭與其他蘭花，可以這麼來記：

蕙蘭的特徵——葉片細長有粗鋸齒，春季開花淺黃綠色，莛花5～18朵。

二、分佈區域

蕙蘭原產於中國，分佈於秦嶺以南、南嶺以北及西南廣大地區，甘肅、陝西、河南、安徽、湖北、湖南、江西、浙江、江蘇、西藏、福建、廣東、廣西、四川、貴州、雲南，臺灣等地都有它的分佈。蕙蘭的分佈地域與春蘭相似，但原產地海拔約1000～2500公尺，高於春蘭。蕙蘭屬於中國珍稀物種，為國家二級重點保護野生物種。

三、主要品種

蕙蘭老八種：大一品、程梅、關頂、元字、染字、上海梅、潘綠、蕩字。

蕙蘭新八種：樓梅、翠萼、極品、慶華、江南、端梅、崔梅、榮梅。

台灣主要生產者有：報歲蘭、四季蘭、寒蘭、九華蘭、春蘭、東亞蘭等。

野生蕙蘭的葉片很長，經人工栽培後，往往葉片變寬、變短。由於栽培歷史悠久，有許多品種，按瓣形分為梅瓣、荷瓣、水仙瓣、蝶瓣等類；按鞘與苞片的顏色及其筋紋分為綠殼類、白綠殼類、赤殼類、赤轉綠殼類等。原品種有很多，古書記載60～70個，至今已大半消失。傳統蕙蘭中的老八種和新八種，流傳至今有些品種已經流失了。

現將主要品種的性狀介紹如下：

1. **大一品**（*Cymbidium faberi* cv. Da Yi Pin）

該品種由清代乾隆年間浙江人胡少海選出，為綠殼類大荷形水仙瓣，居傳統老八種之首位。大一品的葉質厚實，長45 cm，寬1 cm，環垂，有光澤。花莛粗壯，高40～50 cm，鞘及苞片基部呈白綠色，越向上綠色越深，至頂尖又稍

圖1-51　大一品

淡。花大，直徑6 cm，呈淡翠綠色。萼片似荷形水仙瓣，兩側萼平展。唇瓣小而圓，為如意舌（圖1-51）。

2. **程梅**（*Cymbidium faberi* cv. Cheng Mei）

該品種由清代乾隆年間江蘇省常熟的一位程姓醫生選出。程梅為赤殼梅瓣類。它的葉形較闊，環

圖1-52　程梅

垂，長45～50 cm。花莛粗壯，淡紫色。萼片短圓，兩側萼平伸或稍下垂。唇瓣色俏（圖1-52）。花品整齊，與「大一品」齊名，被評為「赤蕙之王」。

3. **上海梅**（*Cymbidium faberi* cv .Shanghai Mei）

該品種在1796年由上海李良賓選出。屬綠殼梅瓣類。葉中細，半垂，有光澤。花莛高，有花9朵；花直徑5 cm。萼片基部狹窄，兩側萼平伸。花瓣半合，唇瓣短圓（圖1-53）。

4. **關頂**（*Cymbidium faberi* cv. Guan Ding）

該品種又名「萬和梅」。清乾隆時，由蘇州滸關人在萬和

蘭花栽培小百科

圖1-53　上海梅

圖1-54　關頂

圖1-55　元字

酒店選出。關頂梅的葉姿半垂，和程梅一樣屬大葉性。花苞赤殼，紫紅筋麻，花梗高出葉架，高達50 cm左右，著花8～9朵，赤梗赤花，俗稱「關老爺」，喻其花帶紫紅色。外三瓣短圓寬大緊邊，捧瓣為豆莢捧，易交搭。大圓舌，綠苔舌上綴紫紅點塊。花色較紫暗，不夠明麗（圖1-54），在赤蕙中排名第二。

5. 元字（*Cymbidium faberi* cv. Yuan Zi）

清道光年間，該品種由蘇州滸關愛蘭者選出。屬赤殼綠花梅瓣類。葉姿半斜垂，葉中闊，長可達55 cm。花莛粗壯而長，高至60 cm；著花不多，通常5～7朵。萼片短圓，肉厚，兩側萼平伸。捧瓣上前端有一指形叉，為其特徵。唇瓣長而直，下掛，有大紅點。花形大，綻放直徑可達6～7 cm（圖1-55）。

6. 染字（*Cymbidium faberi* cv. Ran Zi）

該品種為赤殼類梅瓣。清朝道光時由浙江嘉善阮姓選出，亦名阮字。三瓣短窄深，肩平，分窠大觀

音兜捧心，大圓舌，有時花朵癱放；唇瓣尖部被嵌窄不舒、上翹或歪斜，故俗稱為秤鈎頭老染字（圖1-56）。

7. 潘綠（*Cymbidium faberi* cv. Pan Lü）

清乾隆年間選出，因由宜興潘姓蘭友選育，又名宜興梅。葉姿斜披。花苞綠殼，綠梗扭挺，高齊葉架，著花6～9朵，花柄較長。外三瓣長腳圓頭，瓣端有缺角，肩平，花色翠綠。花期比一般蕙蘭花遲開。潘綠花相並不優美，但由於當時細花上品者較少，所以被列入傳統老八種之一（圖1-57）。

圖1-56　染字

圖1-57　潘綠

8. 蕩字（*Cymbidium faberi* cv. Dang Zi）

該品種於清代道光年間江蘇省蘇州至蕩口的小船上選出，所以也叫小蕩。屬於綠殼荷形水仙瓣類。葉中細，質厚，半垂，長35～40 cm。花莛高45 cm，高出葉架，著花7～9朵，花形較小。外三瓣頭圓稍狹，兩側萼呈一字肩。花瓣為蠶蛾捧，五瓣分窠；唇瓣為如意舌，舌面佈滿鮮豔的紅點，為典型的小荷形水仙名品（圖1-58）。

圖1-58　蕩字

圖1-59 崔梅

圖1-60 金嶴素

繁殖快，容易開花。

9. 崔梅（*Cymbidium faberi* cv. Cui Mei）

蕙蘭「新八種」之一。該品種因20世紀30年代由浙江省杭州市崔怡庭選出而得名。屬於赤殼綠花梅瓣類。花莛長，鞘紫紅色。萼片頭大，基部狹窄，質糯，肉厚，色綠，兩側萼平伸。花瓣半硬，唇瓣伸長，為龍吞舌（圖1-59）。

10. 金嶴素（*Cymbidium faberi* cv. Jin'ao Su）

該品種因清代道光年間發現於浙江餘姚縣金嶴山而得名。又名泰素。屬於綠殼荷形水仙瓣類。葉較細，斜直立，先端尖銳，長約45cm。花莛細長，高50～60 cm，綠色。唇瓣綠白色，無紫紅點（圖1-60）。花期長，繁殖快，容易開花，為流傳較多的名種。

11. 解佩梅（*Cymbidium faberi* cv. Jie Pei Mei）

該品種在20世紀20年代由上海張姓人氏選出。屬於赤殼綠花梅瓣類。葉細狹長，呈弓形。花莛細長，花蕾剛舒瓣時花形稍小，漸後越放越大，花姿挺秀。萼片翠綠，緊邊，端圓。花瓣白玉色，唇瓣圓，大如意舌（圖1-61）。

12. 江南新極品（*Cymbidium faberi* cv. Jiangnan Xin Ji Pin）

該品種在1915年由浙江省紹興人錢阿祿帶至江蘇省無錫市楊干卿家中選出。屬於赤殼轉綠梅瓣類。與失傳的極品相似，

但花莛及鞘為紫赤色又透綠。葉細，半垂，長30～45 cm。花莛長。萼片闊大，兩側萼平伸。唇瓣小而短（圖1-62）。為蕙蘭新八種之一。

13. 榮梅（*Cymbidium faberi* cv. Rong Mei）

該品種因1908年由江蘇省無錫市榮文卿選出而得名。屬於赤殼梅瓣類。萼片基部長，端圓，互相分離，有時和背。花瓣半梗，有兜，質厚；唇瓣圓，色綠有紅點（圖1-63）。為蕙蘭新八種之一。

14. 東山梅（*Cymbidium faberi* cv. Dong Shan Mei）

該品種因20世紀30年代江蘇省蘇州洞庭東山藝蘭者選出而得名。屬於赤殼轉綠殼梅瓣類。萼片端圓，緊邊，基部狹窄，肉厚。花瓣質軟，短圓如蠶蛾；唇瓣小而圓。花色俏，形姿秀麗，為近代蕙蘭中難得之珍品，流傳甚少。

15. 樓梅（*Cymbidium faberi* cv. Lou Mei）

該品種因清代光緒年間由浙江

圖1-61　解佩梅

圖1-62　江南新極品

圖1-63　榮梅

圖1-64　樓梅

圖1-65　溫州素

圖1-66　彩蝶

省紹興樓氏選出而得名。屬於綠殼荷形水仙瓣。花莛細長，綠色。萼片大而端圓，基部極細，側萼平伸。花瓣分開，短圓如蠶蛾；唇瓣大而下掛，開足時前端反捲（圖1-64）。姿態優美，可與「大一品」相媲美。

16. 溫州素（*Cymbidium faberi* cv. Wenzhou Su）

該品種因20世紀20年代發現於浙江省溫州市附近而得名。屬於綠殼荷形水仙素心類。葉中闊，半垂。花莛高達45 cm，花大，直徑可達9 cm，色淺綠帶黃。萼片長而大，邊平，兩側萼平伸。花瓣長，質軟；唇瓣小而長，反捲，端正，無紅點（圖1- 65）。本品種繁殖快，易於開花。

17. 文華仙（*Cymbidium faberi* cv. Wen Hua Xian）

該品種在1936年由江蘇省無錫人蔣瑾懷在上海選出。屬於赤殼荷形水仙瓣。萼片平邊，基部狹窄，近端放角，開足後平整，肉厚而糯，微飄，淺兜。花瓣分離，居蕊柱左右；唇瓣小而圓。花小形，為蕙蘭小型水仙瓣中俊俏品種。

18. 彩蝶（ *Cymbidium faberi* cv. Cai Die ）

該品種又稱翠蝶。1936 年由江蘇省無錫市沈淵如選出。屬於綠殼綠花荷形蝶瓣類。葉直立，先端尖。萼片厚闊，側萼片下半幅呈唇瓣化。花瓣翠綠，有濃豔朱點，宛如翠蝶飛舞（圖1-66）。

近代也選育出了許多名種，如洞庭春、虞頂、留春、朵雲、常熟新梅、翠迪、銀河霞、雙藝玉蕙、翔聚、奇梅、上捧蝶、齒舌素、神雕、騰飛、金花素、剪捧素、穗蕙、珍珠塔等。

第四節　建　蘭

建蘭因其主產地在福建而得名，又稱劍蕙、雄蘭、劍葉蘭。民間因其有些品種的花開在盛夏而稱之為夏蘭，也有因其一莛多花而稱其為夏蕙，也有因有些品種的花開在秋天而稱為秋蘭或秋蕙。

據日本的田邊賀堂史生著的《蘭花栽培四枝節》所記載：「建蘭由中國秦始皇特使徐福攜來」。它曾被徐福攜帶至日本的駿河。當地的後代，因不知其原產地，便稱其為駿河蘭。

一、形態特徵

建蘭長根粗如筷子，常有分叉。假鱗莖比較大，呈微扁圓形，集生。葉 2～6 片叢生，長 30～70 cm，寬 0.8～1.7 cm；薄革質，呈黃綠色，略有光澤；中段增寬而平展，頂端漸尖，主脈居中，明顯後凸，邊緣有極細而不甚明顯的鈍齒。花莛直立，高 25～35 cm，常低於葉面，通常有花 4～9 朵，最多可達 18 朵；苞片呈長三角形，苞片基部有蜜腺。花呈淺黃綠色，直徑 4～6 cm，有香氣。萼片短圓披針形，長 3 cm 左右，寬 5～7

mm，呈淺綠色，有3～5條較深的脈紋。花瓣色較淺而具紫紅色條斑，相互靠攏，略向內彎；唇瓣卵狀長圓形，3裂不明顯，側裂片淺黃褐色，中裂片反捲，淺黃色帶紫紅色斑點。花期在7～10月。有些品種在12月開花，有些品種從夏季到秋季開花2～3次，所以建蘭又稱為「四季蘭」。

用簡單的方法在形態上區別建蘭與其他蘭花，可以依其特徵來記：

假鱗莖扁圓比較大，葉片中寬頂端尖，7月開花到10月，莛花多數為4～9朵。

二、分佈區域

建蘭一般多分佈於福建和與福建相毗鄰的浙江南部、江西東部武夷山區和西部、廣東和廣西北部，另外在四川南部、貴州、海南、湖南西南部、雲南北部、安徽等地。臺灣常見栽培品種是：金絲馬尾、鳳尾素、小桃紅、龍巖素、鐵骨素、廈門素、十八學士、十三太保等。東南亞及印度等國也有建蘭分佈。

三、主要品種

建蘭在中國栽培歷史悠久，品種也有很多。大體上分為素心和彩心兩大類。

素心建蘭花被無點紋，多為栽培品種，野生的極少發現。彩心建蘭的花莛多為淡紫色，花被有紫紅色條紋或斑點。

(一)素心類

1. 鐵骨素（ *Cymbidium ensifolium* cv. Tie Gu Su ）

該品種又名鐵梗素。葉直立，質剛硬，用手拭葉易自中脈開裂，因此而得鐵骨之名。葉狹帶形直立，端部向外斜伸，傾

尖收尾；薄革質，葉肉厚實，葉兩面較光滑，葉緣具細鋸齒，葉片斷面呈「V」字形；主葉脈明顯，向背面突出，側脈較隱。依葉片之長短可分為長葉種和短葉種兩類。長葉種葉長40～50 cm，寬1.1～1.4 cm；短葉種葉長30～40 cm、寬0.8～1.1 cm。葉柄環明顯，葉鞘長8～10 cm，薄革質，成苗後葉鞘張離。總狀花序，花4～5朵；花小型，直徑4 cm左右；花莛細，花淺白色；萼片為狹矩圓狀披針形，中萼片較長，側萼片較短，側萼夾角小於180°，為小落肩花型。花瓣披針形，前伸，先端張離，覆於子房上；唇瓣倒盾形，略向下反捲，有不明顯的三裂。乳白色蕊柱弧曲，有花藥一枚，藥帽為乳白色。香氣濃（圖1-67）。在栽培的過程中喜群居，不能多分株。

圖1-67　鐵骨素

2. 魚枕（*Cymbidium ensifolium* cv. Yu Zhen）

該品種又稱玉枕或玉眈蘭，為鐵骨素的一種變異。半立葉，莛花多達12朵，花為水色，入水不見（圖1-68）。中國最早的一部蘭花專著《金漳蘭譜》就將魚枕蘭推崇為奇品，隨後歷代蘭家都將其視為珍品，一直流傳至今。

3. 銀邊大貢（*Cymbidium ensifolium* cv. Yin Bian Da Gong）

該品種葉片較軟，垂葉，有光澤，葉長40 cm，寬1.6 cm，葉緣有白色線條。花色淡綠，三萼片有

圖1-68　魚枕

圖1-69 銀邊大貢

圖1-70 金絲馬尾

圖1-71 龍岩素

淺白的鑲邊，花中有淡紫色斑點。為名貴品種（圖1-69）。

4. 金絲馬尾（*Cymbidium ensifolium* cv. Jin Si Ma Wei）

該品種葉小，寬1～1.3 cm，長30～55 cm；葉態斜立，端部彎垂；葉有光澤，主脈溝深而向葉背凸出，側脈明顯，葉脈呈金黃色。葉褲呈紫紅色。9月下旬開花，總狀花序，開花5～9朵，為微落肩正格花型；變種開素心花，花被無紫紅色斑。（圖1-70）。

5. 龍岩素（*Cymbidium ensifolium* cv. Longyan Su）

該品種半立葉，葉態弓垂或半弓垂，葉長30～55 cm，葉寬1.5～2.5 cm。花莛多能露出葉叢間或高出葉面許多，著花通常為5～7朵，花中型，花色呈乳黃鑲綠暈。花水仙形荷瓣，略微落肩，唇瓣白色外捲（圖1-71）。產自福建龍岩，為素心建蘭流傳最廣的品種之一。有大葉及矮腳之別，變異品種多達10餘個。

6. 龍岩十八開（*Cymbidium ensifolium* cv. Shi Ba Kai）

該品種又稱十八開。葉半弓

垂，上半部彎曲，長40～50 cm，寬約2 cm，有光澤。花莛青白色，高45 cm，伸出葉面。有花7～8朵，呈淺白色，培育健壯的植株，花莛上可開出18朵香白花（圖1-72）。產自福建龍岩，為素心建蘭傳統佳種之一。

7. 玉雪天香（*Cymbidium ensifolium* cv. Yu Xue Tian Xiang）

圖1-72　龍岩十八開

該品種為奇花，20世紀70年代產於臺灣，是罕有的雪白色花藝銘品。球莖碩圓，新芽特別尖細。垂葉姿，中矮葉，綠芽，新芽葉尾略出藝，成株後退去。葉長33 cm，寬1.1 cm，葉尾尖且捲垂。花梗、花萼、花瓣一直到蕊柱都為雪白色，並呈半透明狀。

內外瓣細狹，素心無斑點，鼻頭大，舌瓣如萼片，唇瓣狹窄，稍外捲（圖1-73）。

圖1-73　玉雪天香

8. 金邊仁化（*Cymbidium ensifolium* cv. Jin Bian Ren Hua）

立葉，無光澤，葉長46 cm，寬1.1 cm，葉緣有金黃色邊。花素心。8月下旬開花（圖1-74）。產自廣東。

圖1-74　金邊仁化

9. 大鳳尾素（*Cymbidium ensifolium* cv. Da Feng Wei Su）

該品種葉姿多態，有日月垂、龍井素、三搖素等美稱。它為線藝蘭的祖宗之一，「金絲馬尾」等都是由其進化而來的。垂葉，葉長45 cm，寬1.5～1.8 cm，端尖銳，無光澤。花大，有花5～6朵，素心。產自廣東、福建。其葉較小者稱為鳳尾素或小鳳尾素，兩者之花區別不大。

10. 上杭素（*Cymbidium ensifolium* cv. Shang Hang Su）

葉垂弓形，長約40 cm，寬度稍有變化，約1.3～1.7 cm；花莛高25 cm，有花6朵，中等大小，素心。產自福建。

11. 軟葉仁化（*Cymbidium ensifolium* cv. Ruan Ye Ren Hua）

該品種葉半垂，長44 cm，寬1 cm，無光澤，呈深綠色。花莛高約35 cm，呈綠白色，素心。花期8月下旬。

產自廣東仁化。

12. 十三太保（*Cymbidium ensifolium* cv. Shi San Tai Bao）

該品種葉半立，葉柄較長，葉先端先向下彎曲，然後再向上翹，為該品種特有的形態。花7～9朵，有多至13朵的；花呈水色，唇瓣白色。

產自福建，為素心建蘭的傳統佳種之一。

13. 大葉白（*Cymbidium ensifolium* cv. Da Ye Bai）

葉較寬（1.7～2.6 cm），直立性強，無光澤。花3～5朵。花期7月。產自廣東、福建，臺灣等地。

此外，還有白杆素、朝天素、粉馬素、永安素、大屯素、天臺素、白雲素、荷花素、鐵線素、白雲素、廈門素、無雙、白斜尖、碧玉素、尤溪素、長汀素、白蓮、藿溪素、貴州素、處州素、大青素、永安素、永福素、高州素、岩山素、觀音素心、雙鳳素、玉沉大覆輪、玉廉、大明素、牛斗素、大屯素等百餘種。

(二)彩心類

彩心建蘭花朵豔麗，瓣型豐富。目前蘭界也將它們分為梅瓣、荷瓣、蝶瓣、奇花和複色花等類型。

建蘭八大名品——夏皇梅、君荷、蓋梅、光登綠梅、紅一品、光登黃梅、五嶽麒麟、峨眉弦。

建蘭八大名品是2006年12月在四川省都江堰市由中國蘭花學會主辦的「2006中國建蘭八大名品」評選活動中由蘭花專家評選出的。

一、梅瓣類

1. 夏皇梅（*Cymbidium ensifolium* cv. Xia Huang Mei）

該品種於1981年前後在四川省郫縣的下山蘭中選出。成都蘭家黃興明先生獲得此草後，因其尚無名號，便取「夏季開花，色澤鮮黃」之意，將其命名為「夏黃梅」，後改為「夏皇梅」。其葉長26～42 cm，寬1.4～1.6 cm；葉姿半垂；葉面平展且有光澤，葉尖具小短尖。花莛挺立，高15～24 cm，一莛著花3～6朵；花苞片顏色與花莛相近；花直徑1.8～2.2 cm。萼片長圓形，基部狹，向前漸闊，前端收狹且緊邊，尖端成對折狀，中線部分外凸；長1.6～2.0 cm，寬0.7～0.9 cm，色黃綠。花瓣較萼片短小，與唇瓣同時分立於蕊柱三側，並緊靠蕊柱；花瓣基部狹長，從中部起緊邊，前端圓鈍，起深兜，兩花瓣前端分離大，蕊柱頂明顯外露；花瓣淺黃色，其中下部、

圖1-75　夏皇梅

蕊柱腹部具均勻的紫紅斑紋。唇瓣短圓，中裂片前端微下掛，明顯增厚，邊緣微內捲呈淺兜，側裂片不明顯；唇瓣底色淺黃，兩側密被紫紅色紋（圖1–75）。

2. 光登綠梅（*Cymbidium ensifolium* cv. Guangdeng Lü Mei）

又名蜀梅、綠光登梅。由四川省榮縣李光登1992年選育。該蘭葉姿半垂；葉鞘長而闊大，葉基部橫斷面呈現深「V」形；葉片長23～38 cm，寬1.1～1.3 cm，葉色翠綠；主脈較為粗大，側脈細微無夾絲；葉面光滑平展，葉緣光滑，新生幼葉尖部隱約可見有細鋸齒，葉端漸尖。花莛翠綠無雜色，盛放時多不轉宕，朝天者居多，花品中宮端正，外三瓣收根放角好；花萼色澤嫩綠，蘋果頭，急收根；花瓣蠶蛾捧，龍吞舌（圖1–76）。

3.光登黃梅（*Cymbidium ensifolium* cv. Guangdeng Huang Mei）

該蘭係1992年四川省榮縣一伍姓農婦採下山，後被蘭家李光登換得並命名，與「光登綠梅」並稱為姐妹花。其假鱗莖碩大，花芽出土時腳殼銀紅，佈滿沙暈，筋紋透尖、細長。葉形斜立，硬挺，葉色偏黃；葉3～5片，葉長30～40 cm，葉尖較鈍。花莛細長，挺立，莛色藕紅，佈滿雪花點，著花5～8朵。小排鈴時，花蕾為杏仁形，圓實飽滿；大排鈴時搭口深合不見鳳眼；盛開時，外三瓣結圓、緊邊、內扣，有小尖，呈藕色偏黃。收根急，中宮和諧，觀音額捧，如意舌，五瓣分離，花守好（即無性繁殖的後代仍能保持原有花型）（圖1–77）。

4. 蓋梅（*Cymbidium ensifolium* cv. Gai Mei）

該品種又名一品梅，1994年下

圖1–76　光登綠梅

山於四川峨眉山，由廣東陳少敏、游憲猛培育。正格梅瓣，號稱四川第一梅。該蘭為半垂葉，葉片中寬。花莛挺立，杆呈綠色，著花5～7朵，花綠黃色。

開品端正，五瓣分開，外瓣勻稱，收根、放角、厚糯起兜，基部有紅暈絲；捧起兜，如意舌，香氣濃郁純正（圖1-78）。

5. 紅一品（*Cymbidium ensifolium* cv. Hong Yi Pin）

該蘭於1993年被四川省名山縣吳永全、吳洪位父子在峨眉山採得，2004年被四川蘭家王進先生命名為紅一品。

該蘭葉姿半垂，葉長15～35 cm，葉寬0.8～1.5 cm，葉端多呈鈍尖形。花莛直立，著花2～6朵，花萼和花瓣均帶紅暈。開品端莊，瓣厚舒展，萼片緊邊，圓而收根；蠶娥捧，如意舌。為標準梅瓣花（圖1-79）。

6. 嶺南第一梅（*Cymbidium ensifolium* cv. Lingnan Diyi Mei）

該品種由廣東陳少敏、游憲猛培育。為高標準梅瓣花。青黃底色，緣綴唇瓣化樣之洋紅彩點。

圖1-77 光登黃梅

圖1-78 蓋梅

圖1-79 紅一品

7. 雪梅（*Cymbidium ensifolium* cv. Xue Mei）

該品種為四川黃吉海培育。高標準的萼片雪白底泛綠暈，大如意舌，在舌兩側緣綴有一對較對稱的鮮紅塊斑。

8. 金魚梅（*Cymbidium ensifolium* cv. Jinyu Mei）

該品種由四川唐體育培育。為高標準梅瓣花。捧瓣硬變成似金魚之眼珠。萼片白泛綠暈，大劉海舌泛洋紅暈。

9. 蠟梅（*Cymbidium ensifolium* cv. La Mei）

該品種由四川郭建軍培育。為長萼型高標準梅瓣花。萼端圓而起兜如勺狀，硬捧似拳，大如意舌乳黃色泛紅暈。

10. 金秀梅（*Cymbidium ensifolium* cv. Jin Xiu Mei）

該品種由福建許東生培育。萼端圓而起兜，硬捧，小如意舌彩點醒目。深黃色花。

11. 蜀梅（*Cymbidium ensifolium* cv. Shu Mei）

該品種由廣東陳少敏、游憲猛培育。為高標準的金黃色彩梅瓣花。

12. 如意梅（*Cymbidium ensifolium* cv. Ruyi Mei）

該品種由臺灣江元田等培育。為高標準梅瓣花。萼片青黃色披紅條、泛紅暈，白大圓舌上紅斑醒目。

13. 飄門梅（*Cymbidium ensifolium* cv. Piao Men Mei）

該品種由四川田永康培育。

14. 珍珠梅（*Cymbidium ensifolium* cv. Zhenzhu Mei）

該品種由福建許東生培育。為白色不全綻開之小型梅瓣花。

此外還有玉皇梅、綠梅、紅梅、彩梅、玉梅、聖梅、王子梅、綠彩梅、鸚洲梅、小龍梅、蜻蜓戲梅、嘉州秀梅、蒲江紅梅、紅星梅、黃一品、梅王、聖梅、碧玉梅、老白梅、王子梅、杏黃梅、青衣白梅、雅州白梅、常樂梅、虹逸梅、銀邊新梅、金嘴梅、嶺南紅梅、中山梅、翡翠梅等品種。

二、荷瓣類

1. 君荷（*Cymbidium ensifolium* cv. Jun He）

該品種最早由四川雅安吳永權蘭友覓得，經培育於1993年放花，後來由四川邛崍市蘭花學會會長陳澤君購回並命名。該蘭葉形矮，葉面寬，葉尖圓鈍，葉質厚實，行龍，有凹凸狀蛤蟆皮斑點。

在花期6～10月內，可開2～3次。花莛直立，高20～40 cm，著花2～7朵。花瓣最寬達2 cm，花色微紅，嫩綠中嵌紅線；花瓣闊大，橢圓形，兩花瓣相互靠攏，前端張開，似蚌殼抱合在蕊柱之上，露蕊柱；唇瓣中裂片圓闊，下掛但不反捲，邊緣緊，整齊，尖端起小微兜（圖1–80）。顏色鮮豔，觀賞性極強。

圖1–80　君荷

2. 金荷（*Cymbidium ensifolium* cv. Jin He）

該品種由1990年在臺灣基隆選出。紅芽，葉姿有力，葉中寬，葉尖有齒。花型有三圓，即花圓、瓣圓、舌圓，正格荷瓣；花濃香（圖1–81）。

3. 玉腮荷（*Cymbidium ensifolium* cv. Yu Sai He）

該品種由四川唐體育培育。為高標準荷瓣花。萼片短闊、放角、收根、緊邊，硬捧，龍吞舌。花為

圖1–81　金荷

圖1–82　荷王

乳白底泛綠暈，蕊柱裂變為兩個圓珠形，鑲嵌小黑珠，其蕊柱又有頂帶，十分別緻，確為建蘭之珍品。

4. **雄獅荷**（ *Cymbidium ensifolium* cv. Xiong Shi He ）

該品種由臺灣江元田等培育。為高標準荷瓣花。黃紅白綠橙藍紫多色複色花，格外綺麗。

5. **大圓荷**（ *Cymbidium ensifolium* cv. Da Yuan He ）

該品種由廣東李明培育。為高標準荷瓣花。萼片長2.5 cm，寬1.6 cm。全花呈金黃底色披鮮紅彩，十分鮮豔可愛。

此外還有荷王（圖1–82）、五彩荷、金皺虹荷、無柄荷、冠山荷、複色大荷、丹霞荷、朝天荷、天荷、地荷、玉如嬌、福荷等品種。

三、水仙瓣類

1. **紅仙**（ *Cymbidium ensifolium* cv. Hong Xian ）

該品種由四川張必才培育。短圓萼，起兜捧、劉海舌。萼片鮮紅色掛深紅條紋，十分豔麗。

2. **粉紅仙**（ *Cymbidium ensifolium* cv. Fen Hong Xian ）

該品種由四川向友湘培育。萼片短闊、兩頭收根、中間大肚如長珠狀，白底綠端紅彩基，半硬捧白泛淡紅暈合蓋蕊柱，大圓舌鮮紅點錯落有致，十分秀雅。

3. **瓜子仙**（ *Cymbidium ensifolium* cv. Gua Zi Xian ）

該品種由廣東古明仲培育。萼片瓜子形，起兜捧，大捲舌，花色秀雅。

4. 小鳳仙（*Cymbidium ensifolium* cv.Xiao Feng Xian）

廣東陳少敏等培育。荷形萼端黃泛綠暈基披紫彩，半硬捧金黃泛紫紅暈，大圓舌紅斑錯落有致。

5. 紅條水仙（*Cymbidium ensifolium* cv. Hong Tiao Shuixian）

該品種由貴州薛天民、姚國林培育。萼片短闊、端圓，捧瓣緊邊微兜，合蓋蕊柱。花以雪白底披紅彩條，鮮豔奪目。

此外還有彩仙、荷仙等。

四、蝶瓣類

1. 玉彩捧蝶（*Cymbidium ensifolium* cv. Yu Cai Peng Die）

該品種由四川羅文俊培育。為標準矮種全捧蝶花。3萼片，為白底披細紅條紋，泛綠暈，形寬端蛋圓；捧瓣為異常短闊的三角狀，白底灑短紅條斑；大圓舌，紅點排列有序。

2. 飛鳳奇蝶（*Cymbidium ensifolium* cv. Fei Feng Qi Die）

該品種由臺灣陳七雄等培育。萼片呈綠色，趨向退化，變細而翻捲；花瓣半邊淡綠，半邊唇瓣化（圖1-83）。

圖1-83　飛鳳奇蝶

3. 復興奇蝶（*Cymbidium ensifolium* cv. Fu Xing Qi Die）

該品種由臺灣林盈竹等培育。萼片綠色，圈捲於子房處；花瓣與

圖1-84　復興奇蝶

唇瓣同為金黃色灑鮮紅大斑塊，非常豔麗（圖1-84）。

4. 文君奇蝶（*Cymbidium ensifolium* cv. Wen Jun Qi Die）

該品種由廣東陳少敏等培育。萼片呈翠綠，有的平伸，有的向子房處捲曲；雙捧有2/3唇瓣化，唇瓣2長1短呈一字形排列。花瓣和唇瓣均為白底綴鮮紅大斑塊。

5. 胭脂奇蝶（*Cymbidium ensifolium* cv. Yanzhi Qi Die）

該品種由廣東陳少敏等培育。肩萼過半唇瓣化，中萼緣也初現唇瓣化，花瓣下緣也有唇瓣化跡象。色彩對比鮮明。

6. 三元奇蝶（*Cymbidium ensifolium* cv. San Yan Qi Die）

該品種由廣東陳少敏等栽培。為標準梅瓣型肩萼蝶。翠綠底泛黃暈灑紫紅彩條點斑塊。

7. 荷晶奇蝶（*Cymbidium ensifolium* cv. He Jing Qi Die）

該品種由蘇武雄培育。荷晶奇蝶的萼片與花瓣周邊鑲晶白塊、灑紅斑。

8. 阿里奇蝶（*Cymbidium ensifolium* cv. A Li Qi die）

該品種萼片不僅數量增多，形態也各異，有的四面開拔，有的在子房處兜圈翻捲，花萼白底披紅條泛綠暈；多蕊柱，多唇瓣化的花瓣，多唇舌，如拳似球。鑲紅披綠泛黃綴紫，異常豔麗。

9. 重台彩蝶（*Cymbidium ensifolium* cv. Chong Tai Cai Die）

該品種為一莛多花，每朵花的萼片綻開後，其蕊柱成了花柄，支撐著3～4個小花蕾，當這些花蕾的萼片綻開後，其蕊柱仍然往上伸，又支撐2～3個花蕾。所開的花都是色彩綺麗的蝶花，是少有的稀世珍品。

10. 玉山奇蝶（*Cymbidium ensifolium* cv. Yu Shan Qi Die）

該品種為多分叉全莛多蝶化花。

此外，蝶瓣類建蘭還有四川廖和平、梁光全的東方獅，賈學成的多萼奇蝶，唐體育的聖光；廣東何建國的金菊，古明仲

的戴花蝶。蝶花類新三星蝶有聖火、雙蝴蝶、晶龍奇蝶、素三星、寶島仙女、四季文漢，外蝶類新種有澄海素蝶、紅蝴蝶、新三元、老三元、水仙蝶、蒲江梅蝶，老種外蝶有天公蝶、豔蝶、白衣團蝶等品種。

五、奇花類

1. 五嶽麒麟（*Cymbidium ensifolium* cv. Wuyue Qilin）

該花為建蘭八大銘品中唯一的奇花。由廣東陳少敏先生2002年從四川峨眉山蘭展上引進，初名為峨眉佛光。後由廣東潮汕蘭友余惠德等5位蘭友合養，所以起名為五嶽麒麟。其假鱗莖圓鼓如玻璃球，葉修長，葉姿中立，葉尾有較為明顯的陰陽尾。花莛綠色纖細，花高出架。花朵有8～12個外瓣，3～5個深紅色舌頭；而且上半部為外瓣和鼻頭有序排列，下半部則為眾多的舌頭，花色翠綠與紅舌頭對比鮮明（圖1-85）。

2. 貓鷹（*Cymbidium ensifolium* cv. Mao Ying）

該品種由四川吳長光培育。兩花瓣硬變成一體，眼、鼻、耳、口俱全，似貓頭鷹狀，肩萼似搏擊獵物狀。

3. 雄獅（*Cymbidium ensifolium* cv. Xiong Shi）

該品種由四川黃健培育。花色黃綠披紫紅條紋。主萼闊長，側萼增多；主唇闊長，其上間有多個小舌；花瓣和蕊柱也奇變增多，堪稱全奇之蘭。

4. 多瓣奇花（*Cymbidium ensifolium* cv. Duo Ban Qi Hua）

該品種由廣漢、吳道高培育。花色白泛綠暈。萼片2～3層，花

圖1-85　五嶽麒麟

瓣、唇瓣增多，造型別緻。

5. 佛手素菊（*Cymbidium ensifolium* cv. Foshou Su Ju）

該品種由浙江人葉張啟培育。本品為矮種素心建蘭菊瓣奇花。全花萼、捧、唇、蕊柱全增多，且向上伸展，花形似倒置的佛手柑狀。

此外，奇花類建蘭還有千佛牡丹、仙山牡丹、天府牡丹、翠玉牡丹、天山牡丹、三蘇玉奇、韶關素奇、寶島金龍、蓬萊獅子、七仙女、綠雲仙女、向日葵等品種。

六、複色花類

1. 綺彩（*Cymbidium ensifolium* cv. Qi Cai）

該品種由四川向友湘培育。花大瓣闊，白鑲邊，掛紅條、泛紫暈、灑綠點，唇鑲紅塊。五色交相輝映，為罕見的綺彩花。

2. 競豔（*Cymbidium ensifolium* cv. Jing Yan）

該品種由四川向友湘培育。花大瓣長闊，各色的條、點、塊、暈相互映襯，清新而自然，各瓣著色同中有異，爭奇鬥妍。

此外還有廣東陳少敏、詹永舟等培育的四季複色花，萼片粉白，中脈掛淡紅條，萼緣綠覆輪泛黃暈，花瓣青黃鑲白邊，唇瓣白底鑲鮮紅塊。素中有豔，豔中有素。鐵骨複色花，全花粉白底，藍覆輪泛青綠暈邊，其餘泛紫紅暈，素雅而嬌豔。

❀ 第五節　寒　蘭 ❀

寒蘭（*Cymbidium kanran Makino*）的形態與建蘭相似，但根部略比建蘭細而有分叉。寒蘭的新苗葉中脈兩側色白亮，占

整片葉寬的 1/3，猶如中透縞藝，其雙側的綠色部分有明顯龍骨節狀的隱性綠色斑紋。這些特徵是寒蘭獨有的，是鑒別寒蘭的最準確依據。1998 年 11 月在浙江龍泉召開的「寒蘭研討會」上提議「寒蘭」稱謂來自日本，在中國一直稱「冬蘭」，且冬蘭的稱謂與其他種類「春蘭、夏蘭、秋蘭」相對應，充分體現季節特徵及地位，以後應一律稱「冬蘭」。該提議得到與會人員的支持。

一、形態特澂

寒蘭假鱗莖長橢圓形，集生成叢。葉鞘長而薄，成苗後張離。葉腳高，葉柄環明顯。葉較狹窄，尤其是葉基部更窄。葉 3～7 片叢生，直立性強，長 35～70 cm，寬 1～1.5 cm；寬葉品種長 60～110 cm，寬 1.5～2.2 cm。葉脈明顯並向葉背凸起，中脈和側脈溝明顯，先端漸尖或長尖，葉全緣或有時近頂端有細齒。

花莛直立，花疏生，開花時花莛上有花 5～10 朵。萼片廣線形，長約 4 cm，寬 0.4～0.7 cm，頂端漸尖。花瓣短而寬。唇瓣有不明顯 3 裂，側裂片呈半圓形，直立；中裂片呈乳白色，中間呈黃綠色帶紫色斑紋；唇盤由中部至基部具 2 條相互平行的褶片，褶片呈黃色，光滑無毛，有香氣。

花期因地區不同而有差異，自 7 月起就有花開，但一般集中在 11 月至翌年 1 月開花。

有蘭友認為，寒蘭與其他國蘭相比有「五最」：葉姿最優美，花形最多變，花色最豐富，花香最奇特，花開最長久。

（1）葉姿最優美：按葉的彎垂程度分有直立形葉、斜立葉、半彎垂葉。但不論何種蘭葉，其基本特徵都是高挑修長，葉剛性強，挺拔纖秀等特徵。

（2）花型最多變：寒蘭雖不能選出瓣型花，但有一個重要特點是奇特多變。有內蝶、外蝶、硬捧、多瓣、聚頂，有三角開、朝天開、反捲開、繡球開、擁抱開、飛舉開等各種開品，還有象形花、奇態花、意形花等花型。

（3）花色最豐富：寒蘭除暫未發現純藍的花外，其他顏色都有表現。如紅色中就有紫紅、深紅、大紅、水紅、桃紅、赤紅、橘紅、胭脂紅、朱砂紅等。在複色花中，往往一朵花就存在有七、八種顏色，故寒蘭花色在所有國蘭中屬最豐富、最豔麗的一個種群。

（4）花香最奇特：一般蘭界稱蘭香有幽香、清香、濃香、甜香、微香等。

寒蘭另有「三香」，一是「冷香」，即在低溫時香味更佳；二是「遺香」，子房膨大後、花謝乾枯後仍存香味；三是「常香」，不論白天黑夜，有光無光均能連續放香。

（5）花開最長久：寒蘭花期最長，春有春寒蘭，夏有夏寒蘭，秋末冬初有秋寒蘭和冬寒蘭，四季有花開。此外，花開持續期特長，一般可持續3週至1個月；有一種小葉寒蘭，花開持續期可近3個月。

用簡單的方法在形態上區別寒蘭與其他蘭花，可以這麼來記：

寒蘭的特徵──假鱗莖形狀長橢圓，新苗葉中脈兩側白，花萼片廣線形，葒花5～10朵。

二、分佈區域

寒蘭在中國分佈於稍偏南山區。如：湖南、江西、福建、浙江、安徽、廣東、廣西、海南、雲南、貴州、四川，臺灣等地。日本亦多有分佈。

三、主要品種

寒蘭在自然界極少會產生帶有瓣形的花，而且發現的瓣形花，缺乏美感。所以至今寒蘭的品種多根據花期、花色、素心、素唇、花形、花藝等分類。

(一)根據花期分類

寒蘭多為冬季現花，但也有春暖開花的春寒蘭，盛夏開花的夏寒蘭，秋爽而開的秋寒蘭。

1. 春寒蘭（ *Cymbidium kanran* × *goeringii* ）

春寒蘭是臺灣闊葉春蘭與臺灣寒蘭的自然雜交種。本種葉色深綠，葉細株矮，葉面光亮，葉背粗糙；葉長 30～50 cm，葉寬 0.6～0.9 cm。花莛高 20～25 cm，莛花只有 1～2 朵，花徑 5～6 cm。花色為淡褐色或淡綠色，花香濃，在野外常與闊葉春蘭混生，常容易被當作春蘭引種馴化。當開花時可發現它為雞爪瓣型花。

2. 夏寒蘭（ *Cymbidium kanran* Makino var. *aestivale* Y . S. Wu ）

夏寒蘭與原種相似，但葉較寬而短，外向披散，葉長 30～70 cm。花莛高 30～50 cm，莛花 7～17 朵，花徑 6～10 cm。萼片長 4.5～5.5 cm，寬 0.5～0.8 cm，唇瓣寬達 1 cm 多。花期在夏季 5～9 月。主產於四川會理六華山區、雲南省西部也有野生。

夏寒蘭具有一些特色名種，可分為彩心和素心兩類。彩心類中的特色品種有如下種類：墨神，又名鐵面冰心，黑唇中有一白花塊。舞仙，花姿如芭蕾舞演員騰空而起。紫妃，萼片乳白泛淡綠暈，花瓣色與萼同，僅披一小段紫線，唇瓣中裂片和蕊柱基部為紫黑色，中段為萼片色。素心類中最具特色的品種有：黃鶴、翠鶴、玉燕、雨燕、綠鸚鵡、歸雁等。

圖1-86　青寒蘭

圖1-87　青紫寒蘭

圖1-88　紫寒蘭

3. 秋寒蘭（*Cymbidium kanran* Makino var. *autumnus* H. L. Yin）

秋寒蘭葉色、葉面光澤、葉形、葉長均與闊葉建蘭相同，花期也一致。區別在於秋寒蘭的葉背較粗糙，葉側脈溝明顯，葉緣後捲，葉背中脈骨突出而有銳利感。花莛多為紫紅色，花瓣屬於雞爪瓣型。

（二）根據花色分類

1. 青寒蘭（*Cymbidium kanran* f. *viridescens* Makino）

花被呈淡綠白色或黃綠色（圖1-86）。

2. 青紫寒蘭（*Cymbidium kanran* f.*purpureo viridescens* Makino）

花被呈青綠色稍帶紫色，可能是青寒蘭和青紫蘭之間的雜交後代（圖1-87）。

3. 紫寒蘭（*Cymbidium kanran* f. *purpurescens*（Makino）Y. S. Wu）

花被紫紅色。產自臺灣、福建（圖1-88）。

4. 紅寒蘭（*Cymbidium kanran* f. *rubescens* Makino）

花被微帶紫紅色。

(三)根據素心分類

所謂素心寒蘭，花色淡綠，屬青寒蘭類型。至目前為止，素心寒蘭數量特少，價格十分昂貴。其名品有寒香素、廣寒素、寒山素。新培育的寒蘭素心品種有：

圖1-89　桃腮素

1. **紫杆素**（*Cymbidium kanran* cv. Zi Gan Su）

該品種由福建許東生培育。葉芽、花芽、花莛雖為紫紅色，其花被卻為一塵不染的乳白色全素花。

2. **淡綠素**（*Cymbidium kanran* cv. Dan Lv Su）

該品種由福建人王仲霖所培育。花被僅呈淡綠色。

3. **雪白素**（*Cymbidium kanran* cv. Xue Bai Su）

該品種由廣西人吳能新培育。花萼、花瓣、花徑都比普通寒蘭大許多，花被雪白泛粉。

此外還有桃腮素（圖1-89）、翠綠素、牙黃素、赤殼素等品種。

(四)根據素唇分類

在地生蘭中，寒蘭為最易出現素唇的品種。寒蘭的唇瓣除了鑲邊之外，整體色澤單一，全無間灑異色點斑塊的唇瓣，稱之為「素唇」，也稱為「素舌」。現舉例如下：

（1）**白舌**：常名為「白笑玉」。它花被常為翠綠色，唇瓣全白色，無他色鑲邊，心部常有淡綠筋紋或淡綠暈。

（2）**紅舌**：常名為「紅玉」。花被黃綠色，唇瓣深紅色，白鑲邊。

（3）**黑舌**：常名為「墨神」。花被淡翠色，唇瓣墨黑色，白鑲邊。

（4）**黃舌**：常名為「黃玉」。花被常為紅色或青黃色，唇瓣黃色。紅花被的黃舌略泛紅暈，又有白鑲邊；青黃花被的黃舌略泛綠暈，無鑲邊。

（5）**綠舌**：常名為「翠玉」。花被多為青色或複色。青色花被的綠舌多無鑲邊，複色花被的綠舌常有白鑲邊。

（五）根據花形分類

· 蝶花類品種

1. 飛蝶（ *Cymbidium kanran* cv. Fei Die ）

該品種由江西李衛平培育。肩萼唇瓣化程度高，萼姿多態，有交叉的，有彎曲並排的，有外彎翻扭的。花姿如大鵬展翅，花態別緻，色彩秀雅。

2. 捧緣蝶（ *Cymbidium kanran* cv. Peng Yuan Die ）

為遠東國蘭有限公司栽培。花被綠色，花瓣外翻，雙捧緣色白變薄，灑朱紅斑。

3. 花朝蝶（ *Cymbidium kanran* cv. Hua Chao Die ）

該品種花被紅鑲黃邊，貓耳捧唇瓣化。花徑達 16 cm。

此外還有捧瓣蝶、副瓣蝶、蕊蝶等品種。

· 奇花類品種

1. 翠玉奇（ *Cymbidium kanran* cv. Cui Yu Qi ）

該品種為福建許東生培育。萼捧數量增多，姿態多樣，合抱捲曲，高昂斜展，平展翹飛。構圖別緻，耐人尋味。

2. 綠彩全奇（ *Cymbidium kanran* cv. Lü Cai Quan Qi ）

該品種由福建許東生培育。花被翠綠，披紫紅條紋。萼、捧、蕊柱、唇瓣全部增多。

3. 寒珠（*Cymbidium kanran* cv. Han Zhu）

該品種由四川黃吉海培育。花被翠綠色。花莛粗，花蕾碩大，呈棉桃樣。綻開後萼捧短闊，捧上鑲白珠。

此外還有子母花（圖1-90）、硬捧、菊瓣等品種。

圖1-90　子母花

（六）根據花藝分類

1. 仙鶴鳴翠（*Cymbidium kanran* cv. Xianhe Ming Cui）

該品種花被色黃。中萼片端前折90°角，呈鶴嘴狀。為江西李衛平培育，登錄號為（022）。

2. 淑女姬（*Cymbidium kanran* cv. Shu Nv Ji）

該品種花被粉紅色。萼端、捧端常呈扭轉、圈捲、翻翹狀，形態別緻。

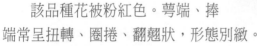

圖1-91　五彩寒蘭

3. 五彩寒蘭（*Cymbidium kanran* cv. Wu Cai Han Lan）

該品種萼片藍綠色泛桃紅邊，披紫條紋；花瓣為貓耳捧，鮮桃紅色，披紫條紋；蕊柱頭綠鑲白托黃帽；唇瓣潔白疏灑紅塊斑（圖1-91）。由江蘇陳士友培育。

4. 白娘子（*Cymbidium kanran* cv. Bai Niangzi）

該品種花被雪白，唇瓣白上綴鮮紅斑。由雲南周雲芳培育。

5. 金鈴（*Cymbidium kanran* cv. Jin Ling）

該品種花被金黃披紫紅條紋，花朵朝上而呈半開樣之鈴

蘭花栽培小百科

狀。由福建許東生培育。

6. 紅翅魚（*Cymbidium kanran* cv. Hong Chi Yv）

該品種為花格黃葉寒蘭。萼片全鮮紅鑲白邊，花瓣色白，唇瓣白綴紅點。由福建許東生培育。

❀ 第六節　墨　蘭 ❀

墨蘭因其花期多在春節期間，所以又稱報歲蘭、拜歲蘭、豐歲蘭、入歲蘭、入齋蘭。

一、形態特徵

墨蘭根粗而長。假鱗莖橢圓形，粗壯。株葉4～5片叢生，劍形，直立或上半部向外弧曲，長45～80 cm，寬2.7～5.2 cm；葉緣微後捲，全緣，頂端漸尖，基部具關節。花葶由假鱗莖基部側面抽出，直立，通常高於葉面，一半在葉叢面之下，一半在葉叢面之上，為特大出架花。花葶上有花7～21朵，多者可達40餘朵花。

萼片狹披針形，長2.8～3.3 cm，寬5～7 mm。花瓣較短而寬，向前伸展合抱，覆在蕊柱之上，花瓣上具有7條脈紋；唇瓣3裂不明顯，淺黃色而帶紫斑，側裂片直立，裂片中端下垂反捲。花期為9月至翌年3月。

墨蘭的特徵——假鱗莖橢圓較粗壯，葉片寬劍形邊全緣，花期秋季到翌春，葶花7～20朵。

二、分佈區域

墨蘭多分佈於臺灣、福建、廣東、廣西、雲南、海南和四川的部分地區。緬甸、印度也有分佈。

三、主要品種

墨蘭因株形高大，產地範圍較狹窄，易被發現採集，在中國栽培歷史悠久，開發馴化的品種為中國各類蘭花之最，可分為素心、梅瓣、荷瓣、蝶瓣、奇花、線藝等多種類型。

（一）素心類

素心墨蘭又稱「白墨蘭」，簡稱「白墨」。指全花沒有任何異色的點、線、斑、塊的全素心花。白墨花容素雅，幽香四溢，栽培歷史悠久。

1. 傳統素心名種

墨蘭的傳統素心名種有「企劍白墨」和「軟劍白墨」兩個品系。

（1）企劍白墨品系

企劍白墨品系的特點是株葉緊湊而直立，葉片不下垂，僅老葉片會有半弓垂。葉與葉之間的開幅小，葉質厚實。葉面青黃，富有光澤。該品系在清代的蘭譜《嶺海蘭言》一書中所記載的品種，目前大部分都流傳了下來。其主要代表品種為「仙殿白墨」。

①仙殿白墨（*Cymbidium sinense* cv. Xian Dian Bai Mo）

該品種為半垂葉，葉長45 cm，寬2.1 cm，呈淺綠色，有光澤。花期2月上旬。產於廣東羅浮山。

②玉殿白墨（*Cymbidium sinense* cv. Yu Dian Bai Mo）

該品種為半立葉，葉長40～50 cm，先端尖銳，花較小。產於廣東。

③企劍白墨（*Cymbidium sinense* cv. Qi Jian Bai Mo）

該品種為立葉，葉形呈長劍狀，葉長50～60 cm，寬2～3

圖1-92　企劍白墨

cm；花呈白色（圖1-92）。春節前後開花。產於廣東。

④雲南白墨（*Cymbidium sinense* cv. Yunnan Bai Mo）

該品種葉半垂，花莛、鞘及苞片皆為白嫩綠色，花被亦為白色，但唇瓣有紫紅色斑點。產於雲南思茅。

⑤短劍白墨（*Cymbidium sinense* cv. Duan Jian Bai Mo）

該品種的葉片長僅在40 cm以內，花小而朵少。

⑥柳葉白墨（*Cymbidium sinense* cv. Liu Ye Bai Mo）

葉片形狀似柳葉形。

⑦李家白墨（*Cymbidium sinense* cv. Li Jia Bai Mo）

該品種也稱佛山盲公墨。苞葉先端內勾如爪狀。

⑧玉版白墨（*Cymbidium sinense* cv. Yu Ban Bai Mo）

該品種的特徵是葉端微斜扭，花萼呈綠玉色。

⑨早花江南白墨（*Cymbidium sinense* cv. Zao Hua Jiangnan Bai Mo）

該品種的特點是葉端如鳳尾狀。

⑩絲白墨（*Cymbidium sinense* cv. Yin Si Bai Mo）

該品種為葉面灑有長短不一的白絲線段。此外，還有茅劍白墨、匙尾白墨等品種。

（2）軟劍白墨品系

該品系為近似弧垂葉態。大部分品種葉形寬闊，常寬達5 cm以上，葉端有微扭，花莛也可有不同程度的彎曲，有的葉面有指印模。它的萼色青，瓣色白，莛花18～20朵。該品系的佳

種是綠墨素。

①綠墨素（*Cymbidium sinense* cv. Lü Mo Su）

該品種為葉呈斜立葉態，老葉中部開始彎垂。葉色深綠，花萼、花瓣、唇瓣和合蕊柱均為綠色。

②山城綠（*Cymbidium sinense* cv. Shan Cheng Lü）

該品種為葉呈弓垂態，長63 cm，寬3.2 cm；花莛綠色，高67 cm，有花13～17朵，最下部分的一朵花的苞片長於子房連梗。產於福建。

③綠儀素（*Cymbidium sinense* cv. Lü Yi Su）

該品種為垂葉，葉長70 cm，寬3～4 cm；花莛呈綠色，高約70 cm，有花9～15朵，為大型花，呈淡褐綠色。產於福建。

④軟劍白墨（*Cymbidium sinense* cv. Ruan Jian Bai Mo）

該品種為垂葉，大型品種，葉長60 cm，寬3.3 cm，呈淺綠色，有光澤。2月上旬開花。產於福建、廣東。

2. 新素心銘品

①綠雲（*Cymbidium sinense* cv. Lü Yun）

該品種為斜立葉態。葉片富有雲朵狀濃綠斑紋。假鱗莖橢圓而有2～3環痕。花大瓣寬，為無鼻、舌之多瓣素心奇花。

②綠英（*Cymbidium sinense* cv. Lü Ying）

該品種為斜立葉態，葉端弧垂。假鱗莖橢圓形，環痕不甚明顯。為綠色素心常花。

③玉蘭花（*Cymbidium sinense* cv. Yu Lan Hua）

該品種花莛呈青綠色，青黃花。萼片、花瓣、唇瓣端均有深綠嘴，花瓣萼片化，但比萼片短小。莛花朵數達10餘朵，花色深綠。花不僅比綠雲小，也沒有綠雲奇。

④易升錦（*Cymbidium sinense* cv. Yi Sheng Jin）

該品種為斜立葉態之全素花。花初開時，色僅略黃，爾後

圖1-93　中斑白墨

圖1-94　琥珀素

呈黃金色。花莛、花柄、花萼、花瓣同為淡青綠色。

⑤黃金寶（*Cymbidium sinense* cv. Huang Jin Bao）

該品種為落肩花型。萼片青黃，花瓣淺黃；唇瓣和合蕊柱金黃。三層色彩對比鮮明十分可愛。

⑥黃玉（*Cymbidium sinense* cv. Huang Yu）

該品種為斜立葉態，近似平肩花。花色與黃金寶相仿，只不過萼片、花瓣青黃色更暗些，蕊柱和唇瓣的金黃色更濃些。

⑦碧綠（*Cymbidium sinense* cv. Bi Lü）

本品近似平肩花。花萼、花瓣為淺青綠色，蕊柱和唇瓣為黃白色。

此外，還有中斑白墨（圖1-93），琥珀素（圖1-94）等。

（二）梅瓣類

1. 南國紅梅（*Cymbidium sinense* cv. Nan Guo Hong Mei）

該品種由廣州譚福台培育。屬長萼型標準梅瓣花。萼片細收根，端圓、緊邊、起兜。花瓣半硬成拳狀，大如意舌。花容端莊，色彩橙紅。

2. 嶺南大梅（*Cymbidium sinense* cv. Ling Nan Da Mei）

該品種由廣東鐘明斌等人培育。屬長萼型標準梅瓣花。萼

片細收根，端圓、緊邊、起兜。花瓣雄蕊化；長如意舌下掛不後捲，其褶片隆起拼合成一顆大綠珠，十分別緻。

3. 南海梅（*Cymbidium sinense* cv. Nan Hai Mei）

該品種由廣東區迎金培育。屬長萼型標準梅瓣花。萼片長而細收根，端渾圓、緊邊、起兜。花瓣闊而半硬合蓋蕊柱，緊邊、起兜；三角如意舌，舌端上翹兜勾。黃綠色花披掛紫紅條紋。唇瓣紅點醒目（圖1-95）。

圖1-95　南海梅

4. 如意梅（*Cymbidium sinense* cv. Ruyi Mei）

萼片短闊，端圓、收根、緊邊、起兜。花瓣短闊，端圓，緊邊起兜；龍吞舌。花色黃披紫紅條紋，泛褐紅暈。

圖1-96　閩南大海

此外還有閩南大梅（圖1-96），梅仙等。

（三）荷瓣類

1. 奇龍（*Cymbidium sinense* cv. Qi Long）

該品種為墨蘭最高標準之荷瓣花。萼、捧、唇均異常短而闊。萼片放角收根明顯，緊邊起兜；捧心蚌殼狀。特大如意舌，蕊柱扁而寬。全花結構勻稱，造型秀雅，色彩搭配清新自然。堪與春蘭中的紫荷相媲美。

圖1-97　荷妹

2. 飄香（*Cymbidium sinense* cv. Piao Xiang）

該品種萼、捧、唇短闊，符合荷瓣型花標準。大如意舌之側裂片隆起如小舌。

3. 望月（*Cymbidium sinense* cv. Wang Yue）

該品種為矮種奇葉系墨蘭。春開標準之荷瓣花。萼片、花瓣深墨紫色，紅色鑲白緣的特大圓舌與橙紅蕊柱交相輝映。

4. 玉如意（*Cymbidium sinense* cv. Yu Ruyi）

該品種符合荷瓣標準，但個別朵花之某一瓣常會走樣。萼片紫紅色鑲黃邊。花瓣色金黃掛紫紅條紋；大圓舌黃色，鑲紅大斑塊。

5. 桂荷（*Cymbidium sinense* cv. Gui He）

該品種由南海市郭銘權培育，登錄號（023）。

此外還有荷妹（圖1-97）、金荷、巨荷等品種。

（四）蝶瓣類

1. 飄逸（*Cymbidium sinense* cv. Piao Yi）

該品種花莛直立。諸花為不同形態之蝶化花，群聚於花莛端，如擎天彩珠。橙紅色與鮮紅的條紋、斑塊相映襯，十分秀麗，為墨蘭中的奇品。由何偉濟培育，登錄號（010）。

2. 花溪荷蝶（*Cymbidium sinense* cv. Hua Xi He Die）

該品種為大型之肩蝶花。色紅泛黃，十分鮮豔。由廣東何建國培育，登錄號（033）（圖1-98）。

3. 文漢奇蝶（*Cymbidium sinense* cv. Wen Han Qi Die）

該品種平肩、多鼻、多舌，花瓣唇瓣化之奇形蝶花。

4. 喜菊（*Cymbidium sinense* cv. Xi Ju）

該品種合蕊柱退化；捧瓣完全唇瓣化，且順向扭曲如同風火輪狀（圖1-99）。色彩豔麗，十分可愛。

圖1-98　花溪荷蝶

5. 鑽石（*Cymbidium sinense* cv. Zhuanshi）

該品種為多萼、多捧、多鼻、多舌之蝶化花。花容如同3朵花聚生。花姿別緻，色彩秀雅，十分豔麗可愛。

此外，還有天涯奇蝶、仙蝶、雙蝶、蘭陽奇蝶、邵氏奇蝶、玉麒麟、華光蝶、乾坤蝶、鳳蝶、黃金

圖1-99　喜菊

蝶、彩虹蝶、文山仙蝶、龍泉蝶、三雄紅蝶、藍蝴蝶、奇香蝶、六合奇蝶、國光蝶、金鼎蝶、皇冠金蝶等品種。

（五）奇花類

墨蘭五大奇花：大屯麒麟、國香牡丹、玉獅子、馥翠、文山奇蝶。

1. 大屯麒麟（*Cymbidium sinense* cv. Da Tun Qilin）

該品種為半垂葉態，葉面帶有銀斑。花開三層，屬牡丹瓣

圖1-100　國香牡丹

圖1-101　馥翠

圖1-102　文山奇蝶

型奇花，常有花上花的奇觀。花瓣多達二三十瓣。確為花朵數多、花瓣多、花形奇、花型多、花期長、繁殖力強的珍品。本品可分為青紫莛和紫紅莛兩種，後者品色較佳。

2. 國香牡丹（*Cymbidium sinense* cv. Guo Xiang Mudan）

該品種屬牡丹瓣型奇花。是集多舌、多唇瓣、蝶花、多花、大花、花期長等優良特色於一身的優良銘品。合蕊柱長近2 cm，在1 cm處增生一朵小花。唇瓣5～6片（圖1-100）。本品花大色豔，清香四溢。近年來，本品已有葉藝品種問世。

3. 馥翠（*Cymbidium sinense* cv. Fu Cui）

該品種為唇瓣化奇瓣珍品。唇瓣2片。花瓣完全唇瓣化，乳黃底灑鮮紅斑塊，3萼片呈深紫色，色彩交相輝映，極為高雅迷人（圖1-101）。

4. 玉獅子（*Cymbidium sinense* cv. Yu Shizi）

該品種為多舌多鼻奇形花。花瓣寬闊，多個金黃色蕊柱與多片唇瓣相映成趣。花瓣呈淺翠綠色。花

容宛如玉獅怒吼之氣勢，令人賞心悅目。

5. **文山奇蝶**（*Cymbidium sinense* cv. Wenshan Qi Die）

該品種花朝天而開。花瓣婉約多姿，猶似蝴蝶歡舞。花瓣半唇瓣化（圖1-102）。色彩和諧，全花十分雅致。

6. **神州奇**（*Cymbidium sinense* cv. Shenzhou Qi）

該品種花梗多分枝，花上有花，花瓣多樣化，為蘭花奇中之奇。登錄號（006）。

7. **珠海漁女**（*Cymbidium sinense* cv. Zhuhai Yu Nv）

該品種為多花粉塊、多唇瓣之朝天開放奇花。登錄號（003）。

8. **金菊**（*Cymbidium sinense* cv. Jin Ju）

該品種為菊瓣花。6瓣同形，同為複色，呈輻射狀分開。登錄號（032）。

9. **佛手**（*Cymbidium sinense* cv. Foshou）

該品種花莛上每一層都輪生多朵花（3～8朵）。紫紅花色，甚為奇觀。登錄號（037）。

10. **石門奇花**（*Cymbidium sinense* cv. Shimen Qi Hua）

該品種為多萼、多捧、多舌之肩蝶花。

11. **九州彩球**（*Cymbidium sinense* cv. Jiuzhou Cai Qiu）

該品種為花莛頂端簇生多瓣、多朵之奇花共構成彩球狀，別具一格。

12. **子母花**（*Cymbidium sinense* cv. Zi Mu Hua）

該品種花莛上每支花柄基部有一個花蕾，當母花將要凋謝時，其子房基部的子花就接著開放。

（六）花藝類

墨蘭色花皇后——玉妃。

圖1-103　玉妃

圖1-104　桃姬

1. 玉妃（*Cymbidium sinense* cv. Yu Fei）

該品種花莛、花柄呈乳黃色，平肩正格花。萼片、花瓣雪白而半透明，其上密掛絲細粉紅條紋，蕊柱金黃。小劉海舌，白底灑淡紅塊斑（圖1-103）。

2. 福祿壽（*Cymbidium sinense* cv. Fu Lu Shou）

該品種花莛粗而彎曲，為飛肩大型彩花。3萼片長而端前扣，捧心蚌殼狀合蓋蕊柱；唇瓣闊圓下垂而不後捲，側裂片隆起。瓣色黃底染蠟紅，瓣緣或瓣面掛粗綠條、褐紅條；蕊柱黃色，蕊頭紅托黃；唇瓣黃底泛綠暈，側裂片隆起黃托紅。全花似油畫般奇特，秀雅無比。

3. 桃姬（*Cymbidium sinense* cv. Tao Ji）

該品種在20世紀80年代就有「線藝有瑞玉，花藝有桃姬」之說。它曾榮獲1983年在日本舉行的「第十三屆世界蘭展」的一等獎和三等獎。

「桃姬」花色鮮明嬌豔。雪白萼片、花瓣披有鮮桃紅條紋；唇瓣大，白舌面上紅點斑密排兩行，十分對稱。為平肩大花（圖1-104）。

4. 玉松（*Cymbidium sinense* cv. Yu Song）

該品種葉片中有縞藝。為斜立葉態，葉端部彎垂，葉緣多

處放角後捲。花莛、花柄褚紅色；萼片、花瓣端兩側均有青綠色，瓣心部乳白底掛朱紅條紋；蕊柱呈朱紅色，鼻頭雪白；唇瓣白底泛綠暈，間灑朱紅斑塊。花瓣翻飛扭捲，多姿多態。色彩對比鮮明，五彩繽紛，堪為第一秀雅的藝花。

5. **雙美人**（*Cymbidium sinense* cv. S huang Mei Ren）

該品種莛紅、柄紅，花萼、花瓣呈深鮮紅掛白邊，白如意舌，黃蕊柱，十分豔麗誘人。

6. **黃道**（*Cymbidium sinense* cv. Huang Dao）

該品種為黃葉掛綠大嘴葉藝。花莛呈朱紅色，為飛肩花。主萼呈棱形，黃底密掛鮮紅條紋；側萼、花瓣黃底掛細朱紅條紋，鑲淺藍覆輪；蕊柱呈紅色，柱頭呈金黃色；唇瓣黃底密佈兩行鮮紅斑塊。花姿花色別緻秀雅。

7. **天賜錦**（*Cymbidium sinense* cv. Tian Ci Jin）

該品種花莛淡朱紅色，花柄白而微泛粉紅；萼捧白底掛深紅條紋，端泛紅暈，鑲白緣；唇瓣全鮮紅鑲白緣。素中有豔，豔中又有素，十分秀麗。肩萼平展，端微翹；中萼與花瓣合蓋蕊柱，花姿宛如大鵬在翱翔，惟妙惟肖。

8. **金鳥**（*Cymbidium sinense* cv. Jin Niao）

該品種為平肩中行花。花色金黃底，萼、捧緣均鑲赤褐色邊，捧瓣呈貓耳狀；小捲舌與鼻頭均為金黃色，唇面灑紫紅斑。全花耀眼迷人（圖1-105）。

9. **小紅梅**（*Cymbidium sinense* cv. Xiao Hong Mei）

該品種為白底密掛絲細鮮紅條紋的飛肩花。金黃鼻頭神似佛像。

圖1-105　金鳥

蘭花栽培小百科

唇瓣雪白底灑鮮紅斑塊。花姿秀麗,色彩嬌豔動人。

10. 紅玉(*Cymbidium sinense* cv. Hong Yu)

該品種是白花墨蘭與紅花墨蘭自然雜交而成的新品種,仍保留著白墨的特點。萼捧為淺綠色,基部掛短朱紅條紋;唇瓣為大紅舌鑲黃邊;蕊柱也呈鮮紅色,藥帽金黃色;花莛、花柄呈綠色。黃紅綠三色交相輝映,秀雅而豔麗。

(七)超級多花名種

墨蘭莛花朵數,一般是7~13朵,14~17朵被稱為多花品種。莛花朵數達20朵以上的被稱為「超級多花品種」。

1. 多花白墨(*Cymbidium sinense* cv. Duo Hua Bai Mo)

該品種莛花朵數少則28朵,多則達48朵,通常為38朵。全花金黃鮮亮,香味清醇。但由於莛花朵數較多,花莛負荷過大,常導致花莛有些彎曲或弧垂。花期在春節期間。產於閩西。

2. 帝墨(*Cymbidium sinense* cv. Di Mo)

該品種為廣西下山中縞藝多瓣多花之墨蘭。葉姿如大鵬展翅。莛開40餘朵銀邊多瓣花,盤旋而上(中透線藝稱為「帝」)。由廣西吳克堅培育。

3. 香報歲(*Cymbidium sinense* cv. Xiang Bao Sui)

該品種為淡黃彩花。莛花多達21朵以上。香氣好。

(八)秋墨(新變種)(*Cymbidium sinense* var. *autumale* Y . S. Wu var .nov)

該品種也稱「榜墨」,因其花期在秋季(一般在8~9月),並常伴有黃色或青黃的花被,借黃色的皇榜(金榜)結合花期在金秋而喻之為「秋榜」,以區別於春節前後開花的墨

蘭。花期早，一般在9月開花。與原種相似，葉直立而長尾垂彎，葉尾也較尖。花莛有花7～9朵，高出葉面，花多為淡紫紅色或紫褐色，唇瓣有斑點。花香稍遜，但花色鮮麗、明亮，其中常有線藝和色花的好品種。產於廣東、福建、雲南及臺灣。

圖1-106　秋榜

1. 秋榜（*Cymbidium sinense* cv. Qiu Bang）

該品種葉較寬，青黃色，有光澤。為斜立葉態，老葉弓垂。長72 cm，寬3.1 cm，花紫褐色。9月下旬現花，香氣稍弱（圖1-106）。

2. 秋香（*Cymbidium sinense* cv. Qiu Xiang）

該品種葉厚，新葉微中折，長約43 cm，寬1.8 cm。葉端緣色更濃綠，猶如有綠紺帽狀，老葉弧垂。9月上旬開花。花莛色黃，常有彎曲，花萼較細，色黃而披掛紫褐色條紋。有香氣。

3. 秋白墨（*Cymbidium sinense* cv. Qiu Bai Mo）

該品種花莛、花柄、花蕾呈白色，萼捧披掛紫紅條紋，唇瓣灑有紅點斑。

4. 白粉墨（*Cymbidium sinense* cv. Bai Fen Mo）

該品種葉闊、薄軟。萼捧色白披掛洋紅條紋，唇瓣色白，疏灑洋紅點斑。花色秀麗，令人喜愛。

5. 榜墨素（*Cymbidium sinense* cv. Bang Mo Su）

該品種由廣西吳克堅培育。葉中闊，葉端呈授露型，色翠綠。9月開花。莛、柄、花蕾、花瓣與葉同為翠綠色；唇瓣白色泛綠暈，香氣好。

本品為近幾年之下山品，填補了榜墨無素之空白。更可貴的是該榜墨素之花莛上分生支莛，成為分莛榜墨素。

（九）邊彩墨蘭（變種）（*Cymbidium sinense* var. margicoloratum Hay）

邊彩墨蘭的特點是葉片邊緣有黃色或白色線條。屬於斑色葉類型。

墨蘭線藝類四大天王：大石門、金玉滿堂、龍鳳呈祥、瑞玉。

墨蘭白爪藝四大金剛：招財進寶、白海豚、閃電、祥玉白爪。

1. 金邊墨（*Cymbidium sinense* cv. Jin Bian Mo）

該品種葉緣有金黃色條紋，一般條紋到達深爪與覆輪之間。產於福建。

2. 銀邊大貢（*Cymbidium sinense* cv. Yin Bian Da Gong）

該品種邊緣有銀白色條紋。產於福建、廣東。

3. 大石門（*Cymbidium sinense* cv. Da Shimen）

該品種於1950年採自臺灣桃園石門水庫附近山間，當時已出黃縞藝。後經蘭友黃松東細心培養，至次年春芽已進化白中斑縞藝。本品種葉肉厚、葉幅寬，中立葉、葉面均有乳白色縞藝，紺帽子深藏而明顯，並帶中透藝，色澤比葉緣深，藝色穩定（圖1-107）。

圖1-107　大石門

4. 金玉滿堂（*Cymbidium sinense* cv. Jin Yu Man Tang）

該品種於1957年發現於臺灣

花蓮縣鳳林山區。葉半直立、質厚，葉面有行龍，深綠帽子覆輪上出現黃中透藝。

墨蘭斑色葉銘品還有金嘴墨蘭、金玉峰、雪白爪、寶山爪、黃道冠、日晃冠、達摩冠、龍鳳冠等。

如今，墨蘭斑色葉品種不斷湧現，使墨蘭成為中國蘭花中觀葉蘭花之冠。

第七節　春　劍

春劍（*Cymbidium longibracteatum* Y. S. Wu et S. C. Chen）原來因它的形態與蕙蘭比較相近而作為蕙蘭的一個變種，後來蘭花專家根據它的葉形和花形，將它從蕙蘭中分離出來，成為一個獨立種。

一、形態特徵

春劍根粗細均勻；假鱗莖比較明顯，圓形。葉片5～7枚叢生，劍形，長50～70 cm，寬1.2～1.5 cm；邊緣粗糙，具細齒狀，先端漸尖，中脈顯著，斷面呈V形，直立性強。花莛直立，高20～35 cm，有花3～5朵，少數可多至7朵。萼片長圓披針形，長3.5～4.5 cm，寬1～1.5 cm；中萼片直立，稍向前傾，側萼片稍長或等長於中萼片，左右斜向下開展。花瓣較短，長2.5～3.1 cm，寬1～1.3 cm，基部有3條紫紅色條紋。唇瓣長而反捲，端鈍。花期為1～4月。

用簡單的方法在形態上區別春劍與其他蘭花，可以這麼來記：

春劍的特徵——假鱗莖圓形較明顯，葉片窄劍形有細齒，花期冬春1～4月，莛花多為3～5朵。

蘭花栽培小百科

二、分佈區域

春劍主要分佈在中國的四川西部山區，雲南、貴州等省也有分佈。

三、主要品種

春劍常稱為正宗川蘭，雖雲、貴、川均有名品，但以川蘭名品最名貴。

川蘭四大名花——雪蘭、朱砂、隆昌素、牙黃素。

川蘭五朶金花——大紅朱砂、西蜀道光、銀杆素、隆昌素、金雞黃。

· 素心類

1. **翠玉梅**（*Cymbidium longibracteatum* cv. Cui Yu Mei）

該品種由四川郫縣梅章宏登錄，登錄號（011）。為標準梅瓣花，大圓舌。花被翡翠色，有白覆輪。

2. **綠錦**（*Cymbidium longibracteatum* cv. Lü Jin）

該品種由四川廖家發登錄，登錄號（059）。為荷形春劍素。萼捧短闊，色青綠，捧瓣緊邊，大捲舌純白。

此外還有隆昌素（圖1-108）、銀杆素（圖1-109）、玉荷素、大荷素等品種。

圖1-108　隆昌素

圖1-109　銀杆素

・梅瓣類

1. 雙喜梅（*Cymbidium longibrac-teatum* cv. Shuang Xi Mei）

該品種由四川郫縣廖家發登錄。

2. 鷹嘴梅（*Cymbidium longibrac-teatum* cv. Ying Zui Mei）

該品種為四川梁建國登錄。

除此外還有皇梅（圖1-110）、玉海棠、中華紅梅、如意梅、一點梅、端圓梅、御前梅等品種。

・荷瓣類

該類型主要名品有中意荷（圖1-111）、春劍大富貴、憨璞荷、神龍荷、黃花荷瓣等品種。

・水仙瓣類

該類型主要名品有西蜀道光（圖1-112）、桃紅素、翠仙、紅

圖1-110 皇梅

圖1-111 中意荷

圖1-112 西蜀道光

圖1-113 金冠荷蝶

蘭花栽培小百科

花等品種。

· 蝶瓣類

該類型主要名品有金冠荷蝶（圖1-113）、冠蝶、璞秀蝶、鳥梟荷蝶、紅搬蝶等品種。

· 奇花類

1. **中華奇珍**（*Cymbidium longibracteatum* cv. Zhong Hua Qi Zhen）

該品種由四川梅章宏登錄，登錄號（012）。為複瓣蝶花。複色鮮豔，頂花並蒂，宛如一對繡球。

2. **梁祝**（*Cymbidium longibracteatum* cv. Liang Zhu）

該品種由梅章宏登錄，登錄號（013）。為複色蝶花。一箭雙花，一上一下如雌雄相對，複色鮮豔，兩朵花之唇瓣宛如情侶相吻。

3. **余氏奇星**（*Cymbidium longibracteatum* cv. Yu Shi Qi Xing）

該品種由余榮登錄，登錄號（043）。花瓣與萼片幾乎等長，與白唇成六角狀排列，蕊柱退化，花為紫青色。

4. **群蝶爭春**（*Cymbidium longibracteatum* cv. Qun Die Zheng Chun）

該種由四川郫縣廖家發登錄，登錄號（055）。萼片菱形、短闊，唇瓣起兜半硬捧，多蕊柱，頂花並蒂似群蝶飛舞爭春。

5. **彌陀佛**（*Cymbidium longibracteatum* cv. Mi Tuo Fo）

該品種為春劍畸形花。由四川都江堰李溫泉採得。花大、直立，花形奇特，酷似佛端坐於蓮座之上。

6. **冰心奇龍**（*Cymbidium longibracteatum* cv. Bing Xin Qi Long）

該品種似水晶中透葉藝之矮種。由四川徐公明栽培。

此外還有「榮華牡丹」（圖1-114）、「盛世牡丹」（圖1-115）等品種。

春劍近年來培育的新品種還有四川梅章宏的白玉姣，龍楊源的血莛春劍，林元洪的元洪素，徐公明和廖家發的神劍、齒

圖1-114　榮華牡丹　　　　　　圖1-115　盛世牡丹

劍，梁建國的蠶蛾素、紫彩燕，賈學成的向陽紅、白彩肩蝶、四孝奇蝶、聖誕老人，李正宣的梅肩蝶，代福志的覆輪紅劍，李文全的雙藝紅劍、珠捧仙，劉光福的飛紅箭等。早期常見栽培的還有青花春劍、紅花春劍、白花春劍、第一牙黃素、牙黃春劍、玉版春劍、馬邊春劍、玉杆春劍、銀杆春劍等品種。

第八節　蓮辮蘭

　　蓮辮蘭（*Cymbidium Lianpan* Tanget Wang）花瓣形狀為中間部分較寬，兩頭窄，先端尖而顯得有點圓，似蓮花的花瓣，又因其花萼上的脈紋與蓮花瓣上的筋脈相似，故而得名。

　　蓮瓣名稱的由來最早始見於清代康熙年間《巍山府志》，後來陸續在大理地方縣誌中出現，由此認定為大理地區對該蘭的統稱，並使之成為單獨的一個蘭屬花種。

一、形態特徵

　　蓮瓣蘭葉質較軟，多弓形彎曲，長35～50 cm，寬0.4～0.6 cm，花莛低於葉面，鞘及苞片呈白綠色或紫紅色。有花2～4

朵,稀5朵,花直徑4～6 cm,以白色為主,略帶紅色、黃色或綠色。萼片呈三角狀披針形。花瓣短而寬,向內曲,有不同深淺的紅色脈紋;唇瓣反捲,有紅色斑點,有香氣。花期為12月至翌年3月。

蓮瓣蘭因生長的地域有別,花和花色以致植株葉片的寬細也出現差別。但它們葉片的數量、開花的時間、花的形狀、花的香味,其特徵都完全一致。這些相同的特徵,已成為界定蓮瓣蘭的科學依據。用簡單的方法在形態上區別蓮瓣蘭與其他蘭花,可以這麼來記:

蓮瓣蘭的特徵——葉質較軟多弓彎,花瓣短寬有紅脈,花期為冬春12～3月,莛花多為2～4朵。

二、分佈區域

蓮瓣蘭自然分佈區域非常狹窄,主要分佈在中國的雲南西部。但其栽培分佈區已經遍佈全國各地。

三、主要品種

蓮瓣蘭的馴化栽培歷史悠久,所以有許多變異品種。有紅、黃、綠、白、麻、紫等花色,有梅、荷、水仙各式瓣型,雲南當地將蓮瓣蘭歸納為素、瓣、彩、奇、藝五大類型,各類型中又有多個品種。

素花類有:紅蓮瓣素、紫紅蓮瓣素、桃紅蓮瓣素,黃蓮瓣素、金黃蓮瓣素、牙黃蓮瓣素,綠蓮瓣素、白蓮瓣素、生白蓮瓣素、牙白蓮瓣素、碧玉蓮瓣素、翠玉蓮瓣素,金絲太白素、銀絲太白素、玉絲太白素,寬葉蓮瓣素、窄葉蓮瓣素、短葉微型蓮瓣素。

瓣型花類有:梅型紅蓮瓣、梅型綠蓮瓣、梅型黃蓮瓣、梅

型麻蓮瓣、梅型蓮瓣素、梅型白蓮瓣，荷型蓮瓣素、荷型白蓮瓣、荷型紅蓮瓣、荷型綠蓮瓣、荷型黃蓮瓣、荷型麻蓮瓣，竹葉型蓮瓣素、柳葉型蓮瓣素。

彩花類有：紅蓮瓣、麻紅蓮瓣、粉紅蓮瓣，黃蓮瓣、金黃蓮瓣、牙黃蓮瓣、麻黃蓮瓣，綠蓮瓣、麻綠蓮瓣，白蓮瓣、麻白蓮瓣、粉白蓮瓣，朱絲蓮瓣、落血蓮瓣、藕色蓮瓣、紫色蓮瓣、複色蓮瓣。

奇花類有：蝶花蓮瓣蘭、菊花蓮瓣蘭、飛肩蓮瓣蘭、鴛鴦蓮瓣蘭、白心素唇蓮瓣蘭、紅心素唇蓮瓣蘭、綠心素唇蓮瓣蘭、黃心素唇蓮瓣蘭。

葉藝類有：蓮瓣金邊草、蓮瓣銀邊草、蓮瓣星斑草、蓮瓣虎斑草、蓮瓣螺旋草、蓮瓣陰陽草、蓮瓣幽靈草。

蓮瓣蘭五朵金花——劍陽蝶、奇花素、滇梅、蒼山奇蝶、黃金海岸。

（一）素心類

1. 小雪素（*Cymbidium Lianpan* cv. Xiao Xue Su）

該品種葉長20～30 cm，寬0.5 cm，基部直立，邊緣有細鋸齒。花莛直立，高出葉叢，花3～5朵，直徑4～5 cm，兩側萼向下垂。花被呈白色或綠白色，無紅色斑（圖1-116）。

花香清遠。花期2～3月。小雪素在雲南當地栽培年代久遠，為雲南名花之一。

民間選育出多種類型，形成了一個品系。

圖1-116　小雪素

從植株的株形上可分為：高杆、中杆、矮杆3種類型。

高杆品種葉長60～80 cm，寬0.8 cm。葉7～8片，葉褲高，葉片向上長到2/3的高度後披灑開來，顯得挺拔有力，氣勢雄偉。

中杆品種葉長30～50 cm，寬0.6～0.7 cm。葉5～7片，株形與高杆相似。

矮杆品種葉長20～30 cm，寬0.5 cm。葉5～7片，半垂葉形，細葉婆娑，小巧玲瓏。

從花色上可分為：白杆白花，綠杆綠花，綠杆白花。花均為柳葉瓣，唇瓣捲，歪斜。

2. 大雪素（*Cymbidium Lianpan* cv. Da Xue Su）

該品種因其花在1月可現，又稱元旦蘭，為較長的荷型花。葉4～7枚，長35～60 cm，寬0.5～1 cm，帶形，半彎或下垂。花莛高25～30 cm，軸綠色，鞘與苞片呈綠色。花2～5朵，常見的是4～5朵，少數可多達7朵；花徑6～7 cm，花瓣長3.5～4 cm；花被呈白色，有嫩綠色脈紋。唇瓣呈白色，微反捲（圖1–117）。花期為1～3月。

大雪素開花時正值元旦、春節期間，花朵雪白，花大出架，氣派壯觀，深受各地蘭友的喜愛。大雪素容易培養，極易開花，香氣純正幽遠，在國內外蘭展中獲獎無數，為雲南蘭花之冠。

大雪素馴化培養已有100多年的歷史，也形成了多種形態的品系。通常以產地劃分為3種類型：石鼓種、鶴慶種、魏山種。

圖1–117　大雪素

石鼓種的大雪素產於麗江地區

石鼓鎮。株高30～35 cm，葉長50～70 cm，葉寬1.2～1.5 cm，每株葉7～8片。

此品種株形高大，葉片有序彎垂，整株植物令人感覺莊重、有張力。花朵大且白，美中不足的是唇瓣上的水漬印稍微重一些。

石鼓種中還有一種桃腮素，葉形和花形同上，唯唇瓣側裂片上方有淡淡的紅色，餘下淨白。

鶴慶種的大雪素產於鶴慶縣。株高25～30 cm，葉長40～50 cm，寬1.2 cm，每株葉7～8片，垂葉鳳尾形。唇瓣水漬印較淡。

魏山種的大雪素產於魏山縣，又名元旦蘭。葉長40～60 cm，寬1.2～1.5 cm，每株葉7～9片，環曲葉形，或稱為玉環形。葉片披垂於盆邊，花朵遠高於葉面，唇瓣水漬印較淡，非常優美。魏山種中還有全素的品種，極為少見。

另外還有一種直立葉形的大雪素，葉長20～30 cm，寬1.0～1.2 cm，葉片直立，如利劍指天，剛勁有力，十分精神。

3. 蒼山瑞雪（*Cymbidium Lianpan* cv. Cangshan Rui Xue）

該品種為白莛、白花小雪素，為雲南傳統名蘭。由雲南李映龍登錄，登錄號（026）。

4. 奇花素（*Cymbidium Lianpan* cv. Qi Hua Su）

奇花素花瓣色彩呈淺綠，花瓣上著有數條深綠色筋紋，花朵通體翠綠。由於舌瓣退化，無舌之斑色，所以歸為素心類。不過從瓣形上看，舌瓣已退化消失，捧瓣和萼瓣增生，原舌瓣處亦變為如萼捧之瓣形。花瓣細狹，形如菊瓣。亦有人稱之為多瓣素心奇花，被稱為「雲南五大金花」之一。

蓮瓣蘭素心類除以上銘品之外，還有寶姬素、高品素、碧龍玉素等。

圖1-118　滇梅

圖1-119　玉龍梅

(二)梅瓣類

1. 滇梅（*Cymbidium Lianpan* cv. Dian Mei）

滇梅又名包草，1995年2月在大理巍山縣下山。株高 30～60 cm，出芽時芽色麻紅、粗而細尖，生長2 cm後苗尖帶紅水晶，芽細有鈎狀；葉細長，出苗時葉槽深、葉片硬、厚重，成苗後葉斜立彎曲，葉寬0.4～0.7 cm。花期為3月初，一葶有花2～3朵，2朵居多。花色顯紅微紫，主瓣、副瓣窩圓起兜，花瓣長、寬近乎相等。捧瓣肉質化，為標準硬捧，舌瓣圓闊平展（圖1- 118）。

2. 點蒼梅（*Cymbidium Lianpan* cv. Dian Cang Mei）

該品種為標準梅瓣花，花色秀雅。由雲南李映龍登錄，登錄號（067）。

蓮瓣蘭的梅瓣主要名品還有玉龍梅 （圖1-119）、雲鶴梅，四川吳長光的黃珠梅、狀元梅等。

(三)荷瓣類

1. 貴妃（*Cymbidium Lianpan* cv. Gui Fei）

該品種為荷形花，全花桃紅色。由雲南李映龍栽培，曾獲第九屆全國蘭花博覽會金獎。

2. 寬葉金黃荷（*Cymbidium Lianpan* cv. Kuan Ye Jin Huang He）

該品種為荷形花，全花金黃色。由雲南李映龍栽培，曾獲第八屆全國蘭花博覽會金獎。

3. 一捧雪（*Cymbidium Lianpan* cv. Yi Peng Xue）

該品種為荷形水仙瓣花，花色雪白底披綠筋。由四川會理縣劉世渡登錄，登錄號（038）。

4. 大雲荷（*Cymbidium Lianpan* cv. Da Yun He）

該品種為標準荷瓣花。大圓舌，白底披淡紫筋，泛紅暈。由雲南何惠登錄，登錄號（068）。

此外還有會理荷（圖1-120）、荷之冠（圖1-121）、珠源彩荷（圖1-122）、一品荷、秀鼎荷，雲南張志宗的端秀荷、綠筋荷、粉綠荷、赤嘴荷等品種。

圖1-120　會理荷

（四）水仙瓣類

1. 裕菊紅（*Cymbidium Lianpan* cv. Yu Ju Hong）

該品種葉形斜直立，每苗六至七葉，葉寬 0.5～0.8 cm。春天開花，每苗花箭開 2～3 朵，花瓣

圖1-121　荷之冠

圖1-122　珠源彩荷

圖1-123　紅蓮瓣

圖1-124　水仙紫

圖1-125　紅寶石

白，中間拉紅筋。捧瓣為貓耳捧，捧瓣裡面為紅色；舌頭大而圓，微捲，整個舌頭幾乎全為紅色。

2. 紅蓮瓣（*Cymbidium Lianpan* cv. Honglian Ban）

該品種有花2～4朵，具清香，花大，直徑6 cm。萼片及花瓣有紫紅色條紋及斑點；唇瓣長而反捲，有U形紅斑；鞘和苞片亦有紫紅色脈（圖1-123）。花期2～3月。

此外還有水仙紫（圖1-124）、紅素、紅寶石（圖1-125）等品種。

（五）蝶瓣類

1. 劍陽蝶（*Cymbidium Lianpan* cv. Jian Yang Die）

劍陽蝶是蓮瓣蘭中正格副瓣蝶花，屬於中寬葉蓮瓣蘭。芽色紫紅帶水晶尖；葉片厚實，葉槽深；葉片偶有扭曲現象；葉長30～50 cm，寬0.6～1 cm。莛花2～5朵，花瓣短闊，白色披紫筋；肩萼過半唇瓣化，捧瓣關合嚴實，中宮內斂；副瓣蝶化面積大，色彩豔麗，對比明顯（圖1-126）。由雲南李映龍登錄，登錄號（05）。

2. 蒼山奇蝶（*Cymbidium Lian-pan* cv. Cangshan Qi Die）

蒼山奇蝶又名千面觀音，屬於細葉蓮瓣。半垂葉形，葉長30～60 cm，葉寬0.5～0.8 cm；葉基部溝槽較深、較硬，中部以上漸平坦、較薄軟，葉緣鋸齒不甚明顯。該品種顯著的特徵是有輕微焦尖現象。每年12月至翌年3月放花，花出架，莛花2～3朵，多為2朵；外三瓣為正常柳葉瓣，主瓣、捧瓣大部分蝶化，白底起紫紅斑，色彩豔麗斑斕。

圖1-126 劍陽蝶

3. 碧龍奇蝶（*Cymbidium Lian-pan* cv. Bi Long Qi Die）

該品種由雲南李映龍登錄，登錄號（039）。花瓣短、闊、圓，聳立，唇瓣化，鑲有片狀紅斑。

圖1-127 梁祝三星蝶

4. 碧龍蝶（*Cymbidium Lianpan* cv. Bi Long Die）

該品種由雲南李映龍登錄，登錄號（061）。全花集萼、花瓣唇瓣化、多舌於一身，色彩豐富，鮮豔多姿。

此外，蓮瓣蘭主要名品還有梁祝三星蝶（圖1-127）、桃園蝶、馨海蝶、粉彩梅蝶、玉兔蝶、四喜玉蝶、五彩肩蝶、汗血寶馬等品種。

（六）奇瓣類

1. 黃金海岸（*Cymbidium Lianpan* cv. Huangjin Haian）

圖1-128　大唐鳳羽

圖1-129　劍湖奇

該品種為領帶花，1990年下山，因舌瓣長勢像領結而得名。葉斜立弓形，葉細而偏長，葉長30～50 cm，葉寬0.5～0.8 cm，葉脈硬，葉槽深。春日開花，一葶著花2～4朵，以3朵居多。正格花，主瓣、副瓣正常開，花色微有紅暈。花瓣之間增生很多花舌，舌瓣下生出大小不一的一圍舌瓣，有10餘個之多，最多時能開出30多片，各伸一方，且邊開邊長，十分神奇。

2. 大唐鳳羽（*Cymbidium Lianpan* cv. Da Tang Feng Yu）

該花於2001年下山，由雲南瀾滄江畔山民採得，是蓮瓣蘭矮草新種。葉弓垂扭曲，葉長10～15 cm，葉寬0.6～0.8 cm；葉芽肉紫色帶紅水晶，生長過程中葉逐步深度蝶化，蝶狀為集結式，壯苗期幾個蝶葉紅白綠相間（圖1-128）。因其如傳說鳳凰之羽毛，故取其名「大唐鳳羽」。

此外蓮瓣蘭主要名品還有劍湖奇（圖1-129）、錦上添花等。

以上介紹的這些蘭花名品，只是眾多蘭花品種中的「冰山一角」，而且大部分是傳統的觀花品種，不包括現代蘭花中大量的觀葉品種和複色花品種。隨著家庭養蘭事業的普及，還會有更多更美的新品種不斷湧現。

第二章
蘭花的基本形態

在植物界中，被子植物也被稱為「顯花植物」、綠色開花植物。一株完整的綠色開花植物都具有根、莖、葉、花、果實、種子六大器官。蘭花是被子植物，所以蘭花植物體也具有根、莖、葉、花、果實、種子六大部分（圖2-1）。其中根、莖、葉為營養器官，花、果實、種子為繁殖器官。

葉

花

莖

圖2-1　蘭花的器官

蘭花的營養器官——在蘭花植物體中擔負著營造養分作用的器官。

蘭花的繁殖器官——與蘭花有性繁殖密切相關的器官。

要識別蘭花，區別蘭花不同的種類和品種，欣賞蘭花的姿、色、香、韻等各方面的美麗並種植和養護好蘭花，必須對蘭花的根、莖、葉、花、果實和種子的形態、構造以及各部分器官的生活機理作全方位的瞭解，這樣才能科學正確地分辨蘭花，栽培好蘭花。

第一節　根

　　蘭花的根伸展在土壤中，它的功能是吸收和固定。

　　蘭花根的生理功能——一是從土壤中吸收水分和無機鹽，為蘭花提供無機營養；二是將蘭花固定在土壤或栽培基質中，使蘭花保持穩定的生長環境和姿態。

一、根的形態

　　我們在移栽蘭花時可以看到，蘭花的根是叢生的鬚根，肉質，呈圓柱狀，較為粗壯肥大（圖2-2）。根的前端有明顯的根冠（圖2-3）。

　　根冠——覆蓋於根頂端分生組織上的冠狀細胞團。

　　根冠是位於根尖分生區先端的一種保護結構，由許多薄壁細胞組成。蘭花的根在土壤中生長時，由於根冠表層細胞受磨損而脫落，從而起到了保護分生區的作用，同時因為根冠細胞破壞時形成黏液，還可以減少根尖伸長時與土壤的摩擦力。根冠表皮細胞脫落後，由於分生區附近的根冠細胞能分裂產生新細胞，所以根冠能始終維持一定的形狀和厚度。

　　根冠是保護蘭花根向下生長的

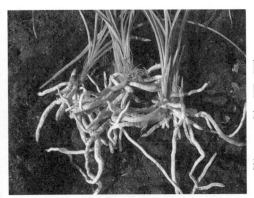

圖2-2　蘭花的根

根冠——

圖2-3　根冠

重要部分，它對外界的干擾極為敏感，若人為碰觸或接觸過濃的肥料或農藥，均易受到傷害。所以，在我們移栽蘭花的過程中，一定要小心保護好根冠。

二、根的構造

如果我們將蘭花根橫切解剖一下，便能看到蘭花的根外表沒有根毛，由外到內是由根被組織、皮層組織和中心柱三部分組成的（圖2-4）。

根毛——植物根表皮層上的一種表皮毛。由表皮細胞伸長而成，具吸收功能。

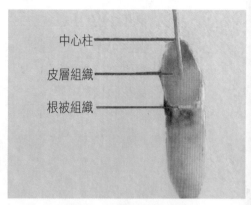

中心柱
皮層組織
根被組織

圖2-4　蘭花根的構造

一般植物的根尖部位都有根毛，但蘭花比較特殊，它沒有根毛，從土壤中吸收養分和水分靠的是根被組織。

根被組織——俗稱根皮。為海綿質，肥厚，外表呈白色，主要起著保護、通氣、吸收水分和無機鹽的作用。

皮層組織——俗稱「根肉」。位於根被內部，由十幾層充滿水分或空氣的皮層細胞構成。根肉的主要功能是吸水和貯水，並兼備防乾旱和保護的作用。

蘭花根缺水乾渴後根肉會萎蔫，一旦遇水根肉又會迅速吸水膨脹。蘭花之所以耐旱，根肉起到了至關重要的作用。

中心柱——位於根最內層，是十分強韌的維管組織，有固定蘭花株體、傳輸水分和養分的功能。

三、根與蘭菌

在許多蘭花根的皮層組織內，存在著一種蘭菌，它們以菌

絲體的形式從蘭花根部獲取養分。如果蘭花生長健壯，根組織就能把蘭菌的菌絲體分解、吸收、消化掉，使其貯存的營養成為蘭株的營養。這時，二者為共生的關係，雙方互利互益，這種現象在生物界稱為「共生現象」。

共生現象——兩種不同生物緊密相聯地生活在一起並相互受益的穩定狀況。

蘭花菌根的作用效果和黃豆、蠶豆等農作物根上的根瘤菌與豆科植物共生的情形類似。但當盆土過濕、過肥、通風透氣不良，溫度過高或過低時，蘭株的生長衰弱，失去對蘭菌的分解能力，結果蘭菌反過來會腐蝕、分解蘭根的皮層細胞，使蘭根腐爛、中空、枯萎。蘭花和蘭菌的關係在這種情況下就變互利為對蘭花不利。

因此，要養好蘭花，就要根據蘭根需要透氣的特點，注意根部土壤的透氣狀態，保證根群的呼吸暢通；同時要注意對蘭花澆水不宜過勤，基質不能過濕、過肥，以免爛根。

❀ 第二節　莖 ❀

蘭花的莖位於植物體中軸部分，主要作用是輸導和支持。

蘭花莖的生理功能——具有輸導營養物質和水分以及支持葉、花和果實在一定空間的作用。有的還具有貯藏營養物質和繁殖的功能。

植物的莖上都有節和節間，一般分化成短的節和長的節間兩種類型。比如萬代蘭、石斛蘭在這方面表現得非常明顯（圖2-5）。不過國蘭的莖在地面上不容易看出來，因為它的莖發生了變態，形成了根狀莖和假鱗莖（圖2-6）。

器官變態——植物在長期系統發育過程中，某一器官的形

圖2-5　石斛蘭的莖

圖2-6　蘭花的莖

態結構和生理功能發生變化，這種變化可以穩定的遺傳下來。這種器官的變化就稱之為「變態」。

一、根狀莖

　　根狀莖——植物生於地下的變態莖之一，為橫生的肉質莖，具有明顯的節和節間，先端生有頂芽，節上通常有退化的鱗片葉與腋芽，並常生有不定根。

　　國蘭的根狀莖通常是生長在地下，橫走或垂直生長。根狀莖上面有節，節上生長有不定根，並能長出新芽和鱗片狀鞘，新芽經過一個生長季節發展成假鱗莖。

　　根狀莖的生長是靠每年由側芽發出的新側枝（側軸）不斷重複產生的許多側莖連接而成。蘭花的花芽和葉芽均從根狀莖上發出。所以，保證根狀莖生長壯碩是蘭花抽葉發花的前提。

二、假鱗莖

　　假鱗莖——蘭科植物為適應特殊生境貯存養分和水分的變態莖，多為卵球形至橢圓形，肉質，綠色或有時為其他色澤，如為綠色還能進行光合作用。假鱗莖之間一般由根狀莖相連

接。

葫蘆頭──蘭花假鱗莖的俗稱，也稱「蘆頭」、「蒲頭」、「龍頭」。

蘭花的假鱗莖由於不像水仙的鱗莖那樣有肥大的鱗葉，只是形狀像鱗莖，所以稱為假鱗莖。假鱗莖位於根、葉相接處，膨大而短縮，呈圓形、橢圓形或卵狀橢圓形。假鱗莖從根狀莖上萌生出來，在蘭花生長季節開始時只是一個新芽，到生長季節結束時它就生長成熟了。假鱗莖外部有一層很厚的角質層包裹著，水分不易流失，是一種耐旱的生理結構。角質層內是表皮細胞。維管束散佈在莖內，每一維管束都有許多細纖維包圍。假鱗莖上有節，壯年時，每一節都著生一枚葉片或鞘葉；到老齡時，由於葉片脫落而光裸。

假鱗莖具有貯藏養分和水分的功能，它們都向上著生，在自然生長的情況下，它們是全露或微露在土壤上的，所以在栽種時要注意，不要將它們全部埋在植料中。

子芽──從假鱗莖基部生長出來的幼芽的俗稱（圖2-7）。

對下山蘭來說，子芽出土時的顏色可以用來判斷蘭花的花色。當子芽剛露出土面時，凡屬綠花類和素心瓣尖都呈白綠色；如赤綠殼或水銀紅殼類的芽尖呈微紅色，如赤殼類都呈紅紫色。

子芽出土的早遲，對蘭苗生長有直接影響。一般在「入梅」前後破土生長的子芽最強壯，在「夏伏」時破土的則較弱；若遲至秋季中生長出的子芽則俗稱「秋杆」，細小瘦弱，長成的葉束亦短小細狹。

子芽

圖2-7　子芽

❊ 第三節　葉 ❊

　　蘭花中除了大根蘭這樣的腐生蘭沒有葉片以外，其他蘭花都有綠色的葉片。國蘭的葉包括葉片和葉鞘兩大部分。葉片是蘭花生理活動的重要部分，在栽培鑒賞上人們對蘭花的葉片也有專門的分類。

一、葉片的功能和構造

(一)葉片的生理功能

　　蘭花葉片的生理功能——能夠進行光合作用、蒸騰作用、呼吸作用，也具備吸收和貯藏等功能。

　　蘭花葉片主要功能是進行光合作用，透過光能將二氧化碳合成有機物質，使之成為蘭花植物體的有機養分。葉片背面具有大量的氣孔，氣孔除了與外界環境進行氣體交換外，還具有氣孔的蒸騰作用和吸收肥液的功能。

　　蘭花葉片的蒸騰作用增強了根系的吸收功能，是蘭花吸收、傳導水分和無機鹽營養的主要動力。有了蒸騰作用的散熱過程，也保證了葉片在烈日下不會因溫度過高而受到傷害。

(二)葉片的構造

　　蘭花葉片的構造——分為上表皮、下表皮及葉肉細胞三部分，葉脈平行貫穿在葉肉之中。

　　表皮細胞為長方形的小型細胞，細胞的長壁是與葉片的長軸平行作縱向排列，細胞壁外側有較厚的革質層和蠟質，使葉片具有光澤並有保護作用以耐乾旱。

表皮細胞不含葉綠素，透明無色，上表皮無氣孔，下表皮有氣孔，鄰近氣孔的表皮細胞稍微下陷，氣孔的保衛細胞上有圓形或橢圓形的氣孔蓋。氣孔是調節水分蒸騰和氧氣、二氧化碳氣體進出的通道。葉肉細胞含葉綠體，是進行光合作用製造養分的重要細胞器官。

蘭花的葉脈——生長在葉片中的維管束，由少數的假導管和篩管構成，是葉片與蘭株各部位的器官組織進行養分、水分交流運送的通道。

蘭花的葉脈是平行排列的，葉中間的主脈較粗大，稱為「中脈」，是葉片張開挺立的支撐物。葉片內維管束的多寡及強度大小不同，使蘭葉呈現「直立」、「半直立」及「彎垂」等多種葉姿，不同的葉姿造成蘭株的各種形態美。

二、葉形

葉形——葉片的形狀或基本輪廓。

蘭花的葉片的形狀為長形帶狀，上下幾乎等寬，基部較狹窄，全緣或邊緣有細鋸齒，平行脈，葉梢漸尖或圓鈍。

葉片長度、葉緣等方面的區別，可以作為識別不同蘭花種類的形態依據。比如春蘭葉片最短，蕙蘭葉片最長，墨蘭葉片最寬。春蘭、蕙蘭、春劍、蓮瓣蘭的葉緣有細鋸齒，建蘭、寒蘭、墨蘭的葉緣多為全緣。

由於國蘭賞葉的時間多於賞花，故在鑒賞蘭花葉形方面，寓意頗多。國蘭賞葉將葉形分為帶形、授露形、線形、鯽魚形、長橢圓形、浪翻形、皺捲形、箭形、弓形等。

帶形寓意善於伸縮、長於溝通；授露形寄寓志向遠大；線形象徵情誼濃厚；鯽魚形寓意肚量大，具有寬宏大量、善解人意的美德；長橢圓形寄寓進取圓滿成功；浪翻、皺捲形富有曲

線美，如龍似鳳，寄寓吉祥如意；箭形、弓形寄寓奮力拼搏，勇於進取。

三、質地

蘭花的葉片質地因種類不同有軟、硬、薄、厚、肉質、革質之分。如墨蘭為革質，春蘭、蕙蘭、寒蘭、建蘭等為薄革質。通常生長在陽光充足地方的種類，葉片多呈硬革質和黃綠色；而生長在陽光不足的陰處的種類，葉片寬大而柔軟，葉色濃綠。所以，我們可依葉片的質地、形狀和葉色來判斷蘭花所需的光照量，以便栽培時合理遮光，使其正常生長。

四、姿態

國蘭鑒賞特別強調葉片的姿態。葉姿自古以來就是評價蘭花品種觀賞價值的標準之一，一般可分為直立葉、弧曲葉、彎垂葉三類。

1.直立葉

也叫立葉，是指葉片向上直立生長，或者下部直立，只是先端略為傾斜向外（圖2-8）。直立葉的葉脈硬朗，葉質較厚。春劍的葉多屬此類，尤其是通海劍蘭更為典型。汪字、環球荷鼎也屬於立葉。直立葉象徵著直立挺拔，有剛勁瀟灑、意氣風發之意。

2.弧曲葉

也稱「半直立葉」，是指葉片自基部1/2以上逐漸傾斜或彎曲成弧形（圖2-9）。春蘭、建蘭、墨蘭等大多數葉屬於此類。弧曲葉向

圖2-8　直立葉姿

蘭花栽培小百科

圖2-9　弧曲葉姿　　　　　　　　　圖2-10　彎垂葉姿

四面八方展開,有四面開拔和拼搏進取的寓意。

3. 彎垂葉

是葉片自基部 1/3 以上逐漸彎曲,先端下垂或成半圓形
(圖2-10)。建蘭中的鳳尾即屬於此類。這類葉形在建蘭中被
認為是優美的典型,觀賞價值極高。彎垂葉洋溢著曲線美,有
柔媚浪漫之意。

此外,還有一些特殊形態的葉形,如調羹葉:葉短闊,頭
圓,腳收根,葉如調羹;扭葉:葉面旋捲,或扭曲;燕尾葉:
葉片尖端分叉,如燕子尾巴;龍葉:葉面凹凸不平,葉子扭
曲,大多出現在墨蘭中。

五、葉藝

葉藝——指蘭花葉片上出現的白色或黃色的花紋、斑塊或
斑點。

斑色葉——是指綠色葉片上具有其他顏色的斑點或條紋,
或葉緣呈現異色鑲邊。

從以上兩個概念的對比中我們可以看出,在蘭花葉片觀賞
分類中,葉藝實際上就是斑色葉。傳統品種的蘭葉上如有斑點

或條紋，會將其稱為「病態」、「異物」，視之為下品。

從植物葉片出現斑點或條紋的原因上來看，有些斑紋的出現是葉片遭到病毒感染而使葉綠素合成受到阻礙造成的。而作為蘭花葉片上穩定欣賞對象的白色或黃色斑塊及條紋基本上是細胞突變造成的。蘭藝工作者根據蘭葉上斑紋的色澤、數量、形狀及分佈位置等不同情況，命名並登陸了數以百計的新品種，理論上也產生了「葉藝學」。

變異在花形上的體現，畸形的奇瓣、重瓣、缺瓣，只要性狀穩定，可選育成珍稀名貴品種；變異在葉形上的體現，寬、短、矮、扭曲等性狀，也成了選育新品種的重要標準，不同形狀的花葉都有特定名稱。

蘭花現代葉藝主要有線藝、水晶藝和型藝，還有對葉片上的圖斑進行分類的圖斑藝，由於其過於牽強，目前在葉藝中不太普及。

（一）線藝蘭

線藝蘭——簡稱「藝蘭」。凡是葉片上除了葉脈之外，綴有色濃而明顯的線紋或斑塊的均稱為線藝蘭，分為先明性和後明性兩類。

先明性線藝蘭——又稱「先明後暗」，是指自葉芽出土，就嶄露線藝特徵，芽葉伸長至初展葉時，其葉片上的線藝性狀和色彩十分顯眼，但隨著葉片的生長發育，其線藝的性狀和色彩便逐漸隱匿，最後連一點線藝性狀和色彩也見不到，如同非線藝一樣。

先明性線藝蘭典型的代表種，有墨蘭中的「鳳妃」、「西施」。此類先明後暗性的葉藝蘭多開紅色花，但也有極個別是開白花的。

後明性線藝蘭——又稱「先暗後明」，是指葉芽露出土面後直至展葉初期，在葉面上不顯露，或僅微微露出些許線藝性狀和色彩，隨著株葉的生長發育，日益顯露線藝性狀和色彩的蘭株。

後明性線藝蘭的典型代表種是墨蘭中的鶴之華，建蘭中的金絲馬尾素也具有這種特性。

根據線藝蘭的觀賞部位和藝性，一般將它歸納為爪藝類、鶴藝類、覆輪藝類、斑藝類、縞藝類、中斑藝類、中透縞藝類、中透藝類、雲井藝類等9個大類。

1. 爪藝

爪藝——葉藝集中在葉端兩側緣的專稱（圖2-11）。

爪藝在蘭界俗稱為「鳥嘴」，簡稱為「嘴」，通常依嘴藝之粗細、長短而分為大鳥嘴與小鳥嘴。墨蘭中的旭晃、金華山為此類葉藝之代表種。爪藝的具體名稱，常依爪藝的粗細與長短相結合而命名。

淺爪——爪藝細如絲，長僅達葉長的1/5。

深爪——爪藝粗如單線，長達葉長的2/5。

大深爪——爪藝粗如雙線，長達葉長的1/2以上。

墨蘭中的新高山就屬於這種大深爪藝。

垂線——指爪藝內緣有線藝條紋，伸入爪內綠色葉體的短而細的線段藝。

爪縞藝——指爪藝內緣的垂線粗如線，爪內粗長垂線長達5 cm以上的線藝品種。

墨蘭中「大勳」、「金鳳錦」

圖2-11　爪藝

等就屬於這類。

爪藝粗達 0.5 cm，長達葉長的近 3/5 者，被稱為「鶴」或「冠」。

冠藝——葉片頂端變為黃色或黃白色帽子的高級線藝品種（圖2-12）。

圖2-12　冠藝

冠藝類似於「紺帽藝」的形式，只是轉變了帽子的顏色，「綠帽」變成「黃帽」或「黃白帽」。為了與「紺帽藝」區別，把它稱為「冠藝」。如墨蘭中的日晃冠、金冠、龍鳳冠、黃道冠、養老冠等都是此類。

紺帽藝——俗稱「戴綠帽」。指藝色正好與「爪藝」相反的線藝品種（圖2-13）。

圖2-13　紺帽藝

即爪藝為白色或黃色爪的部分，它為綠色；爪藝內為綠色的葉色，它卻為白色或黃色。

大石門藝——全葉緣均有綠線藝邊的線藝品種（圖2- 14）。

大石門藝是紺綠爪的爪基向下延伸至葉基，成了綠嘴加綠線藝邊的線藝蘭。如墨蘭中的祥五、天女、瑞玉、華山錦、瑞祥等。

圖2-14　大石門藝

圖2-15　鶴藝

圖2-16　覆輪藝

2. 鶴藝

鶴藝──指爪藝粗達0.5 cm，長達葉長近3/5的特大深爪藝（圖2-15）。

鶴藝多由爪藝逐漸演變而來，一般是在爪藝在向覆輪藝發展時，才會轉變成鶴藝。但也有極個別品種，它的線藝因子，十分充盈而活躍，可直接由爪藝突變成鶴藝。如原為爪藝的金華山突變成鶴藝。

不轉色鶴藝──指自新芽萌發直至株葉發育成熟，藝色始終不變，十分固定的鶴藝。

墨蘭中的「金華山」的突變品種太陽即此類鶴藝的代表種。

轉色鶴藝──指新芽呈桃紅色，葉片展開後變成綠覆輪白中透藝；葉片發育成半成熟時，其白中透藝又變成灰綠色；葉片發育至完全成熟時，其葉端粗大的綠覆輪藝就轉為象牙色鶴藝的線藝品種。

轉色鶴藝是國蘭線藝中獨一無二的多變色藝品，被譽為「變色龍」。這種葉藝蘭風采獨特、神韻非凡。墨蘭中的鶴之華是轉色鶴藝的著名代表種。建蘭中的錦旗，也為類似轉色的鶴藝。

3. 覆輪藝

覆輪藝──指線藝在葉的周緣，即自葉基至葉端的雙側，均有明顯的線藝。俗稱為「全邊藝」（圖2-16）。

覆輪藝的邊藝長達葉長的4/5，尚未達葉基的，可稱為

「邊」。單純的覆輪藝並不多見，多數都與其他藝性交錯出現。

4. 斑藝

斑藝——指葉片上鑲嵌或浮泛著白、黃、翠綠、象牙色、赤色、褐墨色、桃紅色等異色點、塊或細線段的異色體。

圖2-17 虎斑

斑藝依其形狀、色澤的不同，而有許多不同的稱謂。一般可分為：虎斑、錦沙斑、蛇皮斑、苔斑、爪斑和全斑。

（1）**虎斑**：指葉片上斑紋的形狀與色澤極似老虎皮的斑紋和色澤（圖2-17）。

通常又以其形狀和色澤而細分為5種：

①小虎斑：斑形明顯比大虎斑小而短，且常呈零星分佈。如建蘭中的蓬萊之花。

②大虎斑：斑形長而粗，斑塊幾乎占全綠葉面積的1/2以上。如墨蘭中的黃玉之華、不知火，春蘭中的守門山、安積猛虎。

③流虎斑：由無數大小不一的小藝斑連綴成串狀，分佈也欠規則。如墨蘭中的瑞寶。

④曙虎斑：葉面上的線藝斑猶如曙光，常呈大片狀。如墨蘭中的大雪嶺。

⑤切虎斑：葉面上的斑藝佈滿葉片整段，其斑色與綠葉的界限幾乎似刀切一樣整齊。如春蘭中的三笠山。

（2）**錦沙斑**：葉片上斑形細如沙粒狀，並且佈滿葉片（圖2-18）。

如建蘭中的錦沙素，墨蘭中的聖紀晃。

圖2-18　錦沙斑

圖2-19　蛇皮斑

圖2-20　苔斑

（3）**蛇皮斑**：指細小的線藝點密連成線，又由線構成棱形藝斑，極似蛇皮的花紋（圖2-19）。

如墨蘭中的白扇，春蘭中的錦皺、守山龍、群幹島。

（4）**苔斑**：指在葉片的線藝斑之上，浮泛有綠暈或綠斑塊的綠色體（圖2-20）。

例如墨蘭中的大雪嶺，具有曙虎斑藝，其上泛有的綠暈或綠小斑，就被稱為曙苔斑。苔斑藝屬於藝上加藝，除了增加觀賞的藝術效果之外，還增加了葉片的綠色面積，彌補了因葉片出大量的藝斑而減弱光合作用能力的缺陷。

（5）**爪斑**：指爪藝內緣僅有黃或白的點、塊，或細而短的小線段的斑藝，而沒有垂線的爪內斑藝（圖2-21）。

墨蘭中的金碧輝煌就屬於爪斑藝。如果在葉片上看到既有自葉基至葉尖的縱向線條狀縞藝，其間又夾帶有與縞藝相平行的線段斑藝紋，且其斑藝紋多於縞藝紋的線藝蘭，則被稱為「寶藝」。

「寶藝」是斑藝中的最高藝者。墨蘭中的龍鳳寶、旭晃寶就是

寶藝的代表種。

（6）**全斑**：指整株所有葉片或葉片先端一整段或近葉柄的部分或葉柄以下的葉基部分，呈現全白或全黃的藝色，其藝色之上，全無任何異色點、線、塊斑存在，呈現一大整段藝色者（圖2-22）。

墨蘭中的玉妃、玉桃、喇叭、鳳凰，均為全斑藝。全斑藝雖壯觀，但多數具有先明性後暗性的特點。即新芽是全斑藝，隨著植株的發育而逐漸轉為與綠葉同色，與非線藝蘭無異。不過全斑藝並非都是先明性後暗性的，也有不少是後明性的全斑藝品。全斑藝所開的花多數為紅花系，僅寒蘭中的豐雪之全斑藝是開白花的。

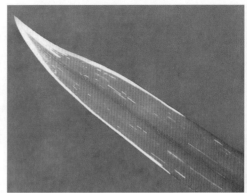

圖2-21　爪斑

5. 縞藝

縞藝——指自葉的基部直到葉尾尖端出現縱向條紋的藝性（圖2-23）。

圖2-22　全斑

「縞」是線條的意思。墨蘭中的蓬萊山、桑原晃就屬於縞藝。如果葉片上不僅有自葉基透達葉尖的縱向條紋之縞藝，而且在縞藝之中又間帶有若隱若現的線段狀斑紋的雙重藝性，則被稱為「斑縞藝」。

圖2-23　縞藝

蘭花栽培小百科

通常可分為3種藝向。

（1）**純斑縞藝**：自葉柄至葉尖，均滿布有線段狀藝紋和明顯的縱向線條藝，而且線段與線條紋又相互平行。如墨蘭中的旭晃。

（2）**白爪斑縞藝**：在黃色斑縞藝之葉端罩有小白爪。如墨蘭中的漢光、唐三彩。另外，有一種十分罕見的白爪斑縞藝，即在雪白爪、覆輪之內，金黃色中透斑縞藝。此種極為難得，如墨蘭中的金銀頂。

（3）**紺爪斑縞藝**：即斑縞藝之葉尖緣有紺綠爪，俗稱「戴綠帽」。如墨蘭中的金鼎。

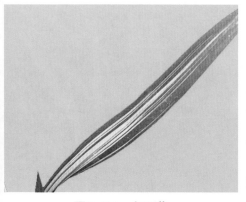

圖2-24　中斑藝

6. 中斑藝

中斑藝——指葉片上有兩條以上的縱向線藝條紋自葉基伸向葉端部，但未達葉尖，其葉尖緣有紺綠爪（「戴綠帽」）（圖2-24）。

墨蘭中的瑞玉、愛國這兩個品種就是中斑藝。中斑藝由於它的中斑線藝未達葉尖，其葉尖有紺帽子，線藝性狀最穩定，堪稱最理想的藝性。

中斑藝之中夾有若隱若現的絲狀線段藝稱為「中斑縞藝」，如墨蘭中的龍鳳呈祥、天女、松鶴圖。

7. 中透縞藝

中透縞藝——葉端有深綠帽、綠覆輪，縞藝集中在葉的中下部（圖2-25）。

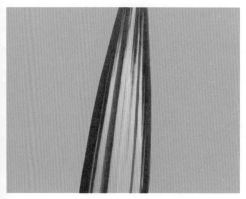

圖2-25　中透縞藝

墨蘭中的金玉滿堂、養老等就屬於中透縞藝。

8. 中透藝

中透藝——在中透縞藝中，葉主脈出現透明的藝性（圖2-26）。

墨蘭中的玉松就屬於中透藝。中透藝中，葉主脈兩側有「行龍」（褶皺）現象的稱為「松藝」。如墨蘭中的築紫之松、養老之松等。

圖2-26　中透藝

9. 雲井藝

雲井藝——綠色的線藝由葉端向下延伸發展出現的藝性（圖2-27）。

雲井藝的綠線藝之藝色，要比綠葉的綠色更深。如墨蘭中的金鳳錦。

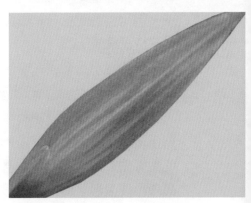

圖2-27　雲井藝

（二）水晶藝蘭

水晶藝——葉片上鑲嵌有不規則的點、條、塊的白色透明或半透明體，因藝體色白而透明似水晶而稱之為「水晶藝」（圖2-28）。

蘭花葉片內的水晶體是葉片細胞內的白色質體在細胞生長的過程中沒有向葉綠體轉變而是吸聚了油脂和澱粉產生變化形成的。

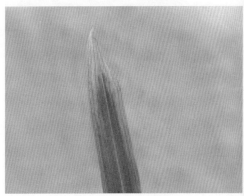

圖2-28　水晶藝

蘭花栽培小百科

水晶體在外觀上晶瑩飽滿、透亮，是水晶藝蘭生理過程中產生的一種自身變化，不存在病原物。由於水晶體的性狀來自於細胞質的質體上，透過分株的方法進行無性繁殖可以保持這種觀賞特點。

一般健壯的植株，由於細胞質的質體成熟，水晶藝遺傳穩定性就比較好。較弱植株或老假球莖所發芽的水晶藝遺傳穩定性就比較差。所以對水晶藝蘭要注意水肥管理，促進其營養生長，使它新芽生長健壯，其下一代的水晶藝便會得到加強。

水晶藝蘭的藝形、藝色與線藝蘭基本相似，以金銀色為主，但比線藝蘭更具有觀賞性。依其藝形，可歸納成四大類：

1. 邊縞類

邊縞類水晶藝──條狀水晶藝體處於蘭花葉片的葉面、葉脈、葉緣的藝蘭，也稱「龍型水晶藝」（圖2-29）。

邊縞類水晶藝蘭的藝體多分佈於葉面和葉緣。在水晶藝體的作用下，其葉形會有所變化。有的水晶邊藝水晶成分多，可使葉緣擴大；有的水晶邊藝水晶成分少，葉緣變化不大，而使葉緣呈波浪形。有的水晶藝體在葉的中側脈間，由於水晶含量的不同，作用力也就不同，從而使葉脈彎曲，葉片也隨之出現了或縱或橫的褶皺，這樣一來，整個蘭株的株型就變矮，蘭葉發生扭曲似龍形，於是蘭界便稱其為「龍型水晶藝」。

該類水晶藝的最大特點是：它的藝是由葉的基部先出現，然後逐步向上發展，直至葉尖。此類水晶藝，依其藝態之不同，又可分為下列4類。

圖2-29　邊縞類 水晶藝

（1）**水晶縞**：此類蘭花的水晶藝體處於葉面間，從葉基開始出現水晶縞線，繼而逐步向上發展。

（2）**中透縞**：此類蘭花的水晶藝體處於葉中脈之間，使葉的中脈呈現透明狀，所以成為中透縞。蘭葉在水晶藝體的作用下，葉中脈連同葉體呈現彎曲狀，株形也就隨之而矮化。春劍矮種水晶藝蘭冰心奇龍就屬於這類水晶中透縞的代表品種。

（3）**水晶邊**：此類蘭花的水晶藝體處於葉片兩側的葉緣。由於水晶邊藝體粗細不一，作用力大小有異，藝大之處葉緣緊縮得多一些，從而使葉緣呈波浪形狀。建蘭中的如意晶輪就屬於水晶邊的代表品種。

（4）**邊晶縞**：此類蘭花的水晶邊藝不斷增大，並向葉中發展，在葉側脈間也出現了線狀的水晶縞線，最終形成了水晶邊縞藝。

2. 擬態類

擬態類水晶藝——以水晶藝體造成的因象形而命名的水晶藝蘭，也稱「鳳型水晶藝」（圖2-30）。

擬態類水晶藝藝體多集中於葉端，形成某種形態。最早發現的擬態水晶藝因像雞頭雞眼，蘭界便稱之為「鳳頭鳳眼」，被譽為「鳳型水晶藝」。迄今為止，已出現了形似鳳嘴、海豚嘴、葫蘆嘴、鳳眼、銀鎖匙等象形水晶藝蘭。它們的特點是出藝方式自葉尖先出現，然後逐步向下發展，直至葉基。此類水晶藝，依其形態，基本可分為下列3類：

（1）**水晶嘴**：水晶藝體處於葉尖部。有的地區乾脆將其稱為水

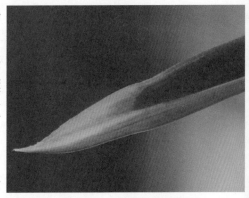

圖2-30　擬態類水晶藝

晶尖,因水晶尖常向上或向葉心部勾兜,有的地區稱其為水晶兜。但多數地區還是統稱其為水晶嘴。

生長健壯的蘭花植株,葉尖出現水晶嘴以後,體積會比原葉尖增大許多,看上去如同雞頭一般,兩側鑲有眼珠,頂尖似雞嘴狀;雞頭下方的水晶體還會隨著蘭葉的生長不斷向下延伸,形象惟妙惟肖。

墨蘭中的鳳來朝就屬於水晶嘴藝的代表品種。已發現的此類水晶藝有眼鏡蛇、海豚嘴、鵝頭等品種。

(2)爪縞水晶:這類藝蘭是因為水晶藝體自葉尖出現後不斷向下延伸,有的沿著葉緣往下延伸,有的向葉面延伸,便成了水晶縞,長成了爪縞水晶藝蘭品種。

(3)變態爪晶:有的水晶尖水晶體比較小,沒有增大的葉尖形狀,與線藝蘭中的線藝爪相似,但它在向下延伸時,常時斷時續,便有了葉緣增寬和縮小的現象,有的形似葫蘆,有的形似鑰匙,形成了奇特的變態爪晶藝蘭。

3. 斑紋類

斑紋水晶藝──水晶藝體呈斑紋的形式呈現在葉片上,也稱之為「虎型水晶藝」(圖2-31)。

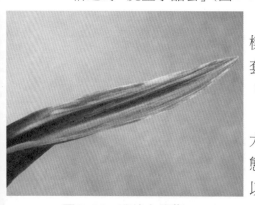

圖2-31　斑紋水晶藝

此類水晶藝蘭葉片上斑紋水晶樣式豐富,為了與龍型、鳳型相配套,蘭界就把斑紋水晶藝統稱為「虎型水晶藝」。

此類水晶藝的最大特點是藝斑大部分集中於葉片中段,斑紋的形態多種多樣,觀賞類形也很多。可以歸納為以下6類:

(1)虎斑水晶藝:此類藝蘭

葉片上的水晶藝體與線藝虎斑略同，有所不同的是，線藝虎斑為片塊狀，而晶藝虎斑藝形的片塊中呈規則或不規則的網狀斑紋。矮墨中的晶棱（登錄號019）就屬於此類代表品種。

（2）**條斑水晶藝**：也稱「中斑水晶藝」。此類藝蘭葉片上的水晶藝體呈不規則分佈，條形斑長短、粗細不一，呈縱向散放分佈。建蘭中的旌晶鳳冠（登錄號062）就屬於此類水晶藝的代表品種。

（3）**網斑水晶藝**：此類藝蘭葉片上的水晶藝體初現時呈現點狀，然後逐漸橫向發展成密連成片構成網狀，狀如珊瑚、地圖等多種形象。

（4）**山脈斑水晶藝**：此類藝蘭葉片上的水晶藝體初為點狀，然後逐漸斜向發展，常連接成拋物線狀，因形如山脈而得名。

（5）**林木斑水晶藝**：此類藝蘭葉片上的水晶藝體初為條狀點，然後逐漸縱向推進而形成林木狀，猶如雪地林木。

（6）**竹節斑水晶藝**：此類藝蘭葉片上的水晶藝體常處於葉緣，呈橫向長圓形點狀，繼而逐漸橫向發展，有的橫向水晶斑的葉緣就收縮凹進，整個斑紋猶如竹節。

4. 綜藝類

綜藝類水晶藝也稱「多藝水晶」、「兼藝水晶」、「聚合水晶」。綜藝類水晶藝有持續變化性，所以也會像線藝蘭一樣出現兼藝和綜藝，而且水晶藝的兼藝比線藝蘭更加多見。目前邊縞加擬態，擬態加斑紋，斑紋加邊縞等綜藝類水晶藝蘭均有出現。

（三）型藝蘭

型藝蘭——指株形典雅、小巧玲瓏，猶似藝術造型的標準矮種蘭（圖2-32）。

圖2-32　型藝蘭

蘭花中不論哪類蘭，都會有株形矮小的蘭花變種出現，但並非凡是植株矮小的蘭花，都可稱為矮種蘭。標準的矮種蘭，必須具備短、圓、闊、厚、粗、龍、起這7個條件，才可稱之為「型藝蘭」。

1. 型藝蘭的條件

（1）短：要求株葉短，自葉基至葉端的總長度在20 cm之內；葉鞘短，鞘長為葉長的1/7左右。

（2）圓：要求假鱗莖球圓或短橢圓；葉尾鈍圓或肥尖，葉鞘鈍圓或肥尖。

（3）闊：葉的長與寬之比為5：1，越寬，品位越高。

（4）厚：與同種類、同規格、同株齡相比，葉片比較厚。

（5）粗：葉面粗糙，也稱撒珍珠粒。俗稱「粗皮」、「皺皮」、「蛤蟆皮」。

（6）龍：要求葉姿有輕度扭轉，似龍騰；葉形呈龍船肚樣，即葉中部格外增寬，似鯽魚形，俗稱龍船肚葉；有龍根，龍根處於假鱗莖底部正中，形圓而彎曲，柔嫩而晶亮，其表面依附著粒狀之根瘤菌，與眾根的形、色不同，也特短。

（7）起：是指有顯著之葉柄。其形態似瓷湯匙柄與匙體連接處的形狀。

2. 型藝蘭的類型

型藝蘭根據蘭葉的觀賞部位和姿態通常可分為10類：

（1）線藝矮蘭：如達摩、獅王、如來等品種。

（2）青葉矮蘭：如青葉達摩、玉皇、金帝等品種。

（3）圓葉矮蘭：如嬌豔公主等品種。

（4）奇姿矮蘭：如蟠龍、文山龍、金龍帝等品種。

（5）奇葉矮蘭：如黑珍珠、文山佳龍、天霸龍等品種。

（6）皺皮矮蘭：如玉龍、皺皺、慈龍等品種。

（7）尖葉矮蘭：如麒麟等品種。

（8）水晶矮蘭：如如意晶輪、晶棱、冰心奇龍等品種。

（9）圖斑矮蘭：如天山雪、黃山雲海等品種。

（10）綜藝矮蘭：如旌晶鳳冠等品種。

第四節　花

　　在我國，許多花卉都被賦予深刻的文化內涵，有著相應的花語。蘭花的花語為「謙謙君子」。這是因為蘭花不但具有體態嫻雅、株形瀟灑、花形獨特、幽香清冽的特色，更具備潔身自好、剛柔大度、不媚世俗、超凡灑脫的「君子品格」。

　　蘭花的這些特色形成了鑒賞蘭花時的品評標準，從而有了鑒賞蘭花的花形、花姿、色澤、氣味、葉態等方面的具體品評條件。其中「形」、「姿」、「色」、「味」都體現在花上。

　　花是國蘭的生殖器官，也是備受關注的觀賞部位。蘭花的花朵是由花萼、花瓣、雄蕊、雌蕊所組成。蘭花為兩性花，並且是完全花。

　　兩性花──一朵花中同時具有雄蕊和雌蕊（如果只有雄蕊或雌蕊的花稱為「單性花」）。

　　完全花──一朵花上具有花萼、花瓣、雄蕊、雌蕊四部分（缺少任何一個部分的花稱為「不完全花」）。

　　蘭花的花被分為花萼和花瓣兩輪，外輪為花萼，內輪為花瓣，俱為三枚。蘭花最大的特徵是花瓣中的一枚特化為唇瓣，蘭界稱之為「舌」；雌蕊和雄蕊合生為蕊柱，蘭界稱之為

主瓣
(花萼)

花瓣
(捧)

蕊柱
(鼻)

唇瓣
(舌)

副瓣

圖2-33　蘭花的花朵構造

雞嘴

圖2-34　雞嘴

「鼻」（圖2-33）。

蘭科植物的特徵——有一枚特化的唇瓣，雌蕊和雄蕊合生為蕊柱。

鼻——蘭花雄蕊和雌蕊合生在一起而呈柱狀的繁殖器官。

蕊柱的頂端有一枚花藥，花藥原有三枚，但其中兩枚退化，只一枚發育而分裂成兩對花粉塊，花粉塊有黃色的藥帽蓋住。蕊柱正面靠近頂端有一腔穴，稱為藥腔，雌蕊的柱頭就位於藥腔內。給蘭花人工授粉時，花藥塊必須放在藥腔內與柱頭接觸，才能受精。

蘭花的花芽從根狀莖上生出，剛出土時稱之為「雞嘴」，花芽出土生長以後會抽出花莛，俗稱「抽箭」，蘭花的花朵長在花莛之上。

雞嘴——花芽剛破土時花苞形態的統稱（圖2-34）。

蘭花花芽出土時的花苞尖是相對合攏的，有的緊吻在一起，但也有微微分開或呈裂開狀，這些都稱之為雞嘴。如苞尖有白色玉鈎或統體肉質感，則絕大多數會出梅瓣、水仙瓣類。

抽箭——蘭花的花莛從苞殼中透出後，逐漸長高的過程。

一、花莛和花序

花莛——俗稱花箭。指自地表附近及地下莖伸出，沒有分枝和葉片的花序軸。

蘭花除少數種如春蘭為單花外，其他種類的花莛皆形成花序。

花序——花按照一定方式和順序排列在花序軸上所形成的花叢。

國蘭的花序基本上都是直立生長的，大多數情況下，花序高出葉面，把花朵生在明顯的位置（圖2-35）。

圖2-35 蕙蘭的花序

梗——蘭界對花莛和花序的另一種稱呼。

蘭花的梗以挺直渾圓為優。春蘭的梗比較短小，一般以粗0.2 cm、高於10 cm者為優。蕙蘭的梗較高，一般以粗0.3 cm、高20 cm以上的為優。建蘭和墨蘭的梗則更加粗且高。按傳統品評，蕙蘭以大花細梗為上品，俗稱「燈草梗」；若小花粗梗，俗稱「木梗」，屬於下品。

圖2-36 青蕙和赤蕙

從梗的色澤上來看，春蘭以青梗青花為上品，如宋梅、綠英等。蕙蘭的梗有青蕙和赤蕙之分（圖2-36），以梗白綠如玉，梗高花大為上品，如大一品等；赤蕙中卻以梗粗且直者為好，如程梅。

在梗上，每朵小花有一個小花柄，俗稱「簪」，在簪和梗之間常分泌有蘭膏。

簪——又名短底。指蘭花花序上每朵小花的花柄（圖2-37）。

蘭膏——指蘭花花序上的小花轉鈴至盛開時，在花柄末端

圖2-37　梗和簪

圖2-38　蘭膏

靠著花莛交界處（即梗與簪的交會處）出現的一滴細圓晶瑩的膠凝物（圖2-38）。

蘭膏又名蜜露、蜜滴，因其味甘醇如蜂蜜而得名。許多蘭花在開花之時，蜜滴會流淌下滴，嘗之甘醇如蜜，香甜可口；有些蘭花在花朵開放之前，蜜腺就開始分泌蜜汁。蕙蘭、墨蘭、春劍等花序上比較多見蘭膏，春蘭中很少見到蘭膏，偶有也是細微小點。

蜜露是蘭花在進化的過程中自然形成的，它從花序的外分泌組織蜜腺中分泌出來，主要用途是吸引昆蟲為它的小花傳粉。我們不要因為它味甜而去舔食它，因為沒有蜜露蘭花會香氣變淡，凋謝加速，從而使花期縮短。

二、總苞和苞片

總苞——花序上葉的變態，是整個花序外側包覆的葉狀構造。蘭花的總苞被稱為殼或鞘。

1. 殼

殼——又稱鞘，指位於花莛下部的數枚片狀的膜質物，它是保護花序的變態葉（圖2-39）。

殼一般比苞片長且大。它的顏色、厚薄、長短、大小、脈紋和斑點，都因種類不同而異。掌握看殼的知識，對選購帶箭

未放的蘭花品種，或判斷下山蘭優
劣時很有幫助。

（1）殼色

殼有白殼、赤殼、綠殼、赤轉
綠殼、水銀紅殼等多種顏色，其中
以水銀紅殼、綠殼、赤轉綠殼最易
出名花。由於殼上筋紋的顏色深淺
和沙暈映輝，又出現了深綠、淡
青、竹葉青、竹根青、粉青、青麻
綠殼、白麻殼、紅麻殼、荷花色、
深紫色、豬肝赤殼等顏色。

圖2-39　春蘭的鞘

（2）殼質

蘭花在生長過程中因環境條件
的變化，養分積累會有所不同，從
而使殼有鬆和緊、厚與薄之分。經
驗表明，無論哪種顏色的殼，都會
出現好花，一般殼薄而硬，顏色柔
糯容易出上品；如殼薄而軟，俗稱

圖2-40　花芽上的筋

「爛衣」，便很少有上品花出現；如殼厚而硬，顏色柔糯，也
會有好花出現。

（3）殼長

殼有長短之分，俗稱為「長梢殼」和「短梢殼」。一般短
梢殼大多出梅瓣、水仙瓣，長梢殼則多數出荷形水仙瓣。

（4）殼脈

殼是葉的變態，所以殼上依然有輸導水分的脈，不過在蘭
界將之稱為「筋」和「麻」。

①筋——殼上的細長筋紋（2-40）。

蘭花栽培小百科

圖2-41　花芽上的麻

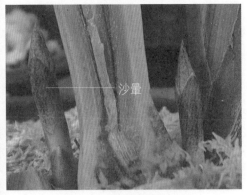

圖2-42　花芽上的沙暈

筋在殼上的分佈有長有短，有粗有細，有疏有密，有平伏有凸出，顏色也各不相同。如果筋細長透頂、疏而不密、軟潤且微有光澤者，便常會出現瓣型花品。如果筋粗透頂則花瓣必闊，便會有荷瓣型花品出現。如果綠殼綠筋或白殼綠筋，筋紋通頂，殼身晶瑩，便有可能出素心瓣。

②麻——殼上不通達梢頂的短筋（圖2-41）。

麻有粗有細，在殼上的排列也有疏有密。根據花苞出土時間早遲，分為深麻與淺麻；根據殼上麻的顏色，可分為青麻、紅麻、白麻、褐麻等。如麻相互之間空闊稀疏，又佈滿異彩沙暈，往往多出奇瓣或異種素心瓣。

（5）殼斑

殼斑是殼面上散佈的微點，蘭界稱之為「沙暈」。

沙暈——各筋紋之間散佈著細如塵埃狀微點稱為「沙」，密集如濃煙重霧狀稱為「暈」（圖2-42）。

凡具有瓣形的名花，在其殼上除筋紋細糯、通梢達頂，還必須有沙暈。殼上如有沙有暈，大多出梅瓣、水仙瓣；如沙暈柔和，顏色或白或綠，多出素心瓣。

藝蘭前輩們在選擇蘭花品種的過程中，透過對殼上色、筋、麻、沙暈等各個方面的綜合觀察，找到了一些有關殼上所

顯現出的某些特徵與是否能入品花的關係。《看殼各訣》這本書就是前輩們總結出的看殼選花的好經驗，現附錄如下：

綠殼周身掛綠筋，綠筋透頂細分明，真青霞暈如煙護，確是真傳定素心。

綠筋忌亮，須要有沙暈，必如煙霞，筋宜透頂小蕊，在仰朵時，日光照之如水晶者，素；昏暗者非是。

羅衣自綠亦稱良，大殼尖長也不妨，淡綠筋紋條透頂，小衣起綠定非常。

白殼綠飛尖綠透頂，沙暈滿衣，此種定素。出鈴小，蕊若見平，水仙在其中。

老色銀紅煙暈遮，峰頭淡綠最堪誇，紫筋透頂鈴如粉，定是胎全素不差。

出鈴時色如茄皮紫者，梅根綠背，黃者素。

銀紅殼色最稱多，莫把紅麻瞥眼過，多揀多尋終有益，十梅九出銀紅窠。

銀紅殼必須先淡後深，筋紋透頂，飛尖點綠，小衣肉厚，而多光滑，細心選擇為要。

綠殼三重起紫灰，此中必定見仙梅，小衣有肉峰如雪，鈴頂平疑刀剪裁。

官綠殼上若起紫暈一重，其花必異，筋紋忌亮。

深青麻殼無人曉，莫道青麻少出奇，尖綠頂紅條透頂，暈沙滿殼異無疑。

深青麻殼，極多光亮，滿蕊白沙，必非素異，必須紫筋透頂，飛尖點綠，此花定異也。

筋粗厚殼出荷花，鐵骨還須異彩誇，無論紫紅兼綠殼，此中常是見奇葩。

筋粗殼硬，屢出荷花，不論赤綠，一樣看法，如落盆幾

苞片

日，能起沙暈，就可望異。最難得者，荷花小蕊，尖長深搭，鳳眼微露，收根必細，灶門開闊，定是飛肩。

2. 苞片

苞片——花或花序基部著生較小形的葉或葉狀體。蘭界稱之為「籜」（圖2-43）。

蘭花每一朵小花的花梗基部與花軸相連的地方都有一枚苞片，它也是葉的變態。單朵花的苞片是最靠近雌蕊的一枚，所以又稱「貼肉小苞」。

春蘭的苞片是數層殼中最緊貼花朵的一片，這種苞葉在春蘭名種中要比其他蘭花顯得圓闊、厚大而長，有的著生在主瓣背後，有的側生一旁，有的遠離花朵著生在花梗正面。蕙蘭、建蘭、寒蘭、墨蘭的苞片總是著生在各短小花柄的末端，且它的基部半捲裹在花柄上，前半部呈擴張開放狀，籜幅細狹。苞片對花蕾的安全越冬，起著重要的保護作用。

三、花萼和花瓣

蘭花的花萼和花瓣各有三枚，花萼與花冠一起合稱「花被」。

花被——花萼和花冠的總稱。蘭花屬於雙被花。

因為蘭界將花萼和花瓣都稱為「瓣」，所以就將花萼稱為「外三瓣」，花瓣稱為「內三瓣」。

1. 花萼

花萼——萼片的合稱，可保護花芽，通常為綠色，形狀像花瓣或葉片。

蘭花的萼片共有3枚，它們是互相分離的，為花的外輪。蘭花中間的一片稱為中萼片，俗稱主瓣；兩側的萼片為側萼片，俗稱副瓣。

主瓣——蘭花中萼片的俗稱。

副瓣——蘭花側萼片的俗稱。

2. 花瓣

花瓣——花冠中呈葉狀的一個構成部分。蘭花屬於離瓣花，即花瓣之間相互是分離的。

蘭花的花瓣有三枚，在上方的左右兩片稱為捧瓣，俗稱為「捧」。

捧——位於蘭花內輪上方的兩枚花瓣。

捧與萼片相似，形狀不完全相同，有的短圓，先端起兜；有的狹長，先端尖銳；有的互相靠近，覆蓋在蕊柱之上；有的相互分開，向前伸展。

有的捧瓣變異為舌瓣的形狀，被稱之為蝶瓣；有的花萼、花瓣形態出現特殊變異，被稱之為奇花。

捧的顏色、脈紋、斑點在品種評價上也占重要地位。我國傳統名種以淨素為上，如有色彩則以鮮明為主。

花瓣中央下方的一枚，形態上有很大的變化，稱之為唇瓣，俗稱為「舌」。

舌——位於蘭花內輪下方的一枚變態花瓣。

唇瓣的上部常分為3裂，有的種類很明顯，有的種類3裂不明顯，甚至根本不裂，如春蘭。

唇瓣是蘭花花朵的主要特色部位，其千姿百態的外形，豐富絢麗的色彩，是吸引昆蟲傳粉的主要器官。

四、花形和花姿

(一)花形

花形——指全朵花萼片和花瓣的綜合形態。

由於國蘭的花形包括了花萼和花瓣的全部綜合形態,因此,花形即指瓣型,其中包括萼型、捧型和舌型。蘭花花萼和花瓣的形狀、生長姿態及其脈紋與色澤,是欣賞蘭花的重要內容。

1.萼型

萼片的形狀、生長姿態及其脈紋與色澤,在蘭花的評價上是重要標誌之一。一般的野生春蘭,萼片長披針形,很像竹葉,俗稱為「竹葉瓣」,而國蘭傳統的名種有梅瓣、荷瓣、水仙瓣、蝶瓣等區分(圖2-44)。它們的區別要點除了花萼的整體外形,還要看萼片的邊緣是否有緊邊,萼尖是否起兜,萼片中部是否有收根放角。

緊邊——指花萼的萼緣收縮並向內扣捲的內捲帶(圖2-45)。

帶有緊邊的蘭花,外三瓣中每瓣瓣緣微呈內捲狀,離瓣根約0.3cm起,向瓣前部微捲狀越來越明顯,而且捲帶漸寬,瓣緣增厚,至放角處再延伸及瓣尖部與另一緣對稱合攏,匯成兜狀形。一般梅瓣緊

圖2-44　國蘭的瓣型

邊多厚實，水仙瓣稍薄，荷瓣最薄。

　　兜——指捧瓣尖端部位瓣肉組織向內捲彙聚的形態（圖2-46）。

　　兜的形態按照捧瓣尖端部瓣緣內捲形狀的大小、深淺、厚薄而定。如按它的厚薄、大小可分成軟兜和硬兜；按深度又可分深兜和淺兜。

　　收根——指蘭花的花萼片自瓣幅中央部位向瓣根逐漸變狹窄的現象。

　　放角——指蘭花的花萼片自瓣幅中央部位向瓣尖這段前後交接部位逐漸放寬的現象（圖2-47）。

　　收根放角專指蘭花外三瓣瓣幅的寬窄形狀，它直接影響花品的美觀和花形的姿態。在荷瓣和荷形水仙瓣中收根放角現象最顯著；水仙瓣由於花瓣多為長圓形，收根放角就沒那麼明顯；梅瓣由於花萼是近圓形或橢圓形，所以沒有收根放角。

　　（1）梅瓣：梅瓣型蘭花的特點是萼片先端寬闊呈圓形，萼體短，萼片基部細小、緊邊，花瓣（捧心瓣）有起兜。

圖2-45　緊邊

圖2-46　兜

圖2-47　收根和放角

（2）荷瓣：荷瓣型蘭花的特點是萼片的長與寬的比例在2：1之內，越寬者檔次越高。萼片必須有典型的「收根放角」，萼端和萼緣必須緊縮，並呈向內捲狀，即「緊邊」。花瓣（捧心瓣）寬闊、短圓或略長圓。

（3）水仙瓣：水仙瓣型蘭花與梅瓣型蘭花實際是同一個類型的兩種形態，區別在於萼幅較寬闊，呈長圓形或長珠形，萼端可有尖鋒。水仙瓣的名稱源於它的萼片形態與水仙的葉態相似，開花時花心部與水仙的花心部有所相似，但花瓣（捧瓣）必須有緊邊、起兜。

完全符合以上條件的蘭花品種並不多，所以常將略符合梅瓣型特點，但萼頂端稍尖、萼體超長、萼基收細不明顯而較粗的稱為梅形水仙瓣；將略符合荷瓣型特點，但無緊邊的稱為「荷形水仙瓣」。

（4）蝶瓣：蝶瓣型蘭花的萼片、花瓣發生奇變，常常是邊緣有不規則的缺裂，幅度變寬，形狀如唇瓣樣略有皺捲，萼片、花瓣上多綴有異色點斑塊。發生這種奇變現象的被稱為「唇瓣化」，俗稱「蝶化」。凡萼片、花瓣部分或全部唇瓣化的花稱為「蝶瓣花」，簡稱「蝶瓣」（圖2-48）。

我國傳統的賞蘭觀念認為：凡符合梅瓣、荷瓣、水仙瓣、蝶花、奇花標準的蘭花以及全素心的蘭花可稱之為「細花」，即品位較高的花。凡以三萼片、兩花瓣的形態呈尖而狹的雞爪形或竹葉形的花朵，都稱為「行花」，俗稱「粗花」，即平凡的品位較低的花。

圖2-48　蝶瓣花

2.捧型

捧瓣位於蘭花花朵內輪，在蕊柱兩側的花瓣傳統稱為「捧心瓣」，簡稱為「捧」。傳統上認為以不開天窗為優，以蠶蛾捧為上品，以觀音捧為中品，其餘均屬下品。蘭界還將捧瓣瓣尖部是否有白色或厚肉質兜來區分巧種和官種。

圖2-49　巧種

巧種——捧瓣瓣尖部呈白色或厚肉質兜狀者（圖2-49）。

官種——捧瓣瓣尖部沒有白頭或微有淺薄兜者（圖2-50）。

（1）蠶蛾捧

花瓣（捧）著生於蕊柱左右側，構成近似圓周形，捧端似山脊狀高聳，其緣緊扣起兜；上側端角高凸如蠶頭，下側角鈍圓，捧背弧形，猶如蠶蛾食桑葉狀（圖2-51），這樣的捧型為標準的「蠶蛾捧」。梅瓣花常有此捧。水仙瓣花中也可遇見。如春蘭中的綠英、榮祥梅、梁溪梅、宜春仙等，蕙蘭中的大一品、培仙、蕩字、端梅、崔梅、慶華梅等皆為較典型的「蠶蛾捧」。

蠶蛾捧可分為軟、硬兩種。傳統上認為，以質嫩軟者，形象逼

圖2-50　官種

圖2-51　蠶蛾捧

蘭花栽培小百科

圖2-52　觀音捧

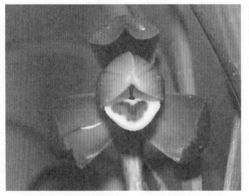

圖2-53　蚌殼捧

圖2-54　蟹鉗捧

真，更富有生氣而為佳，質硬者則呆板較次。硬蠶蛾捧的出現率低。

（2）觀音捧

觀音捧俗稱觀音兜。捧瓣上側略有搭蓋，捧面內凹外隆，捧端裡扣呈大兜狀，兜緣呈波浪狀的二連弧，猶如神話中觀音菩薩帽沿前的連兜（圖2-52）。

觀音捧多出現於荷瓣花中，梅瓣花、水仙瓣花中也不乏見。如春蘭中的龍字、春一品，蕙蘭中的老染字等均為典型的觀音捧。

（3）蚌殼捧

捧面下凹，捧背高隆呈圓錐形，如兩片相對的空蚌殼（圖2-53）。

春蘭中的常熟素、大魁荷，蕙蘭中的泰素等均為典型的「蚌殼捧」。

（4）蟹鉗捧

捧背中部隆起，尖端兜扁分叉，形似蟹之爪鉗狀（圖2-54）。

蕙蘭中的萬年梅為最典型的蟹鉗捧。

（5）貓耳捧

貓耳捧花捧呈三角狀態，多直立狀，也有捧端略後仰呈挺立狀，

因頗似貓耳狀而得名（圖2-55）。

春蘭中的太極、梁溪蕊蝶，蕙蘭中的老蜂巧、蛾蜂梅、朵雲、赤蜂巧均為典型的貓耳捧。

（6）豆殼捧

捧背呈浪狀隆起，捧面緣起兜，尖端較鈍圓，形似被剝開一端之豆莢（圖2-56）。

豆殼捧態的出現概率不高，以蕙蘭中的關頂的捧形最為典型。

（7）短圓捧

雙捧均體短形圓，捧背弧大，捧緣呈內扣狀（圖2-57）。

如春蘭中標準荷瓣花鄭同荷，是標準的短圓捧。

（8）剪刀捧

捧體較長，如剪刀片那樣基寬端尖的長三角狀。捧瓣在合蕊柱前呈摟抱狀，端部搭蓋交叉，頗似剪刀態（圖2-58）。

春蘭中的文團素，蕙蘭中的華字、赤團子均為典型的剪刀捧。

（9）磬口捧

呈圓弧形的花瓣分居於合蕊柱後之左右側，形成開天窗式，構成如古代打擊樂器「磬」口的形狀（圖2-59）。

圖2-55　貓耳捧

圖2-56　豆殼捧

圖2-57　短圓捧

蘭花栽培小百科

圖2-58　剪刀捧

圖2-59　磬口捧

此類捧態出現概率並不太高。如春蘭中的蓋荷，蕙蘭中的翠蟾、冠群，均為典型的磬口捧。

（10）蒲扇捧

分居於合蕊柱左右側之花瓣體短、形橢圓，其捧背僅略有弧隆，形似蒲扇狀（圖2-60）。

如春蘭中的西神梅、東萊等，均為典型的蒲扇捧。

（11）挖耳捧

捧端呈90°起兜，因其形似挖耳勺狀，故其名（圖2-61）。

春蘭中的汪字、逸品等，均為典型的挖耳捧。

（12）珠捧

捧瓣因硬變成珠狀，故其名（圖2-62）。

建蘭中的金魚梅，蕙蘭中的樓

圖2-60　蒲扇捧

圖2-61　挖耳捧

梅、楊梅等，均為典型的「珠捧」。

（13）**拳捧**

捧瓣高度硬變，因其形似緊握之拳狀，故其名（圖2-63）。

春蘭中的湖州第一梅、胭脂梅，墨蘭中的南國紅梅，均為典型之拳捧。

3. 舌型

蘭花唇瓣的形態豐富多彩，令人賞心悅目。傳統上認為舌以短圓、端正為上品，尖狹、歪生為劣品。凡在捧心內不舒的平舌，偏在一側的歪舌，舒而不捲的拖舌等為次品，凡舌與鼻粘連在一起的無舌等為劣品。舌的顏色則以淡綠、白色為好。春蘭、建蘭、寒蘭、墨蘭以白色為貴，蕙蘭則以綠色為貴。

（1）**如意舌**

「如意」原指古代象徵吉祥、頭如靈芝菇形的工藝品。後被借喻於緊貼合蕊柱，邊緣似菇緣狀的唇瓣。如意舌的唇瓣與蕊柱同向，正中著生，緊貼蕊柱，形態端莊，舌型橢圓，或臼扁圓、稍長圓。面凹背隆，緣縮厚起，質厚而堅硬，其態略下傾，但不向後捲，有的呈上舉狀（圖2-64）。

圖2-62　珠捧

圖2-63　拳捧

圖2-64　如意舌

　　如意舌可有3種形態：小如意舌，形短而面窄，端尖圓；大如意舌，形長而面寬，端鈍圓；三角如意舌，基粗端狹，端緣略上翹而現微兜。如春蘭中的綠英（大如意舌）、鴛湖第一梅（小如意舌）、瓊仙（三角如意舌），建蘭中的紅角雪梅，蕙蘭中的大一品，墨蘭中的南海梅等皆為典型的如意舌代表種。如意舌多集中於梅瓣花上。在200個瓣型花名品分類統計中，梅瓣花（包括梅形水仙瓣花在內）如意舌的出現概率占24.5％，荷瓣花（包括荷形水仙瓣花在內）占12.6％，水仙瓣花僅占1.9％。

（2）劉海舌

　　「劉海」是指過去兒童和婦女留在前額上，如垂簾狀，常向額彎扣和翻捲的整齊垂髮。蘭藝家借用其意，將唇瓣先端起微兜的前裂片名為「劉海舌」。「劉海舌」略離蕊柱，穩居正中，形略似如意舌，但大了將近1倍。外露的前裂片下垂而不後捲，舌端卻向上而微兜，即起捲緣而有劉海狀（圖2-65）。

　　春蘭中的宋梅、西神梅，蕙蘭中的培仙，建蘭中的旌晶鳳冠，墨蘭中的嶺南大梅等，均為典型的「劉海舌」。劉海舌多出現於梅瓣、荷瓣花之中。在近200個瓣型花名品分類統計中，梅瓣花的出現概率為16％，荷瓣花占10.1％，水仙瓣占3.5％，在蝶花、扭曲瓣型花、波浪瓣型花中也偶有出現。

（3）大圓舌

　　大圓舌是因取中裂片外露部分之形近半圓而為名。它形大（比劉海舌大半倍許）而圓正（正對合蕊柱，形如幾何製圖的量角器），

圖2-65　劉海舌

呈微下傾狀。它不緊緣，少後捲，不上翹（圖2-66）。

春蘭中的小打梅、翠一品，蕙蘭中的榮梅，墨蘭中的桂荷、望月、玉如意等均為典型的大圓舌。大圓舌以荷瓣花最多見。在瓣型花名品分類統計中，荷瓣花占15.4％，梅瓣花占12.6％，水仙瓣花占8.2％，蝶瓣花占4.8％，竹葉瓣花只占0.9％。

圖2-66　大圓舌

（4）**大鋪舌**

唇瓣之中裂片的外露部分呈長橢圓形，下掛而微後傾，但不明顯向後翻捲的舌型（圖2-67）。

春蘭中的龍字，蕙蘭中的樓梅等，均是典型的「大鋪舌」。大鋪舌在大量的瓣型花名品分類統計中，出現的概率也不高。就是被認為最易出現的瓣型花珍品中也僅占5％，荷形水仙瓣花占4.5％，荷形蝶花占1.5％，水仙瓣花占1.5％。

圖2-67　大鋪舌

（5）**大捲舌**

唇瓣之中裂片形大而長，下掛而向後捲曲的舌型。一莛多朵花之蘭，多為此態舌（圖2-68）。在大量瓣型花名品分類統計中發現：大捲舌在荷瓣花中僅占7.8％；荷

圖2-68　大捲舌

蘭花栽培小百科

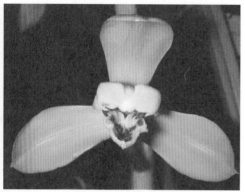

圖2-69　龍吞舌

圖2-70　大柿子舌

圖2-71　方缺舌

形竹葉瓣、水仙瓣、雞爪瓣的名品中，仍屬偶見。可見高品位花，極少出現大捲舌。

（6）龍吞舌

舌質厚硬而不舒展，中裂片微下傾而後又略上翹。舌面下凹，舌緣緊縮而常呈不規則排列的鈍圓鋸齒狀（圖2-69）。

蕙蘭中的程梅、崔梅、極品在正常開放時，方有標準的龍吞舌出現。龍吞舌多在梅瓣花中出現，在大量的瓣型名花分類統計中的出現概率僅為7.8％。在近幾年新選拔的各類佳品中，倒是出現了好幾個龍吞舌，如建蘭中的玉腮荷就是其中之一。

（7）大柿子舌

舌形大，中裂片外露部分的舌面，呈現柿子之種子狀下凹，便依此形象而命名（圖2-70）。

大柿子舌僅見於蕙蘭中的大陳字等極個別的傳統品種之中。在瓣型名花分類統計中的出現概率僅為1.5％。

（8）方缺舌

中裂片之中央處呈現不規則的方形（棱形）空缺，便依此天然缺

損之形而命名（圖2-71）。

蕙蘭傳統名種中之珍品「老蜂巧」為方缺舌典型之代表種。它在瓣型名花分類統計中的出現概率不高，僅為1.5％。素心建蘭中，也有此種舌態。

（9）雙歧舌

唇瓣上的中裂片呈倒「V」字形缺裂，形同孿生的兩個舌。但是它們沒有深裂至唇瓣的最基部，不能稱之為雙舌，只是分叉的舌（圖2-72）。

圖2-72　雙歧舌

春蘭中之素蝶蓮、宜興雙舌梅是雙歧舌之典型代表種。它在瓣型名品分類統計中的出現概率也不高，僅約占3％。此類舌型在建蘭、墨蘭、寒蘭等中也時有發現。

（10）直圭舌

中裂片的兩端角尖銳，端緣呈圓凸形，其上仍有鋸齒狀缺裂；唇緣緊縮，鑲有白覆輪；舌下凹，背隆的舌態稱之為直圭舌（圖2-73）。

圖2-73　直圭舌

直圭舌端角既方又圓鈍，洋溢著曲線美。蕙蘭中的元字為僅存之直圭舌的代表種。在大量的瓣型花名品分類統計中，它僅占出現率的1.5％。

（11）拖舌

拖舌指中裂片中大、橢圓形，平伸而微向下傾，但不後捲；舌緣隆起，舌面下凹的舌態（圖2-74）。

圖2-74　拖舌

圖2-75　心形舌

蕙蘭中的丁小荷是其典型代表種。在瓣型花名品分類統計中的出現率為1.5％。

（12）心形舌

唇瓣上的中裂片先闊漸窄，其端鈍尖，呈心臟形下掛，既不翹起，也不後捲（圖2-75）。

心形舌幾乎在各類蘭中都有出現，建蘭中的仙女是比較典型的代表種。闊葉寒蘭也常有此舌態出現。

（二）花姿

花姿——蘭花的開花姿態。

蘭花有多種婀娜花姿，如象形花姿、奇態花姿等。在我國傳統的國蘭鑒賞觀念中，以頂正（主萼端莊昂立）肩平（兩側萼平展），捧瓣抱心或合蓋蕊柱，使其僅露出些許柱頭者，或蕊柱昂立，唇瓣不後捲者，方視為正統的美蘭花，將它列為上品。側萼向上飛翹的稱為「飛肩」，被列為奇品，其餘皆不入品。所以，有經驗的蘭家在蘭花開花前後，會根據排鈴轉莖階段花朵的鳳眼、上搭和下搭情況，中窠的形態等來判斷花品。

排鈴——蘭花的小花在花序上出現的階段性形態。

蘭花的幼蕾俗稱為「鈴」。待花梗抽長到一定高度時，上面生著各朵幼小花鈴，呈豎直狀，緊貼花梗，這種形態稱為「小排鈴」。幼鈴花柄離梗橫出，作水平排列稱為「大排

「鈴」，此時即將綻蕊舒瓣，漸次盛開。

圖2-76　鳳眼

轉莖——蘭花即將大排鈴時，花梗上每朵花鈴的花柄橫出生長，花心朝外時的形態。俗稱「轉挖、轉宕、轉身」等。

鳳眼——指蘭花外三瓣含苞待放前，在主瓣與副瓣一側瓣緣相互隆起而中間露出的空隙處（圖2-76）。

蘭花露鳳眼階段，主瓣與副瓣的瓣尖是互相搭連的，在鳳眼區域一般下露舌根，中間看得見捧心的側面。假如鳳眼大而上搭深，花瓣必闊且有兜，並且不落肩。

上搭和下搭——當露出鳳眼時，花瓣背兩側蓋頂處稱為上搭，胸下稱為下搭。

中窠——即捧瓣與鼻的整體部位的統稱。

梅瓣、水仙瓣的中窠頭形，以窠緊為好，荷瓣、蝴蝶瓣的中窠比較寬大。中窠必須與外三瓣形型相配得宜，方能顯得花姿優美、俊俏。

1.肩

肩——指蘭花中兩個側萼片的主脈所構成的夾角姿態。

傳統的蘭藝是將蘭花的主萼片比作人的頭頸部，兩個側萼片比作人的左右肩膀。人們根據蘭花側萼片的主脈所構成的夾角以及形態，將蘭花分成以下肩形：

（1）平肩

兩側萼片向相反方向水平伸展，左右排成「一」字，構成夾角約180°的姿態，稱為「水平肩」，也俗稱「一字肩」。蘭

圖2-77　平肩

圖2-78　平行肩

圖2-79　垂翹肩

界傳統上認為平肩屬於佳品（圖2-77）。

（2）平行肩

花朵的兩枚側萼片大幅下垂，如人直立之雙腿狀，稱為「平行肩」。此花姿雖屬大落肩範疇，但落得有序有格，確也不多見，故被視為佳品（圖2-78）。

（3）垂翹肩

雙側萼在「平行肩」的基礎之上，各自向外側呈弧垂狀反曲、飛翹。姿態別緻，洋溢著藝術美，應被視為奇品（圖2-79）。

（4）落肩

花朵的兩枚側萼片（肩萼、副辦）與其主脈所構成的下方夾角小於180°，顯微向下垂直狀至雙側萼接近合併成一體者，統稱為「落肩」（圖2-80）。一般雙側萼的下方夾角大於180°的稱「微落肩」，120°～160°為「小落肩」，小於120°的為「大落肩」，屬次品。

（5）飛肩

兩側萼向上斜伸展，使肩萼下方夾角大於180°，上方夾角小於180°。要有明顯的上翹狀態，才能稱之為「飛肩」。這種花姿態優

美,似大鵬凌空飛翔狀。按傳統蘭界的看法,飛肩花屬奇品(圖2-81)。

(6)燕尾肩

兩側萼在唇瓣下方交叉成X狀,名為「燕尾肩」。這種花姿造型獨特,也屬罕見,應屬佳品。

(7)合肩

兩側萼片的內側緣緊靠、黏合成一體,或重疊成一體的被稱之為「合肩」。此肩態不僅造型獨特,而且寓意深長,被視為高雅之吉祥物,應屬奇品之列。

(8)馬步肩

蘭花花朵的兩枚側萼片呈近似90°彎垂,構成馬步(或曰弓步)狀態。習慣稱其為「馬步肩」或「弓步肩」(圖2-82)。

2.奇花

奇花——指蘭花花朵中的某個部分或全部,其數目或形態發生離奇變異的花。

蘭花花朵的變異千姿百態,只有經過人工培育,形狀比較穩定的變異品種才可以稱為「奇花品種」。目前常見的奇花有以下類型:

圖2-80　落肩

圖2-81　飛肩

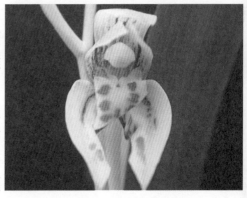

圖2-82　馬步肩

圖2-83　藥帽裂變奇花

圖2-84　捧蕊一體化奇花

圖2-85　捧瓣雄性化奇花

（1）多瓣奇花

這種類型蘭花表現在外輪萼片、內輪花瓣（捧）和唇瓣（舌）部分或全部的數量增多。通常可分為5類。

①藥帽裂變奇花

藥帽裂變引起萼片、花瓣的形狀、姿態的變化，或唇瓣變小，或某個部分的數量增多（圖2-83）。

②捧蕊一體化

捧瓣硬變成珠捧、拳捧時使花瓣或萼片的形態變化或數量增多（圖2-84）。

③捧瓣雄性化

花瓣唇瓣化引起萼片數量增多，唇瓣也同時增多（圖2-85）。

④蕊柱唇瓣化

蕊柱裂變、分化成小唇瓣，出現花上花的奇觀（圖2-86）。

⑤萼捧唇增多

此類奇花，常有單一性的部分增多，如多萼或多捧，或多舌，唯獨蕊柱沒增多。因此，此類奇花穩定性較差（圖2-87）。

（2）少瓣奇花

這種類型蘭花花朵萼片、花瓣、唇瓣有一個部分或幾個部分的

數量減少。常見的有少萼、少捧、缺舌、缺蕊和幾個部分同時減少的5類少瓣奇花（圖2-88）。

（3）叢態奇花

這種類型蘭花的合蕊柱高度裂變分生，在各個蕊柱基部著生唇瓣化花瓣，形成多朵並聯或並蒂花。有的甚至導致蕊柱基部以下的子房也裂變分生，從而形成了多朵蝶花，群聚於莛頂或群集於各個花柄基部的叢態奇花（圖2-89）。

（4）重台奇花

這種類型蘭花的合蕊柱高度變異呈節狀增生並依次拔高，每節基著生萼片和花瓣或多個花蕾，形成了「花上花再上還有花」和「花上多花再上又多花」的奇觀（圖2-90）。

圖2-86　蕊柱唇瓣化奇花

圖2-87　萼捧唇增多奇花

圖2-88　少瓣奇花

圖2-89　叢態奇花

圖2-90　重台奇花

圖2-91　菊瓣花

圖2-92　牡丹瓣花

（5）菊瓣花

「菊瓣花」的花瓣與萼片形色相似，數量增多，如菊花一樣呈輻射狀平展，合蕊柱、唇瓣退化或殘變成細而短的小花瓣，聚生於花芯部。

其小瓣上端尚有細微的淺兜，其上有些微小的花粉。此類花隸屬於無蕊柱的多瓣奇花（圖2-91）。

（6）牡丹瓣花

牡丹瓣花的萼片大量增多，花瓣唇瓣化，合蕊柱也奇變成唇瓣樣。此類花也隸屬於無蕊柱的多瓣奇花（圖2-92）。

（7）蝶瓣花

蘭花的萼片、花瓣變異如唇瓣樣略有皺捲，其上綴有異色點斑塊的奇變現象，被稱為「唇瓣化」，俗稱「蝶化」。

凡萼片、花瓣的部分或全部蝶化的花，被稱為「蝴蝶瓣花」，簡稱為「蝶瓣花」。

蝶瓣花依其唇瓣化的部位可分為「萼片蝶」、「花瓣蝶」和「全蝶」3類。

①萼片蝶

這種類型的蝶瓣花，一般多是

肩萼（副瓣）的下半片些許、近半或過半蝶化（圖2-93），也有中萼（主瓣）全部唇瓣化的，如蒼山奇蝶。也曾發現過側萼半蝶化與中萼同時蝶化和三萼片全部唇瓣化的外蝶化的現象。這類蝶瓣花只是萼片唇瓣化的蝶瓣花，傳統上稱之為「外蝴蝶」。

②花瓣（捧）蝶

這種類型的蝶瓣花，通常有靠近唇瓣一側的捧瓣些許、近半或過半唇瓣化和整個捧瓣唇瓣化兩種（圖2-94）。僅捧瓣邊緣唇瓣化的，稱為「捧緣蝶」；整個捧瓣唇瓣化的，被稱為「蕊蝶」、「三舌」、或「三星蝶」。被此類捧瓣唇瓣化的花朵，傳統總稱為「內蝴蝶」。

③全蝶

這種類型的蝶瓣花，花萼、花瓣都唇瓣化，所以又稱「內外蝶」或「萼捧蝶」（圖2-95）。一般有3種情況：側萼片、捧瓣的下半部分唇瓣化，被稱為「全半蝶」；側萼片下緣和整個捧瓣唇瓣化，被稱為「半全蝶」；三萼片、兩花瓣全部唇瓣化，被稱為「大全蝶」。

圖2-93　萼片蝶

圖2-94　花瓣蝶

圖2-95　全蝶

五、花色和花香

(一)花色

蘭花花藝中的「花色」一般分為3類：一是彩心花，二是複色花，三是素心花。在蘭花品種中，花色是比較固定的，但也有變化。花色的深淺有時與環境條件有關。素心品種也可能因栽培條件和氣候不同而有所變化，同一株素心建蘭，夏秋開花時，花被為翠綠色，質薄，寬且長；而在冬季開放時，則花被為純白或略帶黃色，且質肥厚，短而狹窄。

1. 彩心花

彩心又名「葷心」，其主要特徵是花瓣有筋紋，舌瓣有斑點（圖2-96）。

在蘭花中彩心花數量最多，可分為以下4類：

（1）**段色花**：如虎斑線藝狀分節同色或異色。

（2）**間彩花**：披異色筋紋，撒異色點斑塊。

（3）**套色花**：在一主色之上，浮泛或間泛多種異色。

（4）**素舌花**：在彩心蘭花中，整個唇瓣（舌）沒有異色點斑塊點綴的被稱為「素舌花」或「素唇花」（圖2-97）。

舌色純白的，稱之為「白舌」，美其名曰笑玉或白玉；舌色純紅的，稱之為「紅舌」，美其名曰紅玉；舌色純綠的，稱之為「綠舌」，美其名曰翠玉；舌色純黑的，稱之為「黑舌」，美其名曰墨神；舌色純黃的，稱之為「黃

圖2-96　彩心花

舌」，美其名曰黃玉。

　　如果彩心蘭花的前半截唇瓣是純淨的單一色，無異色點斑塊，而後半截（舌根）卻有異色點斑塊的舌，則稱之為半素舌。此類各色半素舌上有的斑塊是苔，有的斑塊是朱點，可增進觀賞價值。

　　苔──即舌上附著的絨狀物（圖2-98）。

　　苔以勻細色糯為上品，粗而色暗者為劣品。以綠色和白色為上品，微黃色次之。

　　朱點──指綴在舌上的紅點（圖2-99）。

　　朱點的顏色必須鮮豔、清楚、明亮、分佈勻稱，方能算為上品。春蘭舌上的紅點，有一點、兩點或品字形，亦有塊形或元寶形；蕙蘭等舌上紅點、塊與春蘭有所不同，大多是散佈點塊，密集度大，並且顏色較深。一莖多花的舌比春蘭稍長且大而苔色更濃豔，所以色彩交相輝映，更為豔麗多姿。

　　2. 複色花

　　由許多的不同的色彩組成的蘭花的花瓣，稱為「複色花」，具有金翠畢彩，珠輝玉映，濃豔挺秀，

圖2-97　素舌花

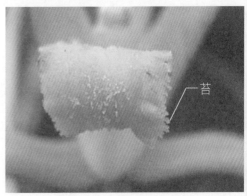

圖2-98　蘭花舌上的苔

圖2-99　蘭花舌上的朱點

圖2-100　爪藝型複色花

圖2-101　縞藝型複色花

圖2-102　覆輪型複色花

霞光絢麗等特色。複色花的主要類型有：

（1）放射型：從花心向花瓣頂端呈放射狀彩線或彩點，如日之初出，光芒四射。

（2）色藝型：其色藝不僅有如常見線藝蘭那樣的黃、白、綠色，還有深淺各異的紅、紫、黑、赤黃（像葉邊被火灼烤傷而未焦黑的深黃色）等色。

（3）爪藝型：有綠底金爪（黃爪）、綠底銀爪（白爪）和白底綠爪、黃底綠爪幾種。由於蘭葉起爪，相應的花也起爪，如「金邊玉衣」、「曙光」等（圖2-100）。

（4）縞藝型：花瓣有不規則的黃、白線條，由於蘭葉出縞紋，相應花中也出現了縞紋，如「五彩皇冠」（圖2-101）。

（5）覆輪型：花瓣邊緣鑲白色或黃色，稱「覆輪花」，由於葉子出現覆輪，有時對應花也出現覆輪，如「金邊玉衣」（圖2-102）。

（6）斑藝型：花瓣上有不規則的黃斑、白斑出現（圖2-103）。由於蘭葉上出現斑紋，相應花也出現斑紋，有時甚至在花瓣上也會出

現許多界線分明、顏色各異的各種
形狀的斑紋，但此類現象較少出
現。

（7）雙色型：花瓣上兩種色
彩，各占半壁，分界明顯，或外三
瓣及捧瓣各具一色，耀眼奪目（圖
2-104）。

（8）暈化型：是指花本色之
上，浮泛雲霧狀的色暈，並非點、
條彩（圖2-105）。

圖2-103　斑藝型複色花

最常見是泛綠暈，次為泛紅
暈，再次為黃暈、藍暈、紫暈、黑
暈、灰暈。以黃暈為珍、紅暈為
貴、綠暈為上、藍暈為下、紫暈黑
暈為劣。

3. 素心花

素心花——指除藥帽與花色難
以一致之外，全花只有一種基本
色，全無異色點、條、斑的花。

圖2-104　雙色型複色花

國蘭以淡雅靜素為貴。國蘭中
凡萼片、花瓣、唇瓣及合蕊柱均色
澤單一而純淨，全無異色筋紋、
點、斑塊的蘭花，為標準的素心
蘭，也稱「全素」。它們又可分為
白素、綠素、金黃素、粉紅素、鮮
紅素、橙素、黑素等。

素心花中以晶瑩潔白為上品，

圖2-105　暈化型複色花

蘭花栽培小百科

以嫩綠光潔為中品，以金黃為貴，以鮮紅為珍，以黑色為稀。由於開素心花的個體數量十分稀少，所以能培育出素心蘭也就成為一種驕傲。

素心花淡雅、寧靜，給人以純潔、高尚的感覺，因而古代文人墨客借其素雅高潔以表其清高脫俗；王侯富商借其淡雅，表其是尊禮敬賢的仁人雅士；平民百姓便用淡雅來表其樸實忠厚。所以素心蘭被推為上品一直延續至今。

圖2-106　素瓣花

圖2-107　暈花

素瓣花——指唇瓣上不帶色塊的花（圖2-106）。

由於蘭花的色素大多集中在唇瓣上，因此，一般唇瓣無色塊，外三瓣及捧瓣都不會有色塊。傳統素瓣外三瓣、捧瓣為綠色，唇瓣為白色。與此相對應，一般蘭花唇瓣因為帶紅色或紫色，故稱之為「暈花」。

暈花——指唇瓣上帶紅色或紫色暈的花（圖2-107）。

素心蘭按唇瓣色澤可分為綠胎素、白胎素、黃胎素、桃腮素、刺毛素。素心瓣苔色以綠色為貴。近年來關於素花瓣的含義又有拓展，凡舌與花的顏色一致，均稱之為素心瓣，如黃花素、紅花素、紫花素等。此類花於中國的四川、雲

貴、兩湖地區均有發現，而江浙一帶較少發現。

　　按外三瓣和捧瓣的形態，素心蘭又可分為梅形素，如蔡梅素；荷形素，如楊氏荷素、文團素；蝴蝶素，如楊氏素蝶；竹葉素，如寅榖素、天童素。

（1）桃腮素

圖2-108　桃腮素

　　僅唇瓣中的側裂片（俗稱「腮幫」）有濃淡不一的異色暈彩或點斑，其餘各部全無異色筋紋、點斑塊的蘭花，被稱之為「桃腮素」（圖2-108）。

（2）豔口素

　　僅唇瓣上之中裂片中央有些許異色暈斑，其餘各部分全無異色筋紋、點斑塊的蘭花，被稱之為「豔口素」。

（3）豔口桃腮素

　　僅唇瓣上之側裂片（腮幫）和中裂片中央處有異色暈斑，其餘各個部分全無異色筋紋、點斑塊的蘭花，被稱之為「豔口桃腮素」。

（4）彩鞘素（麻殼素、赤殼素）

　　全朵蘭花的各個部分均色澤單一、純淨，全無異色筋紋、點斑塊，僅花莛鞘（即苞片）上披掛有紅色或紫紅色筋紋的蘭花，被稱之為「彩鞘素」、「麻殼素」或「赤殼素」。

（5）赤芽素

　　花莛、萼片、花瓣、唇瓣、蕊柱，均色澤單一而純淨，全無異色筋紋、點斑塊，唯獨芽鞘（俗稱葉褲、甲）和花莛鞘（俗稱苞片或苞葉）上，灑披有紫紅等色筋紋、沙麻點的，被稱之為「赤芽素心蘭」簡稱「赤芽素」。

蘭花栽培小百科

（6）綠苔素

蘭花的萼片、花瓣、蕊柱、唇瓣均純淨無瑕，唯獨唇瓣的中裂片上浮泛有或綠、或白、或黃、或紅、或粉紅、或黑的色暈，被稱之為「綠苔素」。

（7）草素

春天開花的地生蘭如春蘭、春蕙等中，如開萼片和捧瓣尖狹如雞爪狀的雞爪瓣素心花，則被列為下品素心蘭，被稱為「草素」。但因其是素心蘭，還屬於細花的行列。但在寒蘭中，雞爪瓣素心蘭仍屬上品蘭，株價幾乎高於絕大部分的素心蘭（圖2-109）。

圖2-109　草素

（8）竹瓣素

指竹葉瓣型的素心花（圖2-110）。其萼片形似竹葉，捧瓣較狹，瓣質也薄。這種瓣型在春花類蘭花中的品位，比草素略高一籌。其代表品種有「松鶴素」、「寅谷素」、「天童素」等。「竹瓣素」在建蘭、墨蘭、寒蘭的夏、秋、冬花類蘭花的品位中屬中級品。

（9）荷形素

「荷形素」花形酷似荷瓣花，但不及荷瓣花標準。由於它的花瓣豐麗素靜，在素心蘭中名列高品位之一（圖2-111）。如春蘭中的楊氏荷素、月佩素、謝氏荷素、雲荷素、張荷素、龍素、魁荷素、翠荷素、文團素、文豔素、香草素、俞

圖2-110　竹瓣素

氏素、國慶素等，建蘭中的建荷
素、荷花素等。

（10）梅形素

三萼片形似梅瓣之萼片，但不
夠標準。長寬比例失調，或萼端不
夠圓結，或萼緣沒有明顯的緊邊
（圖2-112）。捧瓣起兜，基本符
合梅形水仙瓣標準，名為「梅形水
仙瓣素」，簡稱為「梅形素」。如
蔡梅素、玉梅素、素西神，或建蘭
中的珠圓素等。

圖2-111　荷形素

（11）刺毛素

蘭花花朵上僅唇瓣面上有隱約
的淡紅暈，其餘各部分均純淨無
瑕，被稱之為「刺毛素」（圖2-
113）。

（二）花香

蘭科植物中大部分的花是沒有
香氣的。但在栽培的國蘭中卻有許
多香氣醇正的品種。

有些品種只有一點微香，如建
蘭的一些品種香氣似月季花香；有
些品種有一種沉香，如寒蘭的香氣
偏似桂花香；有些品種則有一種特
殊的幽香，如春蘭、蕙蘭和建蘭就
具有類似米蘭的清香，在開花的時

圖2-112　梅形素

圖2-113　刺毛素

候很遠就能聞到。

蘭花的香氣來自芳香油脂腺體分泌的揮發油，散發香氣的部位主要在花莛蜜滴的分泌處和蕊柱的基部，蘭花的香氣對人體健康有許多益處。蘭香給人以清冽不濁、淡遠深悠的感覺，聞之心曠神怡，能緩解人的緊張情緒，可以淨化空氣、調整心緒、醒腦提神。

蘭花放香與栽培品種、栽培環境中的日照長短、溫度高低、栽培基質、施肥類型有著密切的關係。春蘭類中的豆瓣綠、線葉春蘭和產於河南信陽地區、江西、湖北的部分山區的春蘭及日本春蘭一般無香或少香，僅有個別含香的植株。這些特質在養蘭過程中值得注意。

第五節　果實和種子

蘭花的雌蕊在受精後，花瓣逐漸凋萎，而子房逐漸膨大成綠色棍棒狀，經過6～12個月，這個綠色棍棒狀的幼果表皮由黃綠色轉成褐色時，果實便成熟了。

一、果實

果實——被子植物的花經傳粉、受精後，由雌蕊的子房形成的具有果皮及種子的器官。

蘭花的果實俗稱「蘭蓀」，為蒴果。當果實成熟時，蒴果頂端彈開，產生倒錐形裂縫，種子自裂口散出。果實內種子的數量特別多，每個蒴果含有種子數萬粒，多者可達300多萬粒。

蒴果——由兩個或兩個以上心皮的複子房發育而成的乾果，成熟時有多種開裂方式。

蘭花成熟的果實呈三角形或六角形，形狀因種類不同而不一樣，這有助於我們在沒有開花的季節鑒別區分蘭花的種類（圖2-114）。

圖2-114　蘭花的果實

二、種子

種子——種子植物的胚珠經受精後長成的結構，在一定條件下能萌發成新的植物體。

蘭花種子非常微小，細如灰塵，用肉眼幾乎辨認不清，只有在放大鏡或顯微鏡下才可以看清楚它們的模樣。一般呈長紡錘形，每粒種子只有0.3～0.5μg的重量。種子只有種皮和胚，沒有胚乳。

種皮——種子的保護結構，由胚珠的珠被發育而成，它包覆著胚和胚乳，是種子的重要保護組織。

胚——包括胚芽、子葉、胚軸、胚根等4個部分，是種子中真正用於繁殖的部分。

胚乳——為胚提供營養的組織，有的種子無胚乳。

蘭花種子發芽率很低，又不容易保存，所以在果實成熟後要立即播種。由於蘭花種子的胚不含胚乳，所以如果沒有共生真菌或人工配製的發芽培養基提供的養料，萌芽一般無法生長。因此，由蒴果成熟開裂自然散播出去的種子極少能夠萌發存活，只有少數能隨風飄至樹皮或岩縫中，並得到與其共生的真菌滋養時才能發芽生長。

為保證蘭花的種子正常發芽，現在多採用發芽培養基溫室培養的方法培育實生苗。

　　由以上我們對蘭花根、莖、葉、花、果實和種子的各個器官的描述，再結合對蘭花的仔細觀察，大家對蘭花的形態一定有了全面的瞭解和認識了。

　　現在來歸納小結一下：

　　①蘭花的根是肉質的鬚根，有根冠但沒有根毛。

　　②蘭花中蘭屬植物的莖是變態莖，有根狀莖和假鱗莖兩種形態。

　　③蘭花的葉有苞葉和尋常葉兩類，苞葉生在花莛上，尋常葉為長條帶狀。

　　④蘭花的花很特殊，花萼花瓣變化很多，有變化的唇瓣，雌蕊和雄蕊聯合成了一個蕊柱。

　　⑤蘭花的果實是棍棒狀的蒴果；蘭花的種子非常細小，呈長紡錘形。

第三章
蘭花對環境條件的要求

　　蘭花的生長發育與生活環境是辯證統一的關係，而生活環境條件又是經常變化的。在不同的環境條件作用下，同種蘭花的生理、生化及新陳代謝等活動是不一樣的。而相同的環境，對不同種類的蘭花的作用也不相同。瞭解蘭花的生態學特性，清楚生態因子對蘭花生長發育的影響，掌握蘭花栽培與環境條件的辯證統一關係，對培養健壯、優美的蘭花是極其重要的。

　　蘭花的生態學特性——指蘭花對環境條件的要求和適應能力。

　　生態因子——指對蘭花生長發育有影響的因子，包括光照、溫度、水分、養分、空氣和生物等。

　　諸多生態因子對蘭花生長發育的作用程度並不等同，其中光照、溫度、水分、養分和空氣等是蘭花生命活動不可缺少的。缺少其中任何一項，蘭花就無法生存，這些因子稱為「生存因子」。除生存因子以外，其他因子對蘭花也有直接或間接的影響作用。

　　生存因子——蘭花生長發育必不可少的因子。

　　蘭花各生態因子之間是相互聯繫、相互制約的，它們共同組成了蘭花生長發育所必需的生態環境。若某些因子發生了改變，其他因子和生態作用也會隨之而變化。同時，各生態因子

對蘭花生長發育又有其獨特的作用，不能被其他因子所代替，在一定的時間、地點或生長發育的某一階段，總有一個因素起主導作用。因此，生態因子對蘭花的影響是複雜的，往往是各因子綜合作用的結果。

蘭花原本生長在山林深谷、山野之間，它生長健壯，年年開花，花芳久遠。但為何一旦走出大山，進入城市蘭戶養殖，就往往會出現苗弱花少，蘭病不斷的現象呢？顯而易見，這是因為人們在家庭裡培養蘭花時改變了蘭花原來的生長環境和生態條件所致。因為每一個生態因子對蘭花的生長都有著最佳適應範圍，以及忍耐的上限和下限。超過了這個範圍，蘭花就會表現出異常，從而造成生長不良，花品變差，甚至死亡。

不同種類和品種的蘭花，具有不同的習性，遇到的是錯綜複雜的環境條件，只有採取科學的「應變」措施，才能處理好蘭花與環境的相互關係。既要讓蘭花適應人工創造的環境條件，又要使環境條件滿足蘭花生長發育的要求，讓其在近似自然的狀態下健康生長。因此，如要讓蘭花年年吐芳，首先要瞭解蘭花的生態習性和它對環境條件的要求，給它營造一個適宜生長的小環境。

蘭花的生態習性究竟是什麼樣的呢？元代蘭家孔靜齋用「喜晴畏日，喜陰畏濕，喜幽畏僻，喜叢畏密」這十六個字總結得頗為精闢。

明代鹿亭翁《蘭易十二翼》又概括為十喜十畏：「喜日而畏暑，喜風而畏寒，喜雨而畏潦，喜潤而畏濕，喜乾而畏燥，喜土而畏厚，喜肥而畏濁，喜樹蔭而畏塵，喜暖氣而畏煙，喜人而畏幽，喜簇聚而畏離母，喜培植而畏驕縱。」

用現代的話來說就是：蘭花喜溫暖，畏霜凍；喜大氣濕潤，畏潮濕漬水；喜天氣晴朗，畏燥風日曬；喜和風透日，畏

閉塞悶熱。對土質的要求是：喜疏鬆透氣、排水良好的腐殖土，畏強酸土、鹼性土、黏性土。

在山野間，蘭花是「靠天吃飯」，自然生長。從來沒有人為它澆水、施肥，但是它仍然生長得十分茂盛，很少有病蟲害，這說明環境的好壞對於蘭花生長的影響是很大的。在蘭花的栽培過程中，只有將溫度、光照、空氣濕度、水分、通氣、土壤、肥料等各項生態因子綜合協調好，才能使蘭花生長健壯，開花正常。

第一節　光照

光照對蘭花的影響主要有兩個方面：其一，光是蘭花進行光合作用的必要條件；其二，光能調節蘭花整體的生長和發育。

光合作用——植物透過吸收光能，同化二氧化碳和水，製造有機物並釋放出氧氣的過程。

蘭花的葉片中含有葉綠素，它利用光能把水和二氧化碳合成碳水化合物，再把碳水化合物轉化為各種有機物質，使之成為有機養分。因此，蘭花的葉片是進行光合作用的主要場所，90％的有機營養物質是葉片由光合作用造成的。這些有機營養物質，少部分被蘭花的呼吸作用所消耗，大部分被用於形成新的根、莖、葉、花及果實等器官，多餘的則被轉運至根系和假鱗莖中貯藏起來，作為春季蘭花萌芽、開花和生長的主要營養物質。所以，蘭花的生長發育主要是靠光合作用提供所需的有機物質。

野生蘭花是喜陰植物，多生長在茂林修竹下，因叢林遮擋了強烈的陽光照射，使蘭花喜陰畏陽。但陽光又是蘭花進行光

合作用製造養分的能量來源，是蘭花生長和開花所不可缺少的因素。經驗告訴我們：蘭花受光越充足，養分積累越多，越容易形成花芽。而在陽光較弱的情況下，蘭花葉片生長特別茂盛，但開花較少。

光的形態建成——依靠光來控制植物的生長、發育和分化的過程。

光可以抑制蘭花細胞的縱向生長，使蘭花的植株生長健壯。光質、光照強度及光照時間都影響光合作用及光合產物，從而制約著蘭花的生長發育，對蘭花生長的品質產生影響。

一、光照強度

光照強度——指光照的強弱，以單位面積上所接受可見光的能量來量度。簡稱照度。

光照強度常依地理位置、地勢高低、雲量及雨量等的不同而呈規律性的變化。即隨緯度的增加而減弱，隨海拔的升高而增強。在我國，一年之中以夏季光照最強，冬季光照最弱；一天之中以中午光照最強，早晚光照最弱。一般來說，冬季有充足的光線，有利於蘭花的生長發育；而在夏季因陽光過強，溫度過高，則必須遮陰。

蘭花喜歡早上的陽光。蘭花經過夜間呼吸作用消耗營養後，早晨光合作用能力達到最強。這是因為朝陽初升，陽光照射角度低，蘭花受光面積大，再加上早上陽光經晨霧阻擋，光線相對柔和，直射不會灼傷蘭葉。

蘭花的光合速率隨光照強度的增加而加快，在一定範圍內二者幾乎是正相關；但超過一定範圍後，光合速率的增加轉慢；當達到某一光照強度時，光合速率就不再增加了，這種現象稱之為「光飽和現象」，此時的光照度稱為「光飽和點」。

在光照較強時，光合速率比呼吸速率大幾倍，但隨著光照強度的減弱，光合速率逐漸接近呼吸速率，最後達到一點，即光合速率等於呼吸速率，此時的光照強度稱之為「光補償點」。

光合速率——又稱「光合強度」，是光合作用強弱的一種標記法。指蘭花在單位時間、單位葉面積所吸收的二氧化碳或釋放氧氣的量。

呼吸速率——又稱「呼吸強度」。指在一定溫度下，蘭花的細胞在單位時間內吸收氧氣或釋放二氧化碳的量。

光飽和現象——光照強度增加而光合速率不再增加的現象。

光飽和點——使蘭花光合速率處於光飽和狀態時的光照強度。

光補償點——使光合作用積累的有機物與呼吸作用消耗的有機物相等時的光照強度。

在自然條件下，蘭花生長發育時，接受光飽和點（或略高於光飽和點）左右的光照越多，時間越長，光合積累和生長發育也隨之最佳。一般光照強度低於光飽和點，就屬於光照不足；當光照強度略高於光補償點時，蘭花雖能生長發育，但生長量下降，開品不佳；如果光照強度低於光補償點，則蘭花不但不能製造養分，反而還消耗養分。因此，在蘭花栽培過程中應注意用遮陽網調節好光照強度，保證其透光良好。

在自然界，蘭花各部位受到的光照強度是不一致的，通常植株上部和向光方向的葉受光照強度大。大面積栽培的蘭花，因為是群體結構狀態，所以群體上層接受的光照強度與自然光基本一致，遮陰栽培或保護地栽培時，群體上層接受的光照強度也最高；而群體株高的2/3到距地面1/3處，這一層次接受的光照強度則逐漸減弱；一般群體1/3以下的部位，受光照強度

均低於光補償點。

群體條件下受光照強度問題比較複雜，在同一空間內，蘭花群體光照強度的變化因栽培密度、行的方向、植株調整等不同而異。光照強度的不同，直接影響到光合作用的強度，也影響葉片的大小、多少、厚薄等。這些因素都關係到蘭花的生長和花芽的形成。因此，群體條件下大面積栽培蘭花，栽培密度必須適宜。

蘭花種類不同，對光照強度的要求也不一樣。建蘭較喜光，只需遮去60％～70％的光線；春蘭與蕙蘭較喜陰，需要遮去70％～80％的光線；墨蘭喜陰更多，需遮去85％左右的光線。光照過強或過弱對蘭花的生長均不利。因此，在栽培蘭花的日常管理中需要根據蘭花的生長發育對光照的要求，調節光照強度。

不能因為蘭花「喜陰而畏陽」的特性就過分強調遮陰，使蘭花處在對光線的「饑餓」狀態，這樣對蘭花生長不利。

同一種蘭花在不同生長發育階段對光照強度的要求也不相同。一般在幼苗期或移栽初期忌強烈陽光，要儘量做到短期遮陰，而成活以後，則可以逐漸適應較強的光照。一般情況下，蘭花在開花階段和假鱗莖形成階段，需要的養分較多，對光照強度的要求也比較大一些。不過為了延長花期，增加觀賞時間，一般蘭花開花階段會由遮陰來降低溫度，不過這樣做也會減少光照強度。

雖然光是光合作用所必需的條件，但光照過強時，尤其是在炎熱的夏季，光合作用會受到抑制，使光合速率下降。

光抑制──在強光下光合作用受到抑制的現象。

在自然條件下，天氣晴朗的中午蘭花上層葉片常常發生光抑制現象，當強光和其他環境脅迫因素，如低溫、高溫和乾旱

等因素同時存在時，光抑制加劇，即使在低光強下也會發生。光抑制是蘭花本身的保護性反應。如果強光時間過長，甚至會出現光氧化現象，即光合系統和光合色素會遭到破壞。因此，在蘭花栽培上應特別注意防止幾種脅迫因子的同時出現，最大限度地減輕光抑制。

二、光照長度

光照長度——指一天中日出到日落的時數，也稱「日照長度」。

自然界中光照長度是隨緯度和季節變化而變化的，是重要的氣候特徵。分佈於不同氣候帶的蘭花，對光照長度的要求不同。光照長度決定蘭花的成花過程。國蘭的花芽多數在短日照的秋季形成，屬於「短日照花卉」。

長日照花卉——日照長度在 $14 \sim 16\,h$ 促進成花或開花，短日照條件下不開花或延遲開花。

短日照花卉——每天需要 $12\,h$ 以內的日照，經過一段時間後，就能現蕾開花；如果日照時間過長，就不會現蕾開花。

在養蘭實踐過程中，人們發現光照長度會直接影響蘭花的休眠、假鱗莖的形成、葉片發育和成花過程。一般短日照促進休眠，長日照促進營養生長。陽光照射時間長，則蘭葉較黃，蘭根發達，健花；反之，則蘭葉深綠，根系不發達，不易起花。陽光照射時間長的花瓣質厚，反之，則花瓣質薄。因此，夏天早晨 7 時前可讓陽光直射蘭葉，7 時後用 50％～90％的遮光網遮擋陽光。

「清明」前後可讓蘭花多曬太陽，促使發根，多發葉芽；「白露」以後，天氣轉涼，新的植株大多長成，亦可多照陽光，促使花蕾飽滿，使蘭株積蓄更多養分，以利來年生長。

三、光質

光質——又稱「光的組成」。指具有不同波長的太陽光譜成分。

從太陽射到地球的多種光譜中，可見光占50％左右。蘭花的葉綠素合成只吸收可見光，與蘭花葉綠素合成的特性曲線相符的光波被稱為「生理輻射光源」，即「光合作用光波」。從可見光380～760 nm光波中，蘭花可吸收光波占生理輻射光源的60％左右。其中波長為610～720 nm的紅、橙光的光合作用最強，能有50％被蘭花吸收，促使蘭花體內營養物質積存，使蘭花鱗莖、根系、莖葉健壯，促使開花、萌芽。波長為400～510 nm的紫藍光約為生理輻射光源的10％，該光源十分重要，促使蘭花生化作用，延遲蘭花老化，能充分促使蘭花生長。而蘭花對波長為545～615 nm的黃、綠光生化吸收量極少。一年四季中，太陽光的組成成分比例是有明顯變化的。而在此範圍內的光對蘭花生長發育的作用也不盡相同。

由此可見，蘭花光合作用吸收最多的是紅光，其次為橙光，藍紫光的光合效率僅為紅光的14％。紅光不僅有利於蘭花碳水化合物的合成，還能加速蘭花的發育；而短波的藍紫光和紫外線能抑制細胞生長，促進芽的分化，且有助於花色素和維生素的合成。而在太陽的散射光中，紅光和橙光占50％～60％；在太陽的直射光中，紅光和橙光最多只占到37％。所以，蘭花栽培過程中一般都要遮陰，讓陽光由直射光變為散射光，以利於蘭花吸收。

根據蘭花對光質的不同需求，我們在保護性栽培時可根據蘭花的生長特性選用不同色彩的塑膠薄膜覆蓋，人為調節可見光部分，以滿足蘭花生長的需求。

第二節　溫度

溫度對蘭花的影響主要是氣溫和地溫兩方面。一般氣溫影響蘭花的地上部分，而地溫主要影響蘭花地下根部。在一年之中，氣溫和地溫是隨著季節的變化而變化的。氣溫在一天當中變化較大，夜晚溫度較低，白天溫度逐漸升高。地溫變化較小，距地面越深溫度變化愈小。根系在20℃左右生長較快，地溫低於15℃時生長速度減慢。

蘭花的生長和開花與溫度息息相關。尤其是蘭花花芽的形成，與溫度條件關係最為密切。溫度適宜，它就生長繁茂；溫度過高，它就生長停滯，甚至因悶熱傷害而夭折；溫度低了，它就進入休眠狀態；過低了，它就會因為受到凍害而枯死。

一、溫度三基點

溫度三基點——蘭花生命活動過程的最適溫度、最低溫度和最高溫度的總稱。

蘭花在最適溫度下，生長發育迅速而良好；在最高和最低溫度下，蘭花停止生長發育，但仍能維持生命；如果溫度繼續升高或降低，就會對蘭花產生不同程度的危害，直至死亡。溫度三基點是最基本的溫度指標。

蘭花生根、發芽和正常生長的最佳生長溫度為20～28℃；20℃以下，雖可生長，但生長緩慢；28℃以上，雖生長迅速，但也容易因氣溫過高而被迫進入休眠狀態。因此，每當氣溫高於32℃時，則應採取加大遮陰密度、增加通風量和提高空氣濕度的措施，以保證蘭花有正常生長的生態條件。

蘭花休眠期適溫為晝溫10～16℃，夜溫5～10℃。蘭花可

耐受的最低溫度，春蘭為-4℃，建蘭為-2℃，墨蘭為2℃。但春蘭休眠期的適溫應控制在3～10℃，才能度過春化階段，以保證正常開花。

二、溫週期

溫週期——指自然條件中的溫度週期性變化。包括日溫週期和年溫週期兩個方面。

在自然條件下氣溫是呈週期性變化的，蘭花在溫度的某種節律性變化過程中已經產生了適應性，並由遺傳成為其生物學特性。

在適溫範圍內的日溫週期常對蘭花生長有利。在蘭花生長的適宜溫度下，晝夜溫差大，對蘭花的生長發育有利。白晝溫度較高，光合作用旺盛，營養物質積累較多；夜晚的溫度降低，減少了呼吸作用對養分的消耗，淨積累較多，葉片生長就茂盛，花芽容易形成。因而這種晝高夜低的日溫週期變化對蘭花生長發育有利。

年溫週期對蘭花的生長和開花影響比較明顯。蘭花在溫度降低到足以停止生長之前便早已停止生長進入休眠，直到春季溫度回升休眠結束。

有些蘭花開花必須經過一個低溫春化階段。

三、春化

春化作用——指由低溫誘導而促使蘭花開花的現象。

春化是蘭花在生殖生長期間必須要經歷的低溫階段，它對於促進花蕾的生長具有不可替代的作用。在自然條件下，春化期是蘭花生長過程中空氣濕度和土壤濕度最低的時期。因此，春化階段的空氣濕度和盆土濕度都不宜過高，否則容易爛蕾和

爛根，非常不利於蘭花來年的生長和開花。

　　實踐反覆證明，低溫春化是蘭花生殖生長不可逾越的階段，我們不能違背自然規律而人為的去改變它，否則，勢必事與願違，直接影響蘭花的開品。所以在北方地區，如果蘭花入室太早，沒有經過低溫階段，往往不容易來年開花。

四、 高溫及低溫障礙

　　自然氣候的變化總體上有一定的規律，但是也有超出規律的變化，比如溫度過高或過低的情況也時有發生。溫度過高或過低，都會給蘭花生長和發育造成障礙。在溫度過低的環境中，蘭花的生理活動會停止，甚至死亡。低溫對蘭花的傷害主要是冷害和凍害。

　　冷害──生長季節內0℃以上的低溫對蘭花的傷害。

　　凍害──指春秋季節裡，由於氣溫急劇下降到0℃以下（或降至臨界溫度以下），使蘭花莖葉等器官受害。

　　低溫障礙會使葉綠體超微結構受到損傷，或引起葉片氣孔關閉失調，或使酶鈍化，最終破壞了蘭花的光合能力。低溫還會影響蘭花根系對礦物質養分的吸收，影響蘭花植物體內物質轉運，影響其授粉受精。

　　高溫障礙是與強烈的陽光和急劇的蒸騰作用相結合而引起的。當溫度超過蘭花生長最高溫度時，如再繼續上升，會使蘭花生長發育受阻，甚至死亡。

　　一般當氣溫達35～40℃時，蘭花停止生長。這是因為高溫破壞其光合作用和呼吸作用的平衡，使其呼吸作用加強，光合作用減弱甚至停滯，營養物質的消耗大於積累，蘭花處於「饑餓」狀態難以生長。

　　當溫度達到45℃以上時，會使蘭花蒸騰作用加強，破壞水

分平衡，以至於非正常失水，進而產生原生質的脫水和原生質中蛋白質的凝固，結果造成局部傷害或全株萎蔫枯死。

高溫不僅降低生長速度，妨礙花粉的正常發育，促使葉片過早衰老，損傷葉片功能、減少有效葉面積，降低吸收能力，還會導致蘭花遭受日灼危害。

瞭解蘭花對溫度條件的要求，便能根據各種蘭花的特點，通過各種措施，科學地調控其在各生長發育階段所需要的溫度，使我們栽培的蘭花健壯地生長在適宜的溫度環境中。

第三節　水分和濕度

水不僅是蘭花各個器官的組成成分之一，而且在蘭花生命活動的各個環節中發揮著重要的作用。首先，它是蘭花細胞中原生質的重要組成成分，同時還直接參與蘭花的光合作用、呼吸作用、有機質的合成與分解過程；其次，水是蘭花細胞對物質吸收和運輸的溶劑，是養分進入蘭花體內時的外部介質或載體，水可以維持蘭花細胞組織緊張度和固有形態，使蘭花細胞進行正常的生長、發育、運動。

水也是維持植株體內物質分配、代謝和運輸的重要因素。其中，蘭花根系吸收的水分大部分用於蒸騰作用，透過蒸騰引力促使根系吸收水分和養分，並有效調節體溫，排出有害物質。所以，沒有水就沒有蘭花的生命，水分是蘭花生長發育過程中必不可少的環境條件之一。

一、蒸騰作用

蒸騰作用──水分從蘭花葉片的表面以水蒸氣的狀態散失到大氣中的過程。

　　由於蘭花葉片在蒸騰作用時產生的蒸騰拉力，從而幫助根系吸收水分和養分，增強了根系的吸收功能，因而蒸騰作用成為蘭花吸收、傳導水分和無機鹽營養的主要動力。蘭花所需的各種營養物，必須先溶於水後才能由根以水溶液的形式吸入體內，然後透過蒸騰作用輸送到莖葉，供蘭花生長所用。蒸騰作用也能降低蘭花的體溫，有了蒸騰作用的散熱過程，就保證了蘭花葉片在光照強度比較大的情況下不會因體溫過高而受到傷害。蘭花根系吸收的水分，只有一小部分是用於代謝的，而絕大部分是由葉片的蒸騰作用散發到體外。蘭花進行蒸騰作用的強弱程度一般用蒸騰速率表示。

　　蒸騰速率──植物在一定時間內單位葉面積蒸騰的水量。一般用每小時每平方米葉面積蒸騰水量的克數表示（$g/m^2 \cdot h$）。

　　蒸騰速率＝蒸騰失水量／單位葉面積×時間

　　由於葉面積測定有困難，也可用 100 g 葉鮮重每小時蒸騰失水的克數來表示。在不同的環境條件下，蘭花的蒸騰速率常常受到光照、溫度、空氣濕度和風等環境條件的影響。

　　1. 光照

　　光照可使蘭花葉表面溫度升高。在陽光下，葉溫一般比氣溫高，葉內外的蒸汽差增大，蒸騰速率加快。此外，光照促使蘭花葉片表皮氣孔開放，減少內部阻力，從而使蒸騰作用增強。

　　2. 溫度

　　溫度是蘭花葉內水分汽化的直接動力。當大氣溫度增高時，葉片內外的蒸汽壓差加大，有利於水分從葉內溢出，蒸騰作用加強。

　　在炎熱夏季的中午，溫度過高，葉片失水過度反而會引起蘭花葉片表皮氣孔關閉，使蒸騰減弱。這也是蘭花適應外界不

良環境條件而自我保護的表現。

3.空氣相對濕度

當空氣相對濕度增大時，空氣蒸汽壓也增大，蘭花葉片表皮氣孔內外蒸汽壓差就會變小，蒸騰速率也會變小。相反，乾旱和乾熱風天氣，空氣濕度小，蒸騰速率就大。

4.風

風能將蘭花葉片表皮氣孔外邊的水蒸氣吹走，補充一些相對濕度較低的空氣，增大了葉面與大氣間的蒸汽壓差，由於外部擴散阻力減小，所以蒸騰就加快。強風不如微風，因為強風可能引起蘭花葉片表皮氣孔關閉，蒸騰就會慢一些。同時，強風還可降低葉片溫度，減弱蒸騰。

蘭花與其他植物一樣也靠蒸騰作用來消耗大量的水以使其體內的水分更新替換，同時還必須保持體內有充足的水分以維持生理機能和保持細胞組織呈緊張狀態，以維持蘭葉的伸展、花葶的挺拔等，所有這些水都是由根系隨時提供的。

蘭花生長過程中消耗水、保有水和吸收水這三者的關係必須保持適當平衡才能使蘭花生長健壯，發育良好，這個平衡一旦破壞，就會對蘭花的生長產生影響。

二、土壤含水量

土壤含水量——指土壤中所含水分的數量。

蘭花主要靠根系從土壤中吸收水分。當土壤處在適宜的含水量條件下，蘭花根系入土較深，構型合理，生長良好；在潮濕的土壤中，容易導致根系呼吸受阻，根系生長緩慢，而且滋生病害，造成損失；在乾旱條件下，蘭花根系將下紮，入土較深，直至土壤深層。

國蘭原本生長在峽谷、山脊兩側，以及山坡、岩岸、岩石

縫隙、竹林樹叢間的腐殖質薄土層中。這些地方排水良好，土壤中腐殖質含量高，並含有大量的砂石顆粒，土層10～20 cm厚，由於地形坡度大，不會積水，使蘭花形成了「喜雨而畏澇，喜潤而畏濕」的生態習性。

蘭花需水量較小，它的假鱗莖和肉質根能貯藏一定的養分和水分，故較能耐旱。控制土壤水分是養好蘭花的最根本條件，因此有「會不會種蘭主要看會不會澆水」的說法。

三、空氣濕度

空氣濕度——指空氣的乾濕程度。

在一定的溫度條件下，一定體積的空氣裡含有的水汽越少，則空氣越乾燥；水汽越多，則空氣越潮濕。在自然界，國蘭大多分佈於潮濕環境中，因此，蘭花在生長期的空氣相對濕度不能低於70%，冬季或旱季可降低至40%。過乾或過濕都易引發病害。

蘭花對空氣濕度的要求因種類、生長時期、季節以及天氣而異。國蘭原本生長在山林中，林間空氣清新，山間常有雲霧繚繞，空氣濕潤。

在2～3月的早春，空氣濕度比較低，70%～80%；春末至秋末雨水比較多，山林中經常雲霧彌漫，空氣濕度特別高，經常在90%以上。故栽培國蘭要求有較高的空氣濕度，而且生長期比休眠期要求高，白晝比夜間要求高。

在城市居住區，空氣濕度隨著樓層的升高而降低，而風則隨樓層的升高、阻擋物的減少而有所加大，因此蒸騰作用增強，盆土中的水分有限而不能充分供應。因此，養蘭要創造一個適於蘭花生長的局部濕度小氣候，室內應安裝噴霧器和濕度計，以隨時調控蘭花生長的空氣濕度。

四、需水量和需水臨界期

1. 需水量

需水量——指蘭花全生育期內總吸水量與淨餘總乾物重的比率。

由於蘭花所吸收的水分絕大部分用於蒸騰，所以需水量也可認為是總蒸騰量與總乾物重的比率。蒸騰耗水量被稱為「生理需水量」，以蒸騰係數來表示。

蒸騰係數——指每形成 1 g 乾物質所消耗的水分克數。

蘭花在不同的生長發育階段對水分的需求也有所不同。除發根、發芽期和快速生長期需要較多的水分外，其他時間消耗水分較少。若水分過多，造成土壤積水，阻塞根部呼吸，就很容易爛根。水分過多還會造成蘭葉組織纖弱，生長不良，產生病害。「濕生芽，旱生花」，適當的「扣水」，給蘭花造成旱而不燥的盆土環境，是有利於花芽形成的。

蘭花需水量的大小還常受氣象條件和栽培措施的影響。低溫、多雨、大氣濕度大，蒸騰作用減弱，則需水量減少；反之，高溫、乾旱、大氣濕度低、風速大，蒸騰作用增強，則需水量增大。密植程度與施肥狀況也使耗水量發生變化。密植後，單位土地面積上個體總數增多，葉面積大，蒸騰量大，需水量隨之增加，但地面蒸發量相應減少。此外，土壤中缺乏任何一種元素都會使需水量增加，尤以缺磷元素和缺氮元素時需水最多，缺鉀、硫、鎂元素時次之，缺鈣元素時影響最小。在蘭花栽培中要根據植株形態、不同的生育期、氣象條件和土壤含水量等情況制定相應合理的澆水措施。

2. 需水臨界期

需水臨界期——指蘭花在生育期內對水分最敏感的時期。

蘭花在需水臨界期如果水分虧缺，會造成生長速度和開花品質的下降，這種缺陷在後期是不能彌補的。多數蘭花在生育中期因生長旺盛，需水較多，所以，其需水臨界期多在開花前後階段。

五、旱澇的危害

1. 乾旱

乾旱——蘭花嚴重缺水的現象。

乾旱分大氣乾旱和土壤乾旱，大氣乾旱如果持續的時間長，也將併發土壤乾旱，通常土壤乾旱伴隨大氣乾旱而來。

大氣乾旱——因氣溫高，光照強，大氣相對濕度低（10%～20%），致使蘭花蒸騰消耗的水分大於根系吸收水分，破壞了蘭花體內水分動態平衡所形成的嚴重缺水現象。

土壤乾旱——由於土壤中缺乏蘭花能吸收利用的有效水分，致使蘭花出現生長受阻或完全停止的嚴重缺水現象。

乾旱對蘭花造成的危害主要表現在：乾旱影響了原生質的膠體性質，降低了原生質的水合程度，增大原生質透性，造成細胞內電解質和可溶性物質大量外滲，原生質結構遭受破壞。乾旱使細胞缺水，膨壓消失，蘭花呈現捲葉萎蔫現象。

乾旱可以改變蘭花各種生理過程，使蘭花葉片氣孔關閉，蒸騰減弱，氣體交換和礦物質營養的吸收與運輸緩慢；同時由於澱粉水解成糖，增加呼吸基質，使蘭花光合作用受阻而呼吸強度反而加強，乾物質消耗多於積累。

乾旱使蘭花生長發育受到抑制，水分虧缺影響細胞的分生、分化，並加速葉子衰老，葉面積縮小，鱗莖和根系生長差，開花結實少。乾旱造成蘭花細胞嚴重失水超過原生質所能忍受的限度時，會導致細胞的死亡，植株乾枯。

2.澇害

澇害——指長期持續陰雨，或澆水過於頻繁，致使土壤積水，水分過多使土層中缺乏氧氣，根系呼吸減弱，蘭花最終窒息死亡的現象。

土壤水分過多對蘭花造成的危害，不在於水分的直接作用，而是間接的影響。由於土壤空隙充滿水分，氧氣缺乏，蘭花根部正常呼吸受阻，影響水分和礦物質元素的吸收；同時，由於無氧呼吸而積累乙醇等有害物質，引起蘭花根系中毒。

另外，氧氣缺乏，好氣性細菌如硝化細菌、氨化細菌、硫細菌等活動受阻，影響蘭花對氮素等物質的利用；另一方面，嫌氣性細菌活動大為活躍（如丁酸細菌等），在土壤中積累有機酸和無機酸，增大土壤溶液的酸性，同時產生有毒的還原性產物如硫化氫、氧化亞鐵等，使蘭花根部細胞色素多酚氧化酶遭受破壞，呼吸停止。

蘭花栽培過程中應根據蘭花不同生長發育時期的需水規律及氣候條件、土壤水分狀況，適時、合理的灌溉和排水，保持土壤的良好通氣條件，以確保蘭花生長穩定、品質優良。

❀ 第四節　通風透氣 ❀

通風透氣——指在養蘭場所裡有新鮮的空氣流動，蘭盆內栽培基質疏鬆透氣，以保證蘭葉、蘭根呼吸暢通。

在自然界中，蘭花大多生活在空氣流通、基質疏鬆通氣的山坡幽谷，那裡沒有污染，空氣清新。養蘭環境也應當模擬蘭花生長的自然環境，注意通風透氣，以滿足蘭花進行光合作用和呼吸作用的需要。所以《嶺海蘭言》的作者區金策先生認為通風是養蘭的頭等大事。他說：「養蘭以面面通風為第一義，

不得已，以刻刻留心為第二義。」這指出了「通風透氣」的重要性。

一、空氣成分

自然環境中的新鮮空氣中含氧21％、二氧化碳0.03％，其中各種氣體的成分有一定的比例，如果改變了這個比例，蘭花的生長就要受到影響，甚至連生命也要受到威脅。

1.氧氣

蘭花生命的各個時期都需氧氣進行呼吸作用，以釋放能量維持生命活動。

呼吸作用——蘭花體內的有機物在細胞內經過一系列的氧化分解，最終生成二氧化碳或其他產物，並且釋放出能量的總過程。

呼吸作用產生大量的能量，能滿足蘭花一切生理活動的需要。如蘭花細胞的分裂、生長和分化；有機物的合成、轉化和運輸，礦物質的吸收和轉移，蘭花的生長和發育等，都需要呼吸作用提供能量。

土壤透氣狀況對蘭花生長影響很大。蘭花生長過程中，根系也需吸收氧氣進行呼吸作用，如土壤或栽培基質板結或積水，氧氣不足，有氧呼吸困難，轉為無氧呼吸，會產生大量乙醇使蘭花根系中毒甚至爛根死亡。

有氧呼吸——指蘭花細胞在氧的參與下，由酶的催化作用，把糖類等有機物徹底氧化分解，產生出二氧化碳和水，同時釋放出大量能量的過程。

蘭花進行正常有氧呼吸，由釋放能量有利於生命活動正常開展，呼吸過程還能為體內其他化合物的合成提供原料。在呼吸過程中所產生的一些中間產物，可以為合成體內一些重要化

合物提供原料。

無氧呼吸——指蘭花細胞在無氧條件下，由酶的催化作用，把葡萄糖等有機物質分解成為不徹底的氧化產物，同時釋放出少量能量的過程。

蘭花進行無氧呼吸是在土壤缺氧情況下暫時維持其生命的一種活動。無氧呼吸最終會使蘭花受到危害，其原因，一是由於有機物進行不完全氧化、產生的能量較少；二是會造成不完全氧化產物的積累，對細胞產生毒性；三是加速了對有機物的消耗，有耗盡呼吸底物的危險。因此栽培中及時鬆土、排水，為蘭花根系創造良好的氧氣環境是很重要的。

2. 二氧化碳

二氧化碳是蘭花進行光合作用合成有機物質的原料之一。它在空氣中的含量雖然僅占 0.03%，並且還因時間地點而發生變化，但對蘭花卻是十分重要的。空氣中二氧化碳的含量對蘭花的光合作用來說還比較低，所以並不是最有效的。為了提高光合效率，在溫室、塑膠大棚栽培的條件下，常採取措施提高空氣中二氧化碳的濃度。一定範圍內（不超過 0.3%）增施二氧化碳，可以促進蘭花光合作用的強度。

隨著城市的發展和工業化進程加快，空氣中還有許多不利於蘭花生長的有害氣體，如二氧化硫等，所以，養蘭場所要遠離煤氣、油煙，遠離塵土飛揚之地。油煙、塵土附著在蘭花葉面，會阻塞葉面氣孔，影響蘭花的呼吸作用，阻礙蘭葉進行光合作用。

二、通風透氣的作用

1. 養蘭環境通風的作用

（1）能使蘭花葉面清潔，葉片氣孔通暢。在防治病蟲噴灑藥劑時，有利於葉片迅速吸收；在葉面施肥時氣孔能很好

地、較快地吸收肥分，而且空氣中的養分如游離的營養元素、氣肥等也能被蘭葉吸收，可以不斷地為蘭株補充營養，使蘭株健壯生長。

（2）**有利於蘭花進行光合作用和呼吸作用**。新鮮的空氣能提供蘭花生長需要的二氧化碳和有益的氣體，以促進蘭株新陳代謝。

（3）**保證蘭株水分代謝活動的正常進行**。蘭株的水分代謝活動由吸收水分和蒸騰水分兩種方式進行。新鮮的空氣流動不僅能提供蘭花所需要的空氣濕度，而且流動的空氣也能帶走聚集在葉面的水汽，增強蒸騰作用，有利於營養物質在體內的運輸。良好的通風可以較快地吹乾葉面積水，避免爛心、爛芽及焦尖等現象的發生。

（4）**增強蘭花抵抗病蟲害的能力，降低病菌和害蟲的數量和密度，減少病蟲害的發生和危害**。高溫、高濕、封閉的環境容易滋生病蟲害，良好的通風能抑制病蟲害的滋生和蔓延。

2. 栽培基質透氣的作用

養蘭環境要通風，蘭盆和栽培基質同樣要通風透氣。蘭盆和栽培基質通風透氣，盆土中就沒有積水，盆內和基質中氧氣就充足，施肥後肥分能迅速分解，蘭根呼吸旺盛，吸肥吸水能力強，有利於蘭花茁壯成長。

不少城市中的蘭友在全封閉的陽臺或蘭房裡養蘭，蘭花長期放養在封閉的陽臺或蘭房內，裡面為了空氣流動還安裝了吊扇、壁扇，雖然溫度、光照等條件都不錯，但蘭花仍然生長不良。其原因是在封閉的陽臺或蘭房裡，如果內外的空氣不能形成對流，新鮮空氣無法進入，陽臺或蘭房裡的新鮮空氣會慢慢減少，蘭根和蘭葉的呼吸就不能正常進行。

特別在夏季高溫時節，陽臺或蘭房裡的溫度高，空氣又不

流通，蘭葉葉面的蒸騰作用下降，蘭花自身也無法正常調節體溫，此時蘭花生長必然受到影響。所以，全封閉的陽臺或蘭房一定要安裝換氣扇，排出室內混濁的空氣，讓室外有新鮮空氣進入，方能起到通風透氣的作用。

第五節　土壤、栽培基質和營養元素

在自然界，大多數蘭花生長在濕潤、透氣、不積水的酸性土壤中，因此蘭花對土壤和栽培基質的要求是：鬆軟、透氣、吸水透水性好，呈微酸性。

一、土壤

土壤——地球陸地上能生長植物的疏鬆表層，它是一個不斷運動變化著的客觀實體，具有肥力。肥力是土壤的獨特性質、本質特徵。

土壤是蘭花栽培的基礎，是蘭花生長發育所必需的水、肥、氣、熱的供給者。因此，創造良好的土壤結構，改良土壤性狀，不斷提高土壤肥力，提供適合蘭花生長發育的土壤條件，是搞好蘭花栽培的基礎。

(一)土壤的組成

土壤由固體、液體、氣體三部分物質組成。

1.土壤固體

土壤中的固體物質主要有礦物質顆粒、有機質和微生物三類。

(1)土壤礦物質

土壤礦物質——是岩石經物理風化作用和化學風化作用形

成的物質，按成因分為原生礦物和次生礦物。

原生礦物類是岩石經風化作用破碎形成的碎屑，其原來化學成分沒有改變。次生礦物類是原生礦物質經過化學風化作用後形成的新礦物，其化學組成和晶體結構均有所改變。

土壤礦物質是土壤的「骨架」和蘭花營養元素的重要供給來源，是組成土壤固體部分的最主要、最基本的物質，占土壤總重量的90％。

（2）土壤有機質

土壤有機質——是土壤中的各種動植物殘體，在土壤微生物的作用下形成的一類特殊的高分子化合物。

土壤有機質是指植物殘體、枯枝、落葉、殘根等和動物屍體、人畜糞便在微生物作用下，分解產生的一種黑色或暗褐色膠體物質，常稱為「腐殖質」。腐殖質能調節土壤的水、肥、氣、熱，滿足蘭花生長發育需要。

（3）土壤微生物

土壤微生物——生活在土壤中的細菌、真菌、放線菌、藻類、變形蟲等的總稱。

土壤微生物包括細菌、放線菌、真菌、藻類、鞭毛蟲和變形蟲等，其中有些細菌（如硝化細菌、氨化細菌、硫細菌等）能夠對有機質和礦物質營養元素進行分解，為蘭花生長發育提供營養，具有重要作用。

2. 土壤液體

土壤液體——指含有可溶性養分的土壤溶液。

土壤溶液——是土壤中水分及其所含溶質的總稱。

土壤溶液中的溶解物質呈離子態、分子態和膠體狀態，有利於游離離子濃度的調節。土壤溶液是稀薄的，屬於蘭花可以吸收利用的稀薄不飽和溶液。土壤溶液是一種多相分散系的混

合液，具有酸鹼反應、氧化還原作用和緩衝作用。

3. 土壤氣體

土壤氣體——指存在於土壤孔隙中的空氣。其含量隨土壤水分含量、土壤質地和土壤結構等而有變化。

土壤氣體能為種子發芽、根系的生命活動以及好氣性細菌的分解活動提供所需要的氧氣。

組成土壤的固體、液體、氣體三類物質不是孤立存在的，也不是機械地混合，而是相互聯繫、相互制約的統一體，在外界因素的作用下形成結構體，並不斷發生複雜的變化。

(二)土壤的結構

土壤不是以單粒分散存在的，而是在內外因素的綜合影響下，形成一定的結構體。

土壤結構——指土壤顆粒（包括團聚體）的排列與組合形式。在鑒別時，通常指那些不同形態和大小，且能彼此分開的結構體。

土壤結構是成土過程或利用其過程中由物理的、化學的和生物的多種因素綜合作用而形成，按形狀可分為塊狀、片狀和柱狀三大類型；按其大小、發育程度和穩定性等，再分為糰粒、團塊、塊狀、棱塊狀、棱柱狀、柱狀和片狀等結構。

土壤結構以糰粒結構最好，糰粒結構是由腐殖質與鈣質將分散的土粒膠結在一起所形成的大小不同的結構，它可以調節土壤水分和空氣的矛盾，能夠保墒蓄水，疏鬆通氣，並可不斷向蘭花提供養分。

非糰粒結構的土壤，其土壤顆粒或單粒分散存在，或緊密排列。土壤中的水和空氣存在著尖銳的矛盾，下雨後土表泥濘，乾後板結，對蘭花生長發育不利。

（三）土壤質地

土壤質地——指土壤中不同大小直徑的礦物質顆粒的組合狀況。

土壤按質地可分為砂土、黏土和壤土。

砂土——由80％以上的沙和20％以下的黏土混合而成的土壤，或土壤顆粒中直徑為0.01～0.03 mm之間的顆粒占50％～90％的土壤。

砂土通氣透水性良好，土溫變化快，保水保肥能力差，易發生乾旱。

黏土——土壤顆粒中直徑小於0.01 mm的顆粒占80％以上，即黏土粒占絕對優勢而含砂粒很少的土壤。

黏土通氣透水能力差，土壤結構緻密，但保水保肥能力強，供肥慢，肥效持久、穩定。

壤土——砂黏土粒含量適宜、土性良好的土壤。其特性是鬆而不散，粘而不硬，既通氣透水，又保肥保水，肥力較高。

壤土的性質介於砂土與黏土之間，是最優良的土質。壤土土質疏鬆，容易耕作，透水良好，又有相當強的保水保肥能力，適宜蘭花生長。

（四）土壤肥力

土壤肥力——土壤能供應與協調蘭花正常生長發育所需的養分和水、氣、熱的能力。

土壤的水、肥、氣、熱相互聯繫，相互制約。衡量土壤肥力高低，不僅要看每個肥力因素的絕對貯備量，而且還要看各個肥力因素間搭配是否適當。

土壤肥力因素按其來源不同分為自然肥力與人為肥力兩

種。

　　自然肥力──自然土壤原有的肥力。它是在生物、氣候、母質和地形等外界因素綜合作用下，發生發展起來的。

　　人為肥力──在自然土壤的基礎上，由耕作、施肥、種植植物、興修水利和改良土壤等措施，人為創造出來的肥力。

　　我國各地土壤肥力差異很大。在自然條件下，土壤肥力完全符合蘭花生長發育的比較少。自然土壤或農業土壤種植蘭花後，土壤肥力會逐年下降，若不保持或提高土壤肥力，蘭花生長就不能保持穩定。如何根據蘭花的需肥規律和土壤肥力狀況科學地搭配好蘭花與土壤的關係，並透過調配土壤、灌溉施肥等相應的措施達到用地養地相結合的目的，也是蘭花規模化種植研究的主要任務之一。

(五)土壤酸鹼度

　　土壤酸鹼度──又稱「土壤反應」。它是土壤溶液的酸鹼反應。主要取決於土壤溶液中氫離子的濃度，以 pH 值表示。

　　土壤酸鹼度一般可分為以下幾級：

pH 值	土壤酸鹼度
＜4.5	極強酸性
4.5～5.5	強酸性
5.5～6.5	酸性
6.5～7.5	中性
7.5～8.5	鹼性
8.5～9.5	強鹼性
＞9.5	極強鹼性

　　各地各類的土壤都有一定的 pH 值，一般土壤 pH 變化在 5.5～7.5 之間，土壤 pH 小於 5 或大於 9 的是極少數。土壤 pH 值

可以改變土壤原有養分狀態，並影響蘭花對養分的吸收。土壤pH在5.5～7.0之間時，蘭花吸收氮、磷、鉀元素最容易；土壤pH值偏高時，會減弱蘭花對鐵、鉀、鈣元素的吸收量，也會減少土壤中可溶態鐵的數量；在強酸（pH<5）或強鹼（pH>9）條件下，土壤中鋁的溶解度增大，易引起蘭花中毒，也不利土壤中有益微生物的活動。此外，土壤pH值的變化與病害發生也有關，一般酸性土壤中立枯病較重。

總之，選擇或創造適宜於蘭花生長發育的土壤pH值，是保證蘭花正常生長的重要條件。

二、栽培基質

栽培基質——能夠將蘭花的根系固定，並能由施加養分溶液使蘭花正常生長的物料。

目前在蘭花栽培中的常用基質有砂、石礫、珍珠岩、蛭石、岩棉、泥炭、鋸木屑、稻殼、泡沫塑料等。

(一)基質的類型

1. 按基質的來源分類

天然基質——來源於天然產物的基質，如砂、石礫、稻殼、泥炭等。

人工合成基質——以有機或無機物質作原材料，由化學或物理方法人工合成的基質，如岩棉、泡沫塑料、多孔陶粒等。

2. 按基質成分組成分類

無機基質——指不用含碳元素的無機化合物做的基質，如砂、石礫、岩棉、珍珠岩和蛭石等。

有機基質——由植物殘體經腐熟發酵和消毒而成的有機固態基質，如樹皮、蔗渣、稻渣等。

有機基質常含有毒物質，如某些有機酸、酚類、丹寧等；還有的含有一些易分解物質，如木質素、腐殖質等，所以不經處理是不能直接使用的。

比較安全的辦法是將有機基質堆漚腐熟後再使用，堆漚可以消除基質中有毒物質和易分解物質。

3.按基質性質分類

惰性基質——指基質的本身無養分供應或不具有陽離子代換量的基質，如砂、石礫、岩棉等。

活性基質——指具有陽離子代換量，本身能供給蘭花養分的基質，如泥炭、蛭石等。

4.按使用時組成的成分不同分類

單一基質——以一種基質作為生長介質，如沙培、礫培、岩棉培等。

複合基質——由兩種或兩種以上的基質按一定比例混合製成的基質。

時下，蘭花在栽培生產上為了克服單一基質可能造成的容重過小、過大、通氣不良或通氣過盛等方面的弊端，常將幾種單一基質混合製成複合基質來使用。一般在配製複合基質時，以兩種或三種單一基質複合而成為宜，因為如果種類過多的單一基質混合，則配製過程較為麻煩。

(二)基質性質

影響蘭花栽培效果的基質物理性質主要有容重、總孔隙度、持水量、大小隙比及顆粒大小等。

1.容重

容重——指單位體積基質的重量，用 g/L 或 g/cm^3 來表示，它反映基質的疏鬆或緊實程度。

取一個一定體積的容器，裝滿乾基質，稱其重量，然後用其重量除以容器的體積即得到容重值。由於計算容重時的體積包括了顆粒之間的空隙，因此容重大小主要受基質的質地和顆粒大小的影響。

基質的容重反映基質的疏鬆、緊實程度。容重小，則基質疏鬆，透氣性好，但不易固定根系；容重過大，則基質過於緊實，透氣透水性差，不利於蘭花生長。基質理想容重範圍在正常情況為 $0.1 \sim 0.8$ g/cm^3，最佳容重為 0.5 g/cm^3。

2. 總孔隙度

總孔隙度——指基質中持水孔隙和通氣孔隙的總和，以相當於基質體積的百分數表示（％）。

總孔隙度大的基質較輕，較疏鬆，有利於蘭花根系生長，但對於蘭花根系的固定作用的效果較差，易倒伏。例如蔗渣、蛭石、岩棉等的總孔隙度在95％以上；總孔隙度小的基質較重，水汽的總容量較小，如砂的總孔隙度約為30％。因此，為了克服單一基質總孔隙度過大或過小所產生的弊病，在蘭花栽培中常將二、三種不同顆粒大小的基質混合製成複合基質使用，混合基質的總孔隙度以60％左右為宜。

3. 持水量

持水量——指某種狀態的基質抵抗重力所能吸持的最大水量。以占基質體積的百分數表示（％），用於比較基質的保水能力。

基質顆粒的物理化學性質特別是顆粒大小、結構和有機質含量都與此數值有關。自然狀態下的基質持水量是決定蘭花有效水的上限值。

4. 大小孔隙比

大小孔隙比——指基質通氣孔隙和持水孔隙之比。

　　大孔隙是指基質中空氣所能夠佔據的空間，也叫通氣孔隙；小孔隙是指基質中水分所能夠佔據的空間，又稱持水孔隙。因為總孔隙度只能反映在一種基質中空氣和水分能夠容納的空間總和。

　　但它不能反映基質中空氣和水分各自能夠容納的空間。而大小孔隙比能夠反映出基質中水汽之間的狀況，一般講大小孔隙比在1：2至1：4範圍內蘭花均能良好生長。

　　5. 顆粒大小

　　基質顆粒大小直接影響容重、總孔隙度和大小孔隙比。基質顆粒粗，容重大，總孔隙度小，大小孔隙比大，通氣性好但持水差，因此要增加澆水次數；基質顆粒細，容重小，總孔隙度大，大小孔隙比小，持水性好，通氣性差，基質內水積累，易漚根導致蘭花根系發育不良甚至死亡。

　　常用基質的物理性質見表3-1。

表3-1　常用基質的物理性質

常用基質	容重（g/cm³）	持水量（%）	總孔隙度（%）	通氣孔隙（%）	持水孔隙（%）
草炭	0.27	250.6	84.5	16.8	67.7
蛭石	0.46	144.1	81.7	15.4	66.3
珍珠岩	0.09	568.7	92.3	40.4	52.3
糖醛渣	0.21	129.3	88.2	47.8	40.4
棉籽殼	0.19	201.2	89.1	50.9	38.2
爐渣灰	0.98	37.5	49.5	12.5	37.0
鋸末	0.19	－	78.3	34.5	43.8
炭化稻殼	0.15	－	82.5	57.5	25.0

(三)基質選用原則

蘭花栽培在基質的選用上應該把握兩個基本原則。

1. 基質的適用性

理想的蘭花栽培基質，其容重應在 0.5 g/cm³ 左右，總孔隙度在 60％左右，大小孔隙比在 1：2 至 1：4。酸鹼度呈微酸性，沒有毒性物質存在。當基質能夠滿足以上條件時，均可用來栽培蘭花。

2. 基質的經濟性

所選用的基質應該是當地資源豐富，經過簡單處理能夠滿足蘭花栽培對基質的要求，能夠達到較好的生長效果。這樣既可以減少基質異地運輸的成本，又可以充分利用當地的資源，降低養蘭成本，提高經濟效益。

過去養蘭最常用的栽培基質是蘭花泥。蘭花泥是一種富含腐殖質的泥土，由植物葉子腐爛而成，土質鬆軟、通氣、呈微

圖 3-1　養蘭常用的栽培基質

酸性。家庭養蘭可以由製作腐葉土的方法獲得這種泥土。

近年來，家庭養蘭的基質取材非常廣泛，如樹皮、水苔、木炭、泥炭土、煤渣、珍珠岩、浮石、顆粒磚塊、陶粒等都成為理想基質。可以說凡是「三相」（即固相、水相、氣相）比例符合蘭花生長的中性材料均可作為栽培基質。一般固相為40%、水相為30%、氣相為30%較為合理，養蘭者可就地取材。只要材料通氣性好，有一定的保濕性，無化學反應又清潔，就可用作蘭花的栽培基質（圖3-1）。

三、營養元素

營養元素——在蘭花正常生長發育中不可缺少的，也是不能代替的元素。

蘭花生長和開花需要有營養保證。蘭花生長發育所必需的營養元素有16種，它們分別是碳(C)、氫(H)、氧(O)、氮(N)、磷(P)、鉀(K)、鈣(Ca)、鎂(Mg)、硫(S)、鐵(Fe)、錳(Mn)、銅(Cu)、硼(B)、鋅(Zn)、氯(Cl)、鉬(Mo)等。在這些必需的營養元素中，分為大量營養元素、中量營養元素和微量營養元素。

大量營養元素——碳(C)、氫(H)、氧(O)、氮(N)、磷(P)、鉀(K)。

中量營養元素——鈣(Ca)、鎂(Mg)、硫(S)。

微量營養元素——鐵(Fe)、鉬(Mo)、錳(Mn)、銅(Cu)、硼(B)、鋅(Zn)、氯(Cl)。

這些營養元素中碳(C)、氫(H)、氧(O)存在於大氣和水中，它們被用於光合作用。其他13種元素均由土壤提供。其中氮(N)、磷(P)、鉀(K)的需要量很大，通常土壤中氮(N)、磷(P)、鉀(K)的含量不足以滿足蘭花生長發育的需要，必須透過

施肥補足，所以氮、磷、鉀這3種營養元素被稱為「肥料三要素」，而微量元素並非十分缺乏。

肥料三要素——指氮(N)、磷(P)、鉀(K)3種元素，它們是蘭花生長發育不可缺少的、需要較多的化學元素。

氮(N)、磷(P)、鉀(K)3種元素在蘭花生長發育過程中發揮著重要的功效。

氮(N)是蛋白質、葉綠素和酶的主要成分。若缺乏氮元素，蘭花體中蛋白質、葉綠素和酶的合成受阻，從而導致蘭花生長發育緩慢甚至停滯，光合作用減弱，蘭花體內物質轉化也將受到影響或停止，蘭花的葉片變黃，生長瘦弱，開花早，結實少，產量低。

氮(N)元素充足時，蘭花葉片茂盛，葉色濃綠，光合作用旺盛，製造有機物質能力強，營養體生長健壯，為出花開花打下了物質基礎。但如果氮元素過多，則會造成蘭花組織柔軟，葉片徒長，抵抗病蟲害能力減弱，阻礙發育過程，延遲成熟期。氮肥成分以豆餅、油料作物和尿素中含量較多。

磷元素是蘭花細胞內細胞核的重要組成原料，如果磷元素不足，核蛋白的形成便會受阻，細胞分裂受到抑制，蘭花生長發育停滯。所以磷元素能加速蘭花的細胞分裂和生殖器官的發育形成，能促進根系發達，使植株充實，促進花芽和葉芽的形成和發育。

增施磷肥，可以防止落花，增強蘭花抗病、抗逆能力。磷肥成分以骨粉、魚粉和過磷酸鈣中含量較多。

鉀元素能增強蘭花的光合作用，促進碳水化合物的形成、運轉和貯藏，促進氮元素的吸收，加速蛋白質的合成，促進維管束的正常發育，抗倒伏，抗病蟲害，促進塊根的發育，使蘭花花芽肥大飽滿，開花品質好。

當缺鉀元素時，蘭花葉片生長柔弱，抗病蟲能力減弱，新生根量減少。鉀元素主要含於草木灰和鉀素無機肥中。

養蘭過程中要注意這三要素的均衡施用。蘭花各生育時期所需營養元素的種類、數量和比例也不一樣。一般幼苗期需氮元素較多，磷元素、鉀元素可少些；進入花芽分化期後，吸收磷元素的量劇增，吸收氮元素的量減少，如果後期仍供給大量的氮肥，則葉片會生長過旺，花芽難以形成，影響開花。到了新根形成期則需較多的鉀元素，適量的磷元素，少量的氮元素。

除了氮元素、磷元素、鉀元素外，蘭花生長發育還需要定額的中量和微量元素。施用中量和微量元素往往能夠有效地提高蘭花的開品和花量。但中量和微量元素含量過高也會產生毒害作用，因此，在蘭花栽培中施用中量和微量元素時應根據土壤中的中量和微量元素種類和蘭花的需求合理進行。

第四章
蘭花栽培的設施和器材

　　養蘭需要相應的場地和設施。進行規模化生產蘭花的企業需要選擇合適的場地建設蘭室和溫房；居住在城市單元樓內的養蘭愛好者，可以將陽臺當作養蘭場所，自己建小型的蘭室；經濟條件好的養蘭愛好者，則可以建立溫室。但無論場地大小，溫室條件如何，要將蘭花養壯，年年出花，相關的設施和工具材料還是要預先準備好的。

　　蘭室、蘭棚是養蘭的必要設施。「未引良種，先建蘭房」，因為只有具備一定設施的蘭室，才能滿足蘭花的生長需要，養蘭的成功率才會高。如果一時還沒有建蘭房的資本，可以因陋就簡，暫時用遮光網遮陰，用塑膠薄膜擋雨，多費點人力管理，以後逐步完善養蘭的設施。

第一節　蘭室

　　蘭室是栽培蘭花的專用場所，建造蘭室要因地制宜選擇好位址，注意蘭室方位，並根據蘭花生長的需要，在蘭室中透過建築結構有效地控制溫度、濕度和通風。

　　在夏季一般都將蘭花搬出蘭室，轉到蔭棚中培養，以減少製冷成本，也有利於通風透氣；冬季的蘭室主要為溫室。

一、蘭室建造時應考慮的條件

1. 選址

對規模化生產蘭花的企業來說，建大型蘭室選址最好是在城郊，選擇能夠接近自然的空場，選東南面視野比較開闊、無大型建築物和樹木等遮擋的場地，儘量避開工廠、養殖場、公路等會對空氣、水源、土壤產生污染的場所。

對大多數養蘭規模相對較小的城市蘭花愛好者來講，基本都是利用自己的陽臺或屋頂搭建小型蘭室。但只要我們因地制宜，仍可為蘭花提供一個較為適宜的生長空間。

如果將陽臺改建為小型蘭室，應儘量選擇朝東面或東南面的陽臺，西南向的陽臺要適當遮陰。朝西、面北的陽臺位置相對較差，儘量不選用。如果在屋頂搭建蘭室，也最好選擇坐西朝東或東南向，以利蘭花早上採光和通風透氣。

無論是在陽臺還是在屋頂搭建蘭室，都應避開廚房的抽油煙機排風管或煙囪，以防油煙、煙塵污染。

2. 遮陽

蘭花喜陰，陽光過強會灼傷蘭葉，因此蘭室要有遮陽設施。蘭室東面一般不需遮光，以使蘭花能受到早晨柔和的陽光照射。蘭室南面需適當遮光，一般要用兩層遮陽網；蘭室西面陽光西曬易傷蘭葉，應完全遮光；蘭室北面可以全封閉，有利於冬季保溫。

蘭室的頂部在盛夏時節光線太強烈時，可用雙層遮陽網遮光，第一層可採用白色遮陽網，反射掉一部分陽光，第二層用黑色遮陽網。在冬季採用單層遮陽網即可。

3. 通風

通風是養蘭的一個關鍵環節。蘭室向風的那一面需設置通

風窗，以利通風。若不具備開窗條件，可安裝排風扇進行人工通風。蘭室頂部可設置透氣窗，或者在蘭室內安裝吊扇，以調節蘭室的溫度和濕度。

4. 保溫

蘭花畏寒，在寒冷的冬季能讓蘭花安全越冬的保溫設施主要是溫室。家庭養蘭的空間有限，不能搭建專門的溫室，可以將陽臺、觀景窗、露臺、庭院、頂樓等場所加以改造。光線充足、通風良好的場所，通常只要稍加修建，都可成為冬季遮風保暖的小溫室。小溫室的面積可根據情況自己確定，搭建時需在溫室的上方和下方各預留通風口，利用熱氣上升原理，上方作為排風口，下方為進風口。

5. 保濕

蘭花喜濕怕燥，要設法在蘭室內增加空氣濕度。蘭室內濕度的調節，應儘量採用自然增濕的方法。一般蘭室的基礎用防水材料做成，地面鋪設紅磚、沙石、火山石板等建築材料作為保水層，或放置水盤、砌築水池、混凝土澆灌打孔等。從養蘭實踐上來看，地面

圖4-1　地面鋪設紅磚保濕

鋪設紅磚的保濕效果比較好，而且操作方便，有利於管理（圖4-1）。另外，還可以在蘭室牆壁上採用水幕牆玻璃、火山石板幕牆等加濕設施，有條件可以設置噴霧加濕器。

二、蘭室的類型

根據蘭花生產規模的需要，可以將蘭室分為大型蘭室、小

圖4-2 大型蘭室

型蘭室和智慧型蘭室3類。

1.大型蘭室

大型蘭室適用於蘭花規模化栽培，是蘭花產業化發展的必備生產設施。中國目前大型蘭室有工業成品，一般長16 m，寬6.5 m，面積104 m²。外圍採用全框架結構、鋁合金排窗。室頂採用鋼管架，鋼管桁條，3 mm厚度的耐力板呈弓形安裝（相當於玻璃）。拱頂屋面，沿高2.3 m。屋頂上採用鋼管結構以承受遮陽網。在安裝時多採用南北朝向，南面設置4台排風機用於夏季降溫，西面全部為濕簾用於增加蘭室內的空氣濕度。室內採取半自然種植法，配置了鋼管花架，採用風扇通風，水簾機降溫，加濕機不間斷加濕，模擬自然中蘭花生長環境，便於專業化管理（圖4-2）。

2.小型蘭室

小型蘭室是家庭養蘭愛好者必備的養蘭場所，一般多根據各自條件建造，其形式可分為陽臺式、院落式、樓頂式、溫箱式4種。

（1）陽臺式

陽臺式蘭室是將陽臺或居住樓房室內改造而成的蘭室，適宜小規模養蘭。這種形式的蘭室最好在新房裝修時同步建造，也可以單獨施工建造。蘭室的牆體和門窗與家庭新房同步裝潢可以節省材料，水電等線路也容易協調。如果是在現有的住房單獨建造陽臺式蘭室，主要是進行陽臺封閉工作。

陽臺式蘭室內要設計蘭架以便擺放蘭盆，做蘭架可根據自

己的條件因地制宜採用經久耐用的材料。一般用鍍鋅管焊接比較牢固。蘭架的尺寸一般為底層高 80 cm，第二層 110 cm，總高 190 cm。鍍鋅管之間的檔距根據蘭盆口徑來定（圖4-3）。確定好檔距後鍍鋅管兩頭要固定牢，蘭架中部的鍍鋅管上要用細鋼筋根據檔距做成固定尺寸的卡扣，蘭盆擺放之前就要將卡扣頭尾環環扣住，防止蘭架中間受力過重變形使蘭盆墜落。

圖4-3　陽台式蘭架

（2）樓頂式

樓頂式蘭室適宜居住在頂樓，並且樓頂是平頂式樓房的家庭建造。一般取西北向，蘭室的屋頂可用 10 mm 鋼化玻璃成 15° 角鋪設以利雨天排水，蘭室整體構架可用 45 mm × 75

圖4-4　樓頂式蘭室

mm 不銹鋼方管焊接，東南西三面的牆壁用厚度為 12 mm 的透明兩層 PC 陽光板安裝，北面的牆壁可以用磚實砌。

門窗用塑鋼材料，室頂上用 75％ 雙層遮陽網。蘭室內採用鍍鋅管焊接的蘭架，蘭架尺寸根據蘭室面積而定，夏天高溫季節採取空調降溫（圖4-4）。

（3）院落式

居住在一樓的院落和一些獨立小庭院的養蘭愛好者，可以

蘭花栽培小百科

圖4-5　院落式蘭室

圖4-6　溫箱式蘭室

選用這種蘭室，它有著接「地氣」的優勢。院落式蘭室的頂可以架設在北面的院牆上，屋頂用10 mm的鋼化玻璃成15°角鋪設，北高南低，在蘭室頂上北邊高的邊緣放置一根每隔10 cm鑽一個直徑為3 mm孔的鍍鋅水管，水管連接在家中的自來水管上，用於夏季高溫時放水在鋼化玻璃上均勻流淌降溫。

蘭室頂鋼化玻璃之上加設兩層遮陽率在75％的遮陽網，第一層呈固定式，第二層呈活動式，可隨陽光強弱進行人工調節。蘭室內設置一台水冷空調機，以有效調節蘭室內的溫度與濕度。蘭盆可以放在蘭架上，也可以擺放在紅磚鋪設的地面上（圖4-5）。

（4）溫箱式

對養蘭規模很小的家庭來說，採用溫箱式蘭室非常經濟實用。溫箱式蘭室最好用塑鋼門窗材料製作，可以設計成外徑長200 cm、寬100 cm、高200 cm的規格，框架內安裝玻璃，裡面花架高80 cm。

注意在溫箱下面邊角留兩個小方口，分別用來裝換氣風扇和降溫風扇（圖4-6）。

3. 智慧型蘭室

智慧型蘭室對所有蘭花種植專業戶都適用，管理上省工省力，是今後蘭花規模化栽培的發展方向。智慧型蘭室的最大特點是利用電腦程式實現全智慧化控制。蘭室內裝有先進的光照、空氣監控系統，採用先進的溫度、濕度探測系統，全天候實施溫度、濕度、光照、風循環自動控制。

圖4-7　智能型蘭室

智慧型蘭室一般採用框架式結構，室頂用厚度為 10 mm 的透明兩層 PC 陽光板搭建，頂上搭設遮陽網。地上鋪墊紅磚以達到吸水增濕作用。室內的蘭架用不銹鋼方管焊接成長方形，架面採用鋼絲網活動蘭床，這樣蘭盆可以隨意挪動，不受行距所限。蘭架上架設環形水管，滴灌增濕配合加濕機霧化增濕來調控基質含水量和空氣濕度（圖4-7）。

三、蘭室內的設備

一般蘭室應具備調光、遮陽、增溫、增濕、通風、灌溉等設備。

1. 遮陽網

蘭花通常在栽培上不需要全日照的強光照射，光照強度維持在 7000 lx 至 30000 lx 之間就可以了。因此遮陽網是光線良好的蘭室必須配備的。

一般可視栽培環境加以裝置，最簡便的方法是購買黑色或銀色的塑膠遮陽網，用自己編織的竹簾當然也可以。為求得較

好的遮光效果，在溫室裝置上可採用固定式和活動式，兩者交互裝置，經濟條件允許的蘭室可安裝電動控制裝置。

2. 側面遮光板

側面遮光板不是一般蘭室所必須的，只是在側光或陽光西曬太強的情況下才需要。在西曬的陽光中，其光質通常含有較高成分的「紅光」，溫度較高，容易使蘭花的葉片變黃及老化，若能用深藍色的波浪塑型板作為側面遮光板加以阻隔，對於光質的改善是很有好處的。側面遮光板一般採用固定式。

3. 中風扇

中風扇的作用是為了加強蘭室中空氣對流及葉面散熱，一般架設在高出葉面30～50 cm處。其風速要求並不高，通常只要維持在每秒1.2 m以內，若風速過快易產生葉面蒸騰作用過度旺盛，反而會造成不良後果。

裝置時必須注意每具風扇對流的方向，切勿造成蘭室內空氣「亂流」，使熱氣無法順利排除。

中風扇在使用時，最好在澆水過後完全開啟，使葉面水分能在30 min內被吹乾，其餘時間視需求使用。若風速過快可加裝風速控制器。

4. 排風扇

排風扇一般是在加強蘭室中空氣對流及換氣時使用。其風速要求通常維持在每3～5 min使全蘭室換氣一次，如果風速過慢易產生熱氣累積，若太快則易使蘭房內溫度快速降低，因此在使用上必須加以權衡。

排風扇大多作為蘭室內溫度過高時排氣降溫之用，但在寒冬季節，蘭室必須在換氣時改變其旋轉方向，使之成為「進氣扇」，這樣能使蘭室內維持較佳的溫度。只是「進氣」的時間和速度要根據當時的天氣情況加以控制。一般選擇晴朗天氣的

中午「進氣」比較好。

5. 加濕機（噴霧機）

加濕機主要的作用是增加蘭室的空氣濕度和降低溫度。一般大多配合「濕度控制器」或「定時開關」來使用，可使蘭室中相對濕度由加濕機運轉維持在60％～85％之間。加濕機可放置於蘭架之下（橫向或利用風扇將霧氣吹出）或蘭棚走道之間（霧氣向上噴出）。

加濕機的規格形式通常分為馬達離心式噴霧機、電子式超音波加濕機（以加濕為主）、水牆風扇吸引蒸散式加濕機（以降溫為主）3類。其中以馬達離心式噴霧機的加濕及降溫同時性效果最佳，裝置費最低，並且最耐用，還可以兼作噴灑藥劑之用，所以應用最廣泛。

6. 蓄水桶

蓄水桶主要用於蓄水、改善水質、調泡藥劑及施肥。一般自來水往往含有對植物生長有害的消毒物質（氯氣），可利用蓄水桶存放一個階段，再用於蘭花的灌溉。蓄水桶可以用一般的塑膠桶，面積較大的蘭室要設專門的蓄水池，它除了用於蓄水，還具有增加蘭室空氣濕度的作用。

7. 蘭架

蘭架是置放蘭盆的必備設施，一般使用不銹鋼、鍍鋅管、角鋼、鋁管等耐用材料組裝而成，也可以因地制宜，用木料製作（圖4-8）。蘭架的高度以個人取放蘭花方便為主，為使蘭花能獲得較好的濕

圖4-8　蘭架

度，花盆能儘量貼近地面擺放為好。蘭架下方最好留有能放置蓄水盤的空間，養蘭時用於蓄水或置入藥劑，以防止螞蟻、蝸牛、蛞蝓等害蟲的危害。

為節省空間，增加蘭室的容量，可根據蘭室的高度製作能放置多層蘭花的立體蘭架。注意在安置時以不阻擋下層光線為原則，且必須將上層蘭盆所排出的廢水做好妥善導流，以免直接讓廢水淋灑到放置於下層的蘭花上。

在平時澆水時需注意每次澆水時先澆上層，再澆下層，以免造成不必要的病菌感染。

製作時注意每個蘭架方框的寬度，應符合各種花盆的尺寸，通常內徑 10 cm 的蘭架可用於置放 4 寸至 5 寸花盆，若習慣使用較大的花盆，可視需要加寬其內徑。還應當注意花架的腳架及框架強度，要能夠負荷所有花盆的重量。

8. 自動灑水設施

此設備主要為節省時間和人力，可配合「定時開關」使用或手動進行。注意灑水的管線配置以安置在蘭架上方為原則，並注意做好電器產品的防漏電措施，可用矽膠或防水電氣膠帶封住所有電路接點，並加裝漏電斷路開關。

噴水時儘量要求出水均勻，以避免部分蘭花無足夠的水分。當自動模式澆過水後，若有閒暇最好再以手工模式對於死角區域進行補充澆水。

9. 人工補光設備

國蘭所需要的光線並不是很強，若照度在 7000 lx 以上，並能維持每天有 5 h 以上的光照，就算是足夠的了。如果遇到連陰天，或者蘭室所處的位置光線不足，最好有人工光源來輔助。

加裝人工光源必須注意光質、光照強度、光照時間。光質最好選擇植物需求較高的紅、橙、藍、紫光為目的光質。光照

強度以加強至 3000～7000 lx 為原則，並注意勿因燈具照射造成
環境溫度過高。光照時間不宜過長，長時間的人工補光照射對
蘭花並無好處，容易造成葉片抽長、葉色黃化、藝色模糊、結
頭不佳等現象。

第二節　溫　室

　　溫室——用有透光能力的材料覆蓋屋面而成的保護性蘭花
栽培設施。

　　無採暖設備而僅依靠日光越冬的溫室稱為「日光溫室」。
在中國，人們習慣上把全部用塑膠薄膜覆蓋、無採暖設備的溫
室稱為塑膠大棚。

　　在現代化的蘭花生產中，溫室可以對溫度等環境因素進行
有效控制，在蘭花生產中具有重要作用。溫室是蘭花栽培中最
重要的，同時也是應用最廣泛的栽培設備，相比於其他栽培設
施對環境因子的調節和控制能力更強、更全面。蘭花溫室栽培
在國內外發展很快，並且向大型化、現代化及工廠化發展。

　　溫室等栽培設施具有很強的抵禦自然災害的能力，可以有
效地避免冬季凍害、早春倒春流，避免花期雨水過多、大風、
暴雨、冰雹等自然災害，易於進行病蟲害防治，使蘭花產量穩
定、品質優良。

　　中國幅員遼闊，有多個氣候區，不同氣候區內有其特殊的
氣候條件。每個氣候區的大環境因子包括日夜溫度、相對濕
度、日照量、日照時數、風速與風向、降雨時間與降雨量、積
雪日期與積雪量等。我們建溫室要針對栽培地區的氣候特性及
品種生理特性進行搭配。各地區的極端氣候不同，溫室的結構
特性也並不相同。

　　在華南地區，溫室要抗颱風，因此抗風壓的溫室側壓承受力為結構重點。在華北、東北、大西北地區，垂直雪壓的承受力為結構重點。溫室環控設備也必須依據地區特性而有不同的功能需求。華南地區日照時間較短與相對濕度高為最大的問題，因此溫室的換氣率要增大。華中地區的溫室，夏季悶熱是最大的考驗，因此水牆的使用需要增加相對濕度設定，以減少病害傳播。華北、東北與大西北地區的主要挑戰為冬季酷寒的加溫設備。冬季室外溫度偏低，溫室要進行強迫通風時，必須具備保護蘭花植株的措施。華北地區沙塵暴引起的屋頂污染問題，也要有相應的解決方法。因此，養蘭者需要瞭解溫室的結構與環境控制設備，也要瞭解環境控制的基本理論。

　　在興建蘭花溫室之前，依據地區氣候特點和蘭花品種生理特性，建造適宜的溫室，並裝置適宜的環境控制設備。

一、溫室的種類

　　依據應用目的、溫度以及溫室結構形式、建築材料和屋面覆蓋材料等的不同可有以下分類。

圖4-9　觀賞溫室

(一)按照應用目的分類

1. 觀賞溫室

　　這類溫室專供蘭花的陳列、展覽、普及科學知識之用。一般設置於公園和植物園內，要求外形美觀、高大，便於遊人遊覽、觀賞、學習等。有些地區，公園中設有更大型

的蘭花溫室，內有草坪、水池、假山、瀑布以及其他園林裝飾等，供冬季遊人遊覽（圖4-9）。

圖4-10　生產栽培溫室

2. 生產栽培溫室

以蘭花生產栽培為目的，建築形式以滿足蘭花生長發育的需要和經濟實用為原則，不追求外形的美觀與否。外形一般簡單、低矮，熱能消耗較少，室內生產面積利用充分，有利於降低生產成本（圖4-10）。

此外，為培育新的蘭花品種，還有專門的雜交育種溫室，這種溫室要求設置雙重門並加設紗門，通風換氣的進風口和天窗、側窗均需加設紗窗，以防昆蟲飛入，影響雜交試驗。

（二）依據溫室溫度分類

1. 高溫溫室

室溫在15～30℃，主要栽培原產熱帶平原地區的洋蘭。這類蘭花在中國廣東南部、雲南南部、海南及臺灣等地可以露地栽培，如卡特蘭等，冬季生長的最低溫度為15℃。這類溫室也用於蘭花的促成栽培。

促成栽培——指在寒冷季節裡，使蘭花生長發育全過程處於保護設施內，而達到提前或縮短栽培週期的一種栽培方式。

2. 中溫溫室

室溫在10～18℃，主要栽培原產亞熱帶的蘭花和對溫度要求不高的蘭花。這類蘭花在華南地區可露地越冬，如建蘭、蓮

瓣蘭等。

3. 低溫溫室

室溫在5～15℃，用以栽培對溫度要求不高的蘭花。如春蘭、蕙蘭、報歲蘭等。

(三)現代化溫室

現代化溫室採用了新型保溫材料和電腦智慧控制系統，多用於蘭花規模化生產。

1. 雙層充氣薄膜溫室

雙層充氣薄膜溫室是以鍍鋅鋼材作框架，上覆雙層充氣薄膜，四壁用雙層充氣薄膜或雙層透明硬塑膠。優點是投資費用僅及玻璃溫室的60％。

室外如加覆一層保溫毯，則可以大量節省保暖用燃料，比沒有保溫毯的玻璃溫室可節約燃料40％～45％。缺點是在北方地區，冬季光照不足，室內濕度較大；早春有時室溫上升太高，影響蘭花品質。對這兩個問題，前者可用補充光照，後者可以加強通風來解決。

2. 雙層硬塑膠板溫室

這種溫室的雙層硬塑膠之間的空隙從0.6～1.0 cm不等，每隔1～2 cm或更多距離有一道縱向隔壁。硬塑膠聚丙烯酸酯類塑膠透光率損失僅為5％。這類溫室的優點是施工容易，隙縫少，保溫性能好；缺點為不阻燃。

3. 夾層充氣玻璃溫室

這種溫室在雙層密封玻璃的夾層中充了CO_2氣體。其優點是節能，比單層玻璃溫室節能約40％，透光好，持久，不燃。缺點是自重太重，框架結構需要加強。

以上各種溫室都有專業溫室製造企業生產，同樣大範圍的

連棟溫室比非連棟要節能
30%～40%。適於蘭花規模化
生產企業使用。

4. 智能氣候溫室

智慧氣候溫室又稱為全自
控溫室。即室內的全部環境條
件皆由電腦控制（圖4-11）。

它除具有一般現代溫室的
透光、保溫、採暖、通風、降
溫、二氧化碳補充、灌溉等環

圖4-11　智能氣候溫室

境性能及設備條件外，還可進行人工補光、加濕、除濕，模擬
風霜、冰凍等，還可根據生產的需要，對上述各種環境因子進
行單因子或多因子的各種程度的調節控制。一般造價和維持費
較高。

二、溫室加溫系統

(一)溫室加溫的形式

溫室加溫最常用的是中央供熱和局部加熱兩種形式。

1. 中央供熱

中央供熱系統分熱水加溫和蒸氣加溫兩種。熱水加溫最適
於蘭花的生長和發育，溫度、濕度都易保持穩定，而且室內溫
度均勻，濕度較高，因水溫容易探測，便於電腦控制，並較蒸
氣加溫來說更節約能源。其缺點是，當冷卻之後，不易使溫室
溫度迅速提高，且熱力不及蒸氣力大。一般使用於300 m²以下
的溫室，大面積溫室不適用於此。

蒸氣加溫可用於大面積溫室，加溫容易，溫度容易調節，

室內濕度較熱水加溫低，易於乾燥，近蒸氣管處由於溫度較高，易使附近植物受到損害。蒸氣加溫裝置費用較高，蒸氣壓力較強，必須有熟練的加溫技術方可使用。蒸氣加溫升溫快，還可利用蒸氣進行培養基消毒。

2. 局部加熱

局部供暖系統因熱源處在需加熱溫室中，其產生的熱量直接作用於溫室中，熱源產熱量不是很大，在 4.2×10^5 kJ 左右。該系統熱能損耗少，投資少，加溫速度較快，但熱源停止供熱後，室內降溫也很快。

(二)熱能的輸送

蘭花溫室內的熱能輸送主要分管道傳送和薄膜送風圓筒傳送兩種方式。

管道傳送可用塑膠管或金屬管，埋在地下或裝在花床底下，利用熱水管道傳送熱量。蘭花根部先得到加溫，然後加熱蘭花周圍環境，形成較好的小氣候。溫室上部的空氣溫度明顯低於中下部，但對蘭花生長沒有影響。

薄膜送風圓筒縱向設置在溫室頂部中央，圓筒兩側隔一定距離開一個直徑為 5～6 cm 的圓孔，圓筒一端連通送風扇，另一端封閉。用熱水或蒸氣熱交換裝置加熱空氣，將高溫空氣用風扇送入送風圓筒，由兩側小孔，熱空氣沿屋面向兩側流動，加熱溫室。這種方法加熱易迅速均勻，但溫室上部的加熱對蘭花生長的作用不大，較管道傳送明顯耗能多。所以也有人將圓筒放低，在中間一條花架下面進行暖空氣的傳佈，也起到了很好的效果。

(三)保溫毯

保溫毯是一種兩用的裝置，冬天可保溫，夏天可遮陰。它

架設在溫室兩條天溝之間，用機械傳動，拉開後可以覆蓋整個溫室，把熱能儘量保存在保溫毯之下，在屋面和保溫毯之間形成一個空氣隔熱層。同樣，在夏天也可以形成一個隔熱層，使保溫毯下面的空間保持較涼爽的小氣候，減少陽光的曝曬。

　　保溫毯有單層、雙層或三層之分。最好的裝置可以節能50％，一般用人造纖維織成。雙層的上層用人造纖維毯，下層用具有透氣微孔的塑膠膜。兩層可以分別捲起或拉開，來調節室外溫度對室內溫度的影響。

三、溫室降溫系統

　　溫室到了夏季需要降溫，一般通過3種降溫系統來進行。

(一)自然通風加遮陰系統

　　此類系統適用於夏季高溫時間不長、溫室內的蘭花對高溫不太敏感的溫室。該系統包括天窗、側通風窗或側牆捲簾通風等通風設施，還可增加遮陽內網或外網以減少因直接光照造成的過度升溫。

　　系統降溫效果主要取決於自然風力和外界溫度。在最佳情況下，溫室內溫度可比外界溫度低，但外界溫度很高且風力不強時，降溫效果不明顯，溫室內溫度會比外界溫度高。因此，單純的使用此類系統作用不大，且不甚可靠。

(二)水簾風扇強排風系統

　　在節能和降低費用的前提下，較好的降溫辦法是蒸發降溫，利用水蒸發吸熱來降低室內大氣的溫度。透過水壁的水蒸發，吸收空氣熱量，使進入室內的空氣溫度下降。水壁通常用大塊的厚壁狀紙製物或鋁製品製作，厚度約10 cm，其上有許

多彎曲的小孔隙可以通氣。紙製物要用化學品處理，使之能經久耐用並耐水濕。啟動時，流水不斷從上而下淋濕整個水壁。

溫室的北面，上至天溝的高度，下面到花架的高度或更低，全部裝置這種材料；而在南面，相對應的裝置大型排風扇；溫室不開窗，在排風扇啟動後，將室內高溫空氣不斷向外抽出，使室內外產生一個壓差，從而迫使濕簾外的空氣穿過濕簾冷卻後進入溫室，由空氣如此不斷地循環和冷卻達到降溫效果。在大氣相對濕度越低，蒸發越快的情況下，冷卻效果越顯著。該系統持續降溫效果好，距水簾近處降溫效果明顯。

(三)微霧系統

此系統主要由一台高壓主機產生較大的壓力，將經過過濾的淨水送入管路，再由各處的噴頭霧化噴出，其霧化顆粒直徑在 $5\sim40\,\mu m$ 之間，這樣的超細霧顆粒在落下之前被蒸發，由於水蒸發會消耗大量熱量，所以可起到降溫的作用。

微霧系統降溫速度較快，距噴頭近處為最佳。系統運行 5 min 後基本進入穩定狀態，此時由於室內濕度增加過大，繼續噴霧已無法降低溫度，而且由於超細霧顆粒此時因蒸發過程減慢，大部分會彙聚成較大顆粒落下，可能會對蘭花造成損傷。因此，微霧系統運行一段時間後需停機一段時間，以便讓濕氣散發。這就同時要求溫室中具備良好通風條件，必要時可採取強排風措施加強通風。如果通風設備達到一定標準，就可以使溫室降溫達到理想的效果。

綜合以上3種降溫系統的情況來看，自然通風系統造價低廉，雖然效果可能不是很理想，但在自然條件下使用良好。

水簾風扇系統連續降溫效果較好，可使溫室內同一區域保持在恒溫狀態下，但溫室內各區域將穩步降溫，系統使用過長

則風扇處降溫效果比較差。

微霧系統降溫快，均衡性好，但易造成濕度過大，並且不利於連續運行，需要有良好的通風設備配合，且在室內外濕度較低條件下方可取得滿意的效果。

四、補光和遮光系統

在連續陰雨天的情況下，用人工補光的方法可使蘭花獲得充足的光照；在光照強度過大的情況下，遮光則可以降低光照強度，有利於蘭花正常生長。所以，現代化的蘭花栽培溫室應備有補光和遮光系統。

1. 補光系統

補光系統一般由人工光源和反光設備組成。人工補光的光源有白熾燈、日光燈、高壓水銀燈、高壓鈉燈等。白熾燈和日光燈發光強度低、壽命短，但價格低，安裝容易；高壓水銀燈和高壓鈉燈發光強度大，體積小，但價格較高。燈泡的瓦數、安裝密度和補光時間長短因具體環境而異。

反光設備目前主要是聚脂膜鍍鋁反光幕。反光幕形成的光亮鏡面可以使照射在溫室牆壁上的太陽光反射到溫室弱光區，輻射到蘭花植物體和地表上，使溫室弱光區的光照強度大大提高，調節了溫室弱光區的光照條件，促進了光合作用。反光幕的增光有效範圍一般距反光幕 3 m 以內，地面增光率在 9 ％～40 ％，60 cm 空中增光率在 10 ％～50 ％。

張掛反光幕的方法有 4 種：單幅垂直懸掛法、單幅縱向粘接垂直懸掛法、橫幅粘接垂直懸掛法、後牆板條固定法。生產上多隨溫室走向，面朝南，東西延長，垂直懸掛。張掛時間一般在 11 月末到翌年的 3 月。

張掛步驟如下（以橫幅粘接垂直懸掛法為例）：按溫室的

東西延長剪下相應長度的鍍鋁聚脂膜兩幅。將兩個單幅的聚脂膜用透明膠布固定為一體，在溫室中柱以北在東西向拉16號鐵絲一根（固定反光幕用），將幕布上端折回，包合鐵絲，然後用迴紋針或透明膠布等固定，形成自然下垂的幕布。在幕布下方也折回3～9 cm，用撕裂膜作襯繩，將反光幕固定在襯繩上，將繩的二端各綁一根木棍固定在地表，使之可隨太陽照射角度水平北移，反光幕與地面保持在75～85°角為宜。

2. 遮光系統

遮陽是在蘭花栽培過程中的必要手段，一般用遮陽網覆蓋，起到減弱光強的效果。常用的遮陽網有黃、綠、黑、銀灰等顏色，寬0.9～2.2 m，遮光率為35%～70%，夏季可降溫4～8℃，使用年限為3～5年，具有輕便、易操作等優點，可依需要覆蓋1～3層。

五、電腦控制

過去溫室內自動控制環境的裝置都應用電動的自控裝置，能根據探測器及光敏裝置調節溫室內的溫度和濕度。如冬天室溫下降時能啟動更多的加熱裝置，夏天溫度高時能自動開啟水壁和排風扇，也可以根據計時器開啟二氧化碳發生器。但是這種裝置只有一個探測器，只能對室內的一個固定地點進行探測，無法顧及全面。

現如今的溫室採用電腦控制，電腦可以根據分佈在溫室內各處的許多探測器所得到的資料，算出整個溫室所需要的最佳數值，使整個溫室的環境控制在最適宜的狀態。因而既可以儘量節約能源，又能得到最佳的效果。

目前電腦控制溫室內的溫度、濕度、盆土含水量等技術，已經在蘭花規模化生產中廣泛運用。

六、溫室設計的基本要求

(一)要符合使用地區的氣候條件

中國幅員遼闊，不同地區氣候條件各異，溫室性能只有符合使用地區的氣候條件，才能充分發揮其作用。例如在中國南方，夏季潮濕悶熱，若溫室設計成無側窗，用冷濕簾加風機降溫，則白天溫室溫度會很高，難以保持適於蘭花生長的溫度，不能進行周年生產。再如昆明地區，四季如春，只需簡單的冷室設備即可進行一般蘭花生產，若設計成具有完善加溫設備的溫室，則完全沒有必要。因此，要根據溫室使用地區的不同氣候條件，設計和建造溫室。

(二)溫室設計的基本依據是蘭花的生態要求

溫室設計是否科學和實用，主要是看它能否最大限度地滿足蘭花的生態要求。也就是說，溫室內的主要環境因素，如溫度、濕度、光照、水分等都要符合蘭花的生態習性。

不同的蘭花品種，其生態習性是不相同的，同一品種的蘭花在不同生長發育階段，也有不同的要求。因此溫室設計者要對各類蘭花的生長發育規律和不同生長發育階段對環境的要求有明確的瞭解，充分應用建築工程學等學科的原理和技術，才能獲得理想的設計效果。

(三)溫室必須設置於日照充足處

蘭花溫室周圍不可有其他建築或樹木遮陰，以免溫室內光照不足。在溫室或溫室群的北面或西北面，最好有山體、高大建築或防風林等，形成溫暖的小氣候環境。

建造溫室的地方要求土壤排水良好，地下水位較低，因溫室加溫設施常設於地下，且北方溫室多採用半地下式，如地下水位較高則難以設置。此外，還應注意水源便利、水質優良和交通方便等因素。

(四)溫室區的規劃設計必須合理

在進行大規模蘭花生產時，溫室區內溫室群的排列、蔭棚、溫床、工作室、鍋爐房等附屬設備的設置要有全面合理的規劃佈局。溫室的排列，首先要考慮不可相互遮陰，在此前提下，溫室間距越近越有利，不僅可節省建築投資，節省用地面積，而且便於溫室管理。

溫室的合理間距取決於溫室設置地的緯度和溫室的高度。以北京地區為例，當溫室為東西向延長時，南北兩排溫室間的距離，通常為溫室高度的2倍，常在此處設置蔭棚，供夏季蘭花盆花移出室外時應用；當溫室為南北向延長時，東西兩排溫室間的距離，應為溫室高度的2/3，這樣排列的南北向溫室，若盆栽蘭花，要考慮在溫室附近再留出適當面積設置蔭棚。當溫室高度不等時，高的溫室應規劃在北面，矮的放在南面。工作室和鍋爐房常設在溫室的北面或東西兩側。若要求溫室設施比較完善，建立連棟式溫室較為經濟實用，溫室內部可區分成獨立的單元，分別栽培不同的蘭花。

太陽輻射能是溫室熱量的基本來源之一。溫室屋面角度的確定是能否充分利用太陽輻射能和衡量溫室性能優劣的重要標誌。溫室利用太陽輻射能，主要是由向南傾斜的玻璃或塑膠屋面取得的。當太陽高度角與屋面交角成90°時，溫室內獲得的能量最大，以用玻璃覆蓋計算，約可獲取太陽輻射能的86.48％，其中12％為玻璃吸收，1.52％為厚度消耗；若交角為

45°時，約有4.5％的能量被反射掉，溫室將獲取到81.98％太陽能；若交角為15°時，則30％的能量被反射掉，溫室只能得到56.48％的太陽能。

可見，溫室獲取太陽輻射能的多少，取決於太陽的高度角和溫室南向玻璃屋面的傾斜角度。太陽高度角一年中是不斷變化的，而溫室對太陽能的利用，多以冬季為主。在北半球，冬季以冬至時的太陽高度角最小，日照時間也最短，是一年中太陽輻射能量最小的一天。

通常以冬至中午的太陽高度角作為計算向南玻璃屋面角度的依據。如果這一天溫室獲得的能量，能基本滿足栽培蘭花的生態要求，則其他時間溫度條件會更好，有利於栽培蘭花的生長發育。

冬至時中午不同緯度地區的太陽高度角是不同的，隨緯度的增加而減小。但就某一地區而言，南向玻璃屋面傾斜角度越大，則與太陽的交角也越大，從而溫室內獲得的太陽輻射能也就越多。

溫室南向玻璃屋面傾斜角度不同，溫室內透入的太陽輻射強度有顯著的差異。以太陽投向屋面的入射角為90°時，太陽輻射強度最大。以北京為例，冬至中午太陽高度角為26.6°，若使太陽入射角為90°時，則玻璃屋面的傾斜角度應為63.4°，這在溫室結構上是不行的。既要盡可能多地吸收太陽輻射能，工程結構又要合理。以入射角不小於60°為宜，則南向玻璃屋面傾斜角度應不小於33.4°。其他緯度地區，可依參照確定。

南北向延長的雙屋面溫室，屋面傾斜角度的大小，中午前後與太陽輻射強度關係不大，因為不論玻璃屋面的傾斜角度大小，都相當於太陽光投射於水平面上。這正是此類溫室白天溫度比東西向延長溫室偏低的原因。但是，為了上午和下午能更

多地獲取太陽輻射能，屋面傾斜角度以30°左右為佳。

　　現在，溫室建造都有專門的企業，從事蘭花規模化生產的企業可以通過各個溫室生產企業產品介紹，購買適合本地環境條件的溫室產品，請溫室生產企業技術人員前來幫助建設安裝即可。

❀ 第三節　蔭　棚 ❀

　　蔭棚是夏秋季節培養蘭花必不可少的設施。因為蘭花喜陰涼透風的環境，不耐夏季溫室內的高溫，假如沒有適當的庇蔭，在強烈陽光的暴曬下，蘭花的葉片會發黃、粗糙，更易曬焦葉尖，甚至枯萎死亡。因此必須設置蔭棚以利越夏。蘭花蔭棚的種類和形式很多，從生產管理的角度來看，一般可分為永久性和臨時性兩類。

一、結　構

　　臨時性蔭棚多用毛竹或木料搭建棚架，棚架上安放板條（圖4-12）。板條常用寬5 cm，厚1 cm的木條，排列間距15 cm，用鐵釘固定於棚架上。

　　永久性蔭棚的長度根據場地而定，構架用鋼管、鍍鋅管、鋁合金管或水泥柱構成。金屬管直徑以3～5 cm為宜，其基部固定在混凝土中。棚頂採用鋼管架，鋼管桁條，以承受遮陽網的重量（圖4-13）。

　　無論是臨時性蔭棚還是永久性蔭棚，長度都需根據場地

圖4-12　臨時性蔭棚

而定，寬度多為6～7 m，不宜過窄，否則影響遮陰效果。根據中國夏季陽光照射的特點，一般蔭棚都採用東西向延長。

二、設 施

1. 台架和噴霧設施

蔭棚內一般都需要搭建蘭花台架，以便於管理。台架分階梯式和平臺式兩類。如放置在地面時，需對地面進行鋪裝，材料可用磚塊、粗沙或煤渣（需過篩）；如放在花台架上則有利於排水，也可防止下雨時濺汙蘭葉及花盆，並可防止病害的發生。

為了增加蘭棚內的空氣濕度，可以因地制宜安裝噴霧設施，以形成蔭蔽濕潤的小環境（圖4-14）。

圖4-13 永久性蔭棚

圖4-14 噴霧設施

2. 遮陰材料

覆蓋蘭棚的遮陰材料，過去多用葦簾、竹簾、板條或草簾。葦簾和竹簾容易捲放，方便操作。現在多用遮陽網代替過去的遮陰材料，可根據蘭花生長季節，選用不同密度的遮陽網，需要的話還可以增加覆蓋層數。其特點是質輕、耐用、成本低、易於鋪設。為了避免上午和下午的陽光從東面或從西面

圖4-15　植物遮陰

照射到蘭棚內，在蘭棚的東西兩端常設有傾斜的蔭簾，蔭簾的下緣要距地50 cm以上，以利通風。

為達到美化或實用的效果，可因地制宜採用葡萄、凌霄、薔薇、絲瓜、扁豆等攀援植物作為蔭棚。但要注意播種時間並要經常疏剪以調整遮陰程度（圖4-15）。

家庭養蘭在兩種情況下不需搭建蔭棚：一是室內養護，二是盆少量小。如果只有少量蘭花，可以將其放置在樹蔭之下，那將是天然的蔭棚。

第四節　器具和材料

養蘭無論規模大小，無論是企業化生產還是家庭養蘭，所用的器具與材料一樣也不能少，正所謂「麻雀雖小，五臟俱全」。養蘭的主要器具和材料主要有蘭盆、澆水用具、修剪用具、施肥用具、病蟲防治用具、觀察記載用具等。

一、蘭　盆

在中國，傳統的栽蘭用盆，一般可分為素燒瓦盆和釉盆兩大類。素燒瓦盆透氣性良好，價格便宜，但外觀較為粗糙而欠雅觀；釉盆外觀色澤美麗，並有不同的圖案，但透氣及透水性均較差。現如今的塑膠蘭盆外觀美麗，盆邊緣鑽有許多孔洞，有利通氣及排水。

　　蘭盆的形狀各異，一般盆口為圓形，也有方形和多角形。蘭盆一般較深，以利蘭根生長。各地都有自己的傳統蘭盆，廣東傳統習慣用外表有綠色釉彩的葵蘭盆。規格分大、二、三、四、五葵蘭5個規格，栽種墨蘭多用大葵蘭及二葵蘭。江浙一帶則多用宜興出產的蘭盆，這種蘭盆雖為素燒盆，但外觀光滑美麗，並多刻有或畫有蘭花的圖案；形狀多為方形或多角形的高身直筒式，規格由小到大均有，並多配有水碟。雲南傳統用蘭盆為腰寬口細的花缸，這種蘭盆既有瓦盆，也有釉盆，盆口雖小，但盆腔較大，適應於蘭根的伸展。

　　港臺一帶，當今栽蘭多仿效日本，用盆亦不例外，多數是一些高身細腰的高筒蘭盆。這種蘭盆一般為彩釉盆，盆表面多有精美的浮雕或圖案，並有盆腳三隻，外觀十分美麗，但價格較為昂貴，多用來作銘品栽培用盆。

　　不管選用何種蘭盆，原則上要按蘭花的大小合理挑選，小株用小盆，大株用大盆。蘭盆要通氣又透水良好，外觀最好有一些美觀的圖案，盆底的透水孔要大，以利於排水及透氣（圖4-16）。

　　新購回的蘭盆須用水浸泡數日才能用來種蘭，以免其火燥氣將蘭盆內的濕土水分吸走而影響蘭花的生長。此外，新栽的蘭花宜用新盆，而換盆的蘭花宜用舊盆。

　　家庭種蘭在培養蘭花的過程中，如果不用於上盆欣賞，可以用塑膠字紙簍、柳編花筐等養蘭，透氣透水效果都很不

圖4-16　各種蘭盆

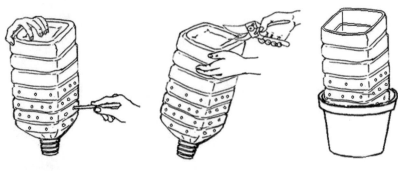

1. 側面錐透氣孔   2. 剪去瓶底   3. 放入花盆中

圖4-17　自製蘭盆

錯；也可以用自己製作的容器來栽培蘭花。

　　初養蘭者可以利用家庭廢棄的500 ml食用沙拉油桶，自己改製成養蘭容器(圖4- 17)。

　　具體製作方法大致分為3個步驟：

　　第一步，將沙拉油桶洗淨，特別是內部殘存的油要用熱水加洗滌劑清洗乾淨。

　　第二步，在側面用剪刀等帶有尖頭的器具錐透氣孔，這個步驟是必不可少的。沙拉油桶是比較結實的塑膠製品，不透氣不透水，在側面錐孔，有利於栽培基質與外界交換氣體，雨天容易排出水分，有利於蘭花根系的呼吸。

　　第三步，用剪刀將沙拉油桶底剪掉，注意在上部一圈留一個沿邊，使桶壁保持堅韌，有利於蘭花上盆時搬運。

　　至此，一個結實耐用的蘭花栽培容器便做成功了。為了便於擺放，可以用瓦盆做底座，也可以用草坪磚做底座。

　　在這樣的大容量容器中培育的蘭花，由於空間大，土量足，蘭花的根系伸展得開，苗壯葉肥，花芽也肥大。

　　待蘭花在這些容器中培養出花後，即可轉入漂亮的蘭盆之中入室欣賞。

二、其他用具

（1）**水碟**：用於室內擺放蘭花盆，接住澆水、施液肥時盆底排水孔流出的液體，保持室內清潔。水碟可以在市場購買花盆專用的塑膠託盤，也可以使用家庭常用的一般盛菜肴的碟盤。

（2）**水壺**：主要用於澆水和施肥。種類也較多，如細長口的，用於澆水施肥容易控制落水點，不致燒傷葉芽與花蕾；蓮蓬頭的，較適合用於粗放的養蘭管理。

（3）**塑膠桶**：用於澆蘭用水的晾曬儲存以及進行酸化處理的用具。桶內盛水的溫度最好要與蘭盆內的溫度比較接近，以免在澆水時對蘭花產生溫差上的刺激效應。

（4）**水盆**：用於清洗、消毒蘭株用。

（5）**噴霧器**：用於對蘭草進行葉片噴霧、施葉面肥、噴灑殺菌殺蟲劑之用。目前市售品種很多，可視種植規模大小來配置不同型號。以噴霧勻、細為好，最好是選擇噴嘴可調節的。

（6）**篩子**：一般要有大、中、小篩眼的3種，用來篩選培養土。因蘭根的生長與栽培用土的輸水透氣性有很大的關聯。在植蘭時培養土一般篩成大、中、小粒3種，在使用時按層次裝盆，大粒放盆底，中粒放盆中，小粒放盆面以增加透氣性。

（7）**剪刀**：用於給蘭花進行分株，以及修剪蘭花的腐、爛、殘敗根葉。在每次使用前後要進行消毒滅菌處理，以免傳染病蟲害。

（8）**鑷子**：用來清除蘭盆內的雜物和害蟲，以及種蘭時梳根、定位用。一般選用細尖與大尺寸圓尖的兩種為好。

（9）**放大鏡**：用於觀察、鑒別蘭花品種，蘭葉、蘭頭的

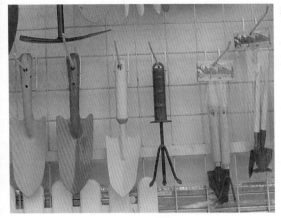

圖4-18　各種蘭花鏟

變化，苞葉上的筋紋、色彩，以及對蘭株和培養土裡是否存在病蟲害檢查時用。

（10）**撮鏟**：用於撮取培養土（圖4-18）。

（11）**大塑膠瓶**：用來漚製有機肥料。

（12）**毛刷**：用以洗刷蘭葉，清除葉片上的髒物以及蟲卵等。

（13）**軟毛巾**：用以擦拭蘭葉，保持葉面整潔，以利於光合作用。

（14）**小錘**：用以砸碎磚塊、瓦片、泥塊以及其他過大植材之用。

（15）**溫濕度計**：用於對蘭花的生長環境進行適時的監控。

（16）**pH值試筆或試紙**：用以測定養蘭的土壤和水分 pH 值，以便加以修正。

（17）**量具**：用以在蘭花的肥、藥使用上獲得正確計量。

（18）**標籤**：插在盆緣，標明品種、苗數、上盆時間等資料，防止時間長了產生品種辨別的錯誤。

三、栽培基質

栽培基質因蘭花種植的地方習慣而有所不同。如廣東一帶多用曬乾的塘泥人工打成粒狀碎塊種蘭；江浙一帶多用山泥作為種蘭土壤；北京多用草炭土拌一些沙來作栽培基質；在武漢，習慣以放置一年以上的煤渣或火燒土來種蘭。

現在，人們又運用諸如陶粒、碎磚、火山石、木炭等非土

質栽培基質來種蘭。這些基質具有通氣及排水良好，不會板結，易於蘭根生長的優點。

不同的材料有不同的利弊，下面我們來把它們的性質及特點簡單介紹一下。

（1）蘭花泥：

由樹葉腐爛後累積在山岩凹處的泥土，具有鬆軟、泄水、肥沃的特性。pH在5.5～6.5之間。

（2）火烤土：

由生雜草的表面土經燒烤後留下的顆粒土。

（3）樹皮：

包括松樹、櫟樹、龍眼樹等多種樹木的樹皮。樹皮的吸水力及排水力均佳，且富含有機養分，對蘭花的生長極為有利。但易於腐爛及滋生病菌，所以用於栽培蘭花前要進行蒸煮等殺菌處理。

（4）石礫：

包括火山石、海浮石、小卵石、赤石、陶粒等。石礫種蘭具有透氣良好，多空隙而使蘭根易於伸展的優點。但缺乏養分和水肥施後易於流失，一般按一定比例與其他植料配合使用。

（5）木炭粒：

有吸附及殺菌作用，排水及透氣良好。因其偏鹼性並缺乏養分，因此一般與其他植料混合使用。

（6）蛭石：

為一種叫黑雲母礦物（圖4-19），吸水及透氣性良好。但容易積聚無機鹽和滋生病菌而不利蘭花生長，因此多與其他植料混合使用。

（7）腐葉土：

最好是用蘭花原生地攜回的腐葉土，亦可用枯樹葉人工漚

圖4-19　蛭石

製草碳土。腐葉土養分充足透氣良好，最適蘭花生長。但保水性強，容易滋生病蟲害。

　　（8）塘泥：

　　用作植料時多碎成粒狀使用。塘泥的酸鹼度適中，養分較足，對蘭花前期生長十分有利。但經一段時間的日曬雨淋後會鬆散並板結，不利於根系的呼吸。故用作種蘭的植料已被慢慢淘汰，更多人用其伴以其他種基質使用。

　　理想的栽培基質，應具有良好的排水透氣能力，內含充足的養分，不易腐爛或板結等特性。養蘭者可以根據這些基本要求，就地取材，自己動手配製。

四、肥料

　　在養蘭過程中，經常給蘭花施用的肥料種類大致可歸納為化學肥料、有機肥料和氣體肥料3大類。

(一)化學肥料

　　化學肥料——簡稱化肥，是指含有蘭花生長必需營養元素的無機化合物或混合物的人工合成肥料。

　　按照蘭花對必需營養元素的需求可分大量元素肥、中量元素肥和微量元素肥3大類，按照肥料所含的元素種類可分為單元肥和複混肥，按照肥效的長短又可分速效肥和控制釋放（緩釋）肥料等。

　　大量元素肥——由含有單一或多種的氮、磷、鉀等的蘭花

必需的大量元素所構成的化肥。

大量元素肥的特點是肥效快、易溶水、物理性良好、施用方便、效果優良。

中量元素肥——指肥料裡含有單一或多種鈣、鎂、硫等的中量元素，能保持蘭花栽培基質裡的中量元素含量，以滿足蘭花生長需要的化肥。

微量元素肥——指肥料裡含有單一或多種鐵、錳、銅、鋅、鉬、硼、氯等的微量元素，能保持蘭花栽培基質裡的微量元素含量，以滿足蘭花生長需要的化肥。

單元肥——指肥料裡含有蘭花所需的單一肥料。

單元肥的優點是肥效快，缺點是肥效單一，容易產生肥害。屬於單元肥的氮肥有尿素、硫酸銨、硝酸銨、氯化銨、碳酸氫銨等，屬於單元肥的磷肥有過磷酸鈣等。

複混肥——指含有蘭花主要的營養元素氮、磷、鉀中的兩種或者兩種以上的化肥。

複混肥按照製造方法可分為化成複合肥、混合複合肥和摻合複合肥。按照肥料的形態可分為液態肥和固態肥。按照成分可分二元複混肥、三元複混肥和多元複混肥。

化成複合肥——指在生產工藝流程中發生顯著的化學反應而製成的複合肥料。

化成複合肥一般屬於二元型複合肥，無副成分，如磷酸銨、磷酸二氫鉀、聚磷酸銨、硝酸鉀、硫酸鉀等。特點是即溶速效，宜作追肥和根外追肥。

混合複合肥——由幾種單元肥或者與化成複合肥經過簡單的機械混合而成的複合肥，有時經過二次加工造粒而製成的複合肥料，大多屬於氮、磷、鉀三元型複合肥，常含有副成分。

液態肥——以液態的形式複混出的肥料。

　　液體複混肥以其有效性較高，易被蘭花吸收利用，出產成本低，施肥方便且均勻等特點深受蘭友的喜歡，適合作追肥和根外追肥，大部分還可以和農藥混合一起噴施，肥效、藥效高，一舉兩得。

　　20世紀60年代，美國首先生產了一種長效化學肥料，稱為「控制釋放肥料」，又名「緩釋肥料」，肥效4～12個月不等。日本生產的包膜肥料統稱CSR。控制釋放（緩釋）肥料既克服了普通化肥融解過快、持續時間短、易淋失等缺點，又可使養分釋放得到有效地控制，節省化肥用量的40％～60％。目前中國市場上供應的主要品種有：

　　（1）美國產的「魔肥」

　　它為自動控制養分供給之緩釋顆粒肥。它接觸土濕後18 h，就開始釋放養分。當土壤中養分飽和時，即停放肥分；當土壤需肥時，又再釋放養分，如此不斷反覆。一次施用，肥效長達2年。含氮17％、磷40％、鉀6％、鎂12％（線藝蘭不適用）。小盆每次施4～8粒，中盆每次施8～10粒，大盆每次施10～20粒。

　　（2）美國產「施可得」

　　含氮20％、磷4％、鉀10％。它不含鎂元素，可施用於線藝蘭，但含氮量較高，線藝蘭的用量以非線藝蘭之一半為宜（用量如「魔肥」）。

　　（3）臺灣產「益多有機質顆粒肥」

　　它為生物菌粒狀肥料，可用於線藝蘭。有效期60天。

　　稀土肥——一大類化學性質極其相似的稀土元素的通稱。

　　稀土元素雖未證實是植物必須的營養元素，但是已經證實是對植物有益的元素，是生理活性物質。稀土元素具有促進植物光合作用、根系生長、提高生理活性、酶活性的作用，其主

要是用於根外追肥。

化肥成分明確、肥效快、乾淨、無臭味，不需經過發酵就可直接施用。但長期單用會使土壤的物理性狀變差。因此，土培時，可考慮與有機肥混合施用，或交替施用。化肥的施用濃度一般在0.1％～0.3％。低濃度為0.1％，中濃度為0.2％，高濃度為0.3％（每1g化肥兌水1000g為0.1％）。

(二)有機肥料

有機肥料——又稱「農家肥」。指來源於植物或動物殘體等的天然有機質，經微生物分解或發酵而成的一類肥料。

1. 常用的有機肥

（1）人畜肥

常用的有人糞尿、豬、馬、牛、羊、狗、雞的糞肥，還有廄肥、蠶糞（蠶沙）等。這些肥料氮、磷、鉀養分齊全，發酵後，既可作乾肥，也可製成肥水稀釋後使用。

廄肥——牛、馬、豬、羊等家畜的糞、尿、墊料和殘餘飼料的混合物。

經儲存發酵後7～10天的人尿、兔尿，這種肥料主要成分為氮，使用時要稀釋50倍。牛、馬、羊糞等可曬至半乾、研細，按體積比的2％～4％，拌入基質裡作為基肥。

（2）漚肥

漚肥——將含氮、鱗、鉀等元素較豐富的有機物放入容器或土坑中用水漚泡發酵出的肥料。

傳統使用的漚製肥料種類很多，如將黃豆餅、菜籽餅、魚腥水、雞毛、魚肚腸等用水缸泡液發酵，漚製3～6個月後稀釋使用。漚製肥料中氮、磷、鉀肥分亦較齊全。常選用油菜籽渣餅、花生渣餅、大豆渣餅、茶油籽渣餅等7份（一兩種或各

蘭花栽培小百科

種）研碎成粉加入骨粉3份，裝入容器，再加入相當於其2倍體積的人尿或兔尿；用塑膠薄膜覆蓋並紮緊，讓其日曬，夏秋1個月以上，冬春3～6個月，便可施用。使用時稀釋150～200倍澆施。

在家庭日常生活中的廚房垃圾如魚鱗、魚內臟、洗蝦、雞、鴨等動物體的血腥水，還有如淘米水、洗奶瓶的水等，富含有機磷和氮，是很好的有機肥料。但這些物質如果直接放在蘭盆中，不僅在腐熟過程會散發熱量燙傷蘭根，引起微生物活動過盛、病菌滋生，而且會散發濃重臭味，招致菌蟲害。故這些物質應密封漚製後稀釋施用（圖4-20）。

有機肥中的菌病害處理方法是：對用作基肥的可按計劃將50％的多菌靈和40％的五氯硝基苯按基肥重量1％混合拌勻後，用塑膠薄膜封嚴，密封24 h後使用。對用於蘭花追肥的漚製液肥可在使用時按漚製肥原液重量的5％混入50％的多菌靈或50％的退菌特，攪拌均勻後，停放30 min，再稀釋150～200倍後施用。

經腐熟的有機肥肥效高，能改善土壤結構，調整土壤酸鹼度，沒有肥害。能增強作物的抗逆性。其缺點是夾帶有病蟲害和有濃重臭味。消除有機液肥濃臭味的辦法是：在漚製時，按肥料總量的5％混入橘子皮漚製；也可以把橘子皮加入2倍

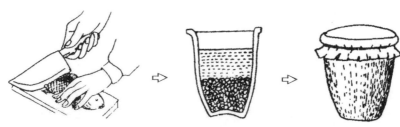

1.收集魚鱗和內臟　　　2.放入水缸　　　3.密封漚製

圖4-20　漚製肥料

水，另行漚製；在施肥後，再澆施橘子皮原液的20倍液。便可避免濃臭味。

（3）**堆肥**

堆肥——以植物的莖葉和垃圾等為主，加入適量的家畜糞便、人糞尿和細土等堆制，並經過腐熟而製成的肥料。

（4）**草汁**

草汁——用春天或夏初生長的嫩草漚製成的肥水汁，主要肥分為氮肥。

在生活中人們養花常將茶葉渣覆蓋於蘭花盆面當肥料。茶葉水、茶葉渣富含生物鹼，少量施用對於長期施用化肥的盆蘭，可有調整基質酸鹼度的作用；施用過量會使基質偏鹼，導致生長不良；另一方面，茶葉渣覆蓋於盆面，既影響了蘭根的透氣和受陽，又會在腐爛的過程中招致菌蟲害。因此，茶葉渣不宜覆蓋於蘭盆面上。

2. 商品有機液肥

（1）**日本產「多木」**

它營養全面，能夠促根促芽、中和土質、減少病害、促進創口癒合。其用法是1500倍液澆噴。

（2）**澳洲產「喜碩」**

它為天然藻類肥和土壤改良劑。含有多種礦物質元素、天然糖類、氨基酸、酵素及天然植物激素、活菌素。能抗寒、抗旱、抗濕，抑制病蟲害、病毒病害的感染。其用法是6000倍液澆灌。

（3）**臺灣產「益多」國蘭專用液肥**

它含有高量磷、鉀、鈣、鎂、氨基酸、維生素、生長素、微量元素、生物菌等。其用法是1000倍液噴澆灌（不適合於線藝蘭和線藝期待品）。

蘭花栽培小百科

（4）美國產「施達」有機液肥

它含有多肉植物汁、氮、磷、鉀、微量元素、維生素等。能促根催芽，打破休眠，提高光合作用強度，增強適應性。其用法是500倍液噴施。

3. 商品生物菌肥

所謂「菌肥」是指應用於蘭花生長中，能夠獲得特定肥料效應的含有特定微生物活體的製品。這種效應不僅包括了土壤、環境及蘭花營養元素的供應，還包括了其所產生的代謝產物對蘭花的有益作用。菌肥也叫「微生物肥料」、「生物肥」、「小肥」等。

透過有益菌刺激有機質釋放營養。大量的有機質通過有益微生物活動後，可不斷釋放出植物生長所需的營養元素，達到肥效持久的目的，有利於保水、保肥、通氣和促進根系發育，為蘭花提供適合的微生態生長環境。目前商品菌肥有：

（1）四川產華奕牌「蘭菌王」

含有全價營養元素、蘭菌群、天然內源激素，具有促根、催芽、壯苗的作用。用法為500倍液澆噴。

（2）廣東產「保得」微生物葉面增效劑

含有放線菌WY9702及其複合代謝產物，包括多種植物生長物質、抑菌活性物質及植物營養物質。有打破休眠促進發芽；加速植物細胞分裂，促進生長發育，使葉片、鱗莖增大；延緩衰老，防止落花；抑制病原菌入侵、繁殖等功效。可用於線藝蘭。用法為1000倍液澆噴。

第五章
蘭苗的選購

「好種出好苗，好苗開好花。」種養蘭花與種植其他花卉植物的道理都是一樣的，良種壯苗才能開出飽滿秀美的花朵。一般家庭養蘭，除了少數是自己從山區採集的以外，基本上都是從市場或透過其他途徑選購而來的。

在蘭花栽培日益普及的今天，許多家庭養蘭已經不再滿足於自我欣賞，而是逐漸擴大種植規模，將養蘭作為一種投資。因此，無論是老蘭友還是新蘭友，大家談論最多、最為關注、也最為擔心的問題基本上都是新買的蘭苗能不能栽活，栽活了以後能否年年開花，栽植多了將來能不能出手。

所以說：「選購貨真價實的蘭花良種和壯苗，是保證蘭花栽培成功的第一步。」

第一節　苗　情

一些初學養蘭的愛好者常常會遇到這樣的情況：蘭花年年春天買，而年年秋天死，更談不上蘭花年年開了。究其原因，除了少數蘭花是屬於栽植後養護不當，導致植株過夏枯死的以外，最主要的原因還在於蘭苗有問題。

一般說來，每年春季上市的蘭花，多是從江南各省運來的

幼苗。許多蘭苗在原產地起苗時傷根過多，加上長途運輸，經過風吹日曬，很容易受寒熱傷，使其根、枝、花等受到不同程度的損傷，從而成活率不高。因此，要讓蘭花生長旺盛，年年開花，前提是提高蘭花成活率，選購壯苗。

壯苗不僅觀賞效果佳，而且生命力旺盛，易種活，能長好，發芽率高，壯苗所繁衍的新株又多是多葉的壯苗。許多壯苗引種後，當年或翌年便可應期開花，且花多、花大、色豔、香濃，能早早欣賞到它的風姿，享受到它的馨香。

一、壯苗標準

1. 假鱗莖飽滿

假鱗莖（蘆頭）大是壯苗的主要標準之一。蘭花的假鱗莖是貯藏水分和養分的「倉庫」，假鱗莖的好壞、大小對蘭花的生長、健康、生根、發芽、開花都起著關鍵性的作用。不同種類的蘭花假鱗莖大小也有所不同，但在購買同一種蘭花的時候，假鱗莖大的要比假鱗莖小的養分貯藏多，生命力要健壯。

選購時不僅要用眼睛看大小，還要用手輕輕捏捏蘭苗的假鱗莖，一般飽滿堅挺的才是健壯的。

2. 根條粗壯色白

蘭花的根起著固定蘭株和給蘭株運輸水分、養分的作用。根的好壞，對蘭花的生長、發芽、開花都非常重要。買蘭時不僅要選擇苗根圓潤、粗壯、完整的苗，還要看根色。俗話說：「白根壯，黃根病，黑根死」，所以，買蘭苗要選根系發白的蘭苗（圖5-1）。

圖5-1　健壯的蘭根

選購時，還特別要注意根系是否受凍。受凍的表皮呈半透明水漬狀，生長健壯的根系表皮多呈堊（白土）色或淡灰色。所以，市場上品種再好的蘭花，蘭苗的根部出現了短、斷、爛、黑、黃等情況，還是不要去買它。

買蘭苗時還要看根是否多，是否帶有根冠（水晶頭）。根多並有水晶頭的苗都比較健壯。

3. 葉片較寬、較厚

原生種的蘭苗葉子相較於返銷苗的葉子的厚度要厚很多，因為原生種的蘭草自然生長正常，體內營養元素積累充分。我們在選購蘭花的時候千萬不要貪圖價格便宜而去購買那些售價低的小苗弱苗。

雖然同樣的資金可買多於壯苗數倍的小苗弱苗，但小苗弱苗復壯週期長，蒔養難，見花難，不容易栽活，最後算算總帳成本往往高於買售價高的壯苗。所以，買蘭花寧可多出些錢，也一定要選購葉片較寬、較厚的健壯蘭苗。

4. 葉片多

同一品種以葉片多者為佳，壯苗的葉片會越長越多，弱苗葉片會越長越少。買蘭草有一種說法叫「春四夏三」。就是說春蘭有4片葉算一苗，3片葉不成苗或算半苗；而建蘭則可以買3片葉的苗。根據各個品種蘭花的特點，一般在選苗時可以這樣參考：春蘭4片葉、蕙蘭7片葉、建蘭3片葉、墨蘭4片葉、寒蘭4片葉、春劍5片葉、蓮瓣蘭6片葉為一株苗購買。

這裡說的是各種蘭花單株基本葉片，如果在購買時，某種蘭花單株葉片多於基本葉片數，那就更好了。

5. 株叢連體

不論哪種國蘭，購買時不能買單株，至少也要有兩株連體成簇的。因為蘭性「喜聚簇而畏離其母」，拆散單植，失去了

圖5-2　連體蘭苗

同舟共濟的生存條件，抗病性弱，不易成活。即使種活了，其所繁衍的下代，也多是僅有2片葉的弱小苗，復壯週期長，開花慢。所以最好是購買3株以上連體成叢的，特別是蕙蘭要購4株以上一兜的為好（圖5-2）。

6. 無病蟲

購蘭時一定要認真檢查每一個葉片的表面，看是否有不容易看到的病斑，如「拜拉斯病」等。更要注意查看葉鞘內是否有介殼蟲和白粉虱等害蟲。蘭苗如果生有害蟲往往可以直接看見，但蘭花病毒病害則需要小心鑒別。因為蘭花病毒不僅會傳染，而且至今尚無根治它的藥物，被稱為蘭花的「癌症」。所以選購蘭苗時，應格外留心，切勿將有病斑的蘭苗當作線藝蘭誤買。

購買時鑒別蘭花病毒的方法是，先將蘭株對著亮光進行透視，如在葉片上發現有不規則的縱向線段樣條形斑，斑界不整齊，有輕度擴散狀，斑色淺黃或乳白而透葉底，便是拜拉斯病毒。它在初現病毒症時，病毒斑附近的部分，常有輕度脫水樣的褶皺，並伴有褶皺部分之葉緣後捲。其褶皺和捲緣很顯眼的，病斑有輕度凹陷，斑紋沒有光澤；如斑紋色為赤褐色的，便是晚期病毒症。

蘭花壯苗在蘭界俗稱「壯草」。購買時要分清所購的壯草是屬於引種型還是消費型。我們養蘭愛好者購買蘭草的目的是要栽培，而並非一次性消費欣賞，這就需要明辨引種型壯草和消費型壯草。

引種型壯草——在栽培過程中，合理施用有機肥料，努力

培養發達的根系，蘭苗的內在品質高，兼顧外觀美。

消費型壯草──在栽培管理過程中大量使用激素，施用含氮高的葉面肥，蘭苗的外觀美，商品性高，但內在品質不高。

總之，購買蘭花時要仔細挑選。選根系壯，完整或受損傷少，根色新嫩而不發黑或中空的；葉叢齊全，新鮮、濃綠和株形勻稱端正的；葉束繁多的，葉色鮮綠而發亮，無黑斑或枯黃；花蕾飽滿，苞片脈紋清晰的；根系自然連結成大塊，每株生有4至5個葉束者較為理想。

二、品種選擇

要讓蘭花生長健壯，年年開花，品種選擇是基礎。許多養蘭專業戶，都有自己的品種和品牌。有人說：「收一個好品種就是財富，養一批好蘭花就是效益。」這話不無道理。

養蘭選品種，一定要因地制宜，結合實際，考慮市場需求，量力而行。

1. 選擇蘭花種類和品種要因地制宜

如果你是初次種養蘭花，在尚未真正掌握養蘭的基本知識之前，應當結合自己的實際情況，選最適合於當地種養的蘭花種類和經馴化成熟的下山蘭苗。

選擇最適合於當地種養的種類比較符合種植業通行的因地制宜原則。儘量與當地人種養的蘭花種類一致。如江浙一帶以春蘭為主，河南、安徽一帶以春蘭、蕙蘭為主，四川、貴州以春蘭、春劍為主，雲南以蓮瓣蘭為主，廣東、廣西、福建以及港臺以墨蘭、建蘭為主。

因為當地人總是選擇最適合當地生態條件的品種來種植的。且在種養過程中，如有什麼疑難問題，也能較容易找到諮詢的對象，所以養蘭成功的係數就較高。

選種經馴化成熟的下山苗比較容易成活。因為此類蘭苗，還保留著一定的野性，不那麼嬌嫩，相對較易養好。

2. 引種新、奇、特品種要謹慎

蘭花的新、奇、特品種一般都具有較強的市場競爭力。所謂「新」，就是前所未有；所謂「奇」，就是離宗別譜；所謂「特」，就是獨樹一幟。

但引種新、奇、特品種要特別謹慎。一是因為新、奇、特品種價格昂貴，萬一種不活，損失比較大；二是新、奇、特品種有些相對比較嬌嫩，比較難養；三是新、奇、特品種具有時間性，今天是新、奇，過一段時間，又會出比它更新更奇的品種，不僅株價大大下滑，甚至無人問津。

再說真正的蘭花新、奇、特品種，數量相當少，追求者又多，只有極少數行家能買到真正的新、奇、特品種，多數是上當受騙的。因此選購時不要趕潮流，過急切追求新、奇、特品種，也不要有僥倖心理存在。所以，初養蘭者切記不宜貿然購買高檔品種蘭花，以免栽種不活而蒙受經濟損失。

初養蘭者在頭兩年應先購買普通品種蘭花，把普通品種蘭花栽種活了並取得了經驗，再引種中檔品種蘭花，到完全有把握時再引種高檔品種蘭花，這樣會少受經濟損失。

3. 要關注傳統蘭花銘品

傳統銘品蘭花之所以能夠數百年久盛而不衰，是它們自身不凡的魅力所決定的。凡曾領略過傳統銘品蘭花風采的，都會被它們的卓越風姿所打動。如春蘭傳統品種的「四大天王」，初見時往往不覺得特別，當您看了許多新品之後，再回頭來看它們，便會覺得「四大天王」花相端莊，美不勝收。

目前中國蘭花批量出口的，也都是傳統蘭。如建蘭中的小桃紅，墨蘭中的企墨、企劍白墨、金嘴墨、銀邊墨蘭等，年年

都有批量出口。每一種傳統蘭，都會有其獨自的風采和不凡的魅力。對於經營者來說，應考慮適銷對路；對於以觀賞為目的的養蘭者，最好多收集傳統銘品，使自己擁有豐富的傳統品種。

台灣蘭花外銷產值屢創新高，2012年台灣的蘭花出口值為1億6566萬美元。台灣蘭花生物科學園區為生產重鎮，全世界每6株蘭花就有1株來自台南。

4. 引進種苗要少而精

我們引進蘭花品種，要本著少而精的原則，做到心中有數，不濫買品種。

「少」指購買品種的量要予以控制。只有種的品種少才會不雜亂、易管理。因為家庭養蘭的場所總是有限的。如果愛蘭心切，見蘭就買，盲目擴大養蘭規模，把有限的養蘭場所塞得水泄不通，這不僅給管理帶來諸多不便，而且嚴重地影響蘭株的通風透氣，使蘭花生長不良，造成精神負擔，反而違背了養蘭調節心境、修身養性的初衷。

「精」指購買品種的品位要高。引進適量的富有特色的品種，陳列有序，品種的特色顯露，一方面可以陶冶情操，緩解緊張情緒，慰藉身心疲勞；另一方面，富有特色的精品魅力不凡，多能久盛不衰，升值的期望比較大。

5. 品種的選擇要注意市場導向

不同的人發展蘭花有不同的追求和目標，有的是為了陶冶情操，注重精神享受；有的是為了維持生計，養家糊口；有的則是將其作為產業，為了發家致富。如果將蘭花作為一種產業發展，必須由產品變為商品，在市場上交易流通，才能實現價值。因此，必須遵循價值規律、市場規律，以市場需求為準繩，以市場為導向來選擇蘭花品種。

蘭花投資者，選準品種首先必須充分瞭解廣大蘭友在想什

麼。善於留心觀察和思考蘭友，特別是一些養蘭大戶、行銷大戶在想什麼，發展什麼品種；經常接觸一些蘭友，開展一些必要的諮詢活動，參加一些蘭事活動；總結前人發展蘭花的思路、方式方法和行銷策略，從中捕捉有價值的資訊，借別人的腦袋、別人的智慧發展自己，幫助你進行投資決策，選準適銷對路的蘭花品種。其次必須找準市場在什麼地方。世界和全國範圍各個地方的地產蘭花也在不斷交流、互相滲透、優勢互補、互相融合，但是由於資源不同、觀賞角度不同、習慣不同，市場需求也就不同，使蘭花產業發展具有明顯的地域性和區域性。蘭花投資者必須充分考慮市場在哪裡，做到心中有數，切忌盲目購蘭，是蘭就買。

6. 不要買不見花的蘭苗

不論哪類品種的國蘭，要想得到開品好、瓣型好的上品蘭花，必須堅持見花購買的原則，否則很難得到滿意的蘭花。特別是蕙蘭，如不見花就更難得到好的品種。但早春在市場上購買剛下山的蘭草時，可以看「殼」買苗。

「殼」即是苞片。常以其顏色而為名，有綠殼、白殼、赤轉綠殼、水銀紅殼、赤殼等；又因苞片上常有披異色筋絡、間或灑泛沙暈的，故而又分為深綠殼、淡青殼、竹葉青殼、竹根青殼、粉青殼、青麻綠殼、白麻殼、紅麻殼、荷花色殼、深紫色殼、豬肝赤殼等。其中以水銀紅殼、綠殼、赤轉綠殼最易出名花。

如蕙蘭苞殼的腹部筋絡間滿布沙暈，又有如圓珠般粒粒凸出狀，殼色不過分明亮，屢有梅瓣花、水仙瓣花出現。蕙蘭花蕾苞殼緊圓粗壯，下部整足，一般多開荷形大瓣子花。

看殼辨花品，有很多學問。按殼的質地分，有厚與薄、軟與硬、老與嫩之別；按形態分，有長與短、寬與窄、端莊與歪

扭之別；按色彩分，有冷色與暖色、鮮豔與晦暗、光澤與無華之異；從披掛的筋麻分，有長與短、粗與細、平與凸、條條達頂與參差不齊、細嫩與粗老、細密與稀疏之別；從浮泛之沙暈，又有粗細、疏密、平滑與浮凸之別。要認真學習，細細揣摩，勤於觀察，反覆總結，方能得心應手。

芽白綠色

圖5-3　金嶴素的芽白綠色

　　初養蘭者，還可以看芽購蘭苗。蘭芽按季節劃分，有春芽、夏芽、秋芽、冬芽之說，尤以春芽、夏芽為好，種養得法，一般當年都能長成大草。蘭芽出土時的色澤對蘭花品種的鑒賞有一定參考作用，購置時如逢芽期需仔細觀察。

　　一般而言，凡新芽為白色、白綠色、綠色的，春蘭一般為素心品種，蕙蘭大多為素心或綠蕙；芽尖有白色米粒狀「白峰」的，有可能出細花（圖5-3）。

三、香型與結構

1.不要買開花不香的蘭苗

　　蘭花素有「香祖」、「國香」、「王者香」和「天下第一香」的美稱。春蘭是地生國蘭中花香最佳的一類，可是也有些地區出產的春蘭往往開花不香，如產於河南省南部信陽地區，或產於江西、湖北、湖南的少數山區的，往往大部分無香或僅有微香。這些不具花香的春蘭，依其產地而被稱為「河南草」、「湖北草」等。這些開花不香的蘭草，如果花的瓣型和色彩也不好，又沒有線藝，就沒有多少觀賞價值，儘量不要購買。但現在市場上，這些開花不香的春蘭常混在具香的春蘭中

銷售。

有花開時，可以從香味有無而辨別；無花時，可以透過仔細觀察葉片有關特徵來鑑別。一般無香的蘭草葉質薄而軟，葉姿中垂或大垂；葉面少中折、多開展；葉脈猶似蕙蘭樣泛凸，但沒有像蕙蘭的葉脈那樣富有透明感；葉邊緣齒粗而鈍，而有花香的春蘭葉緣齒細而銳。

2.要注意蘭草的結構

所謂蘭草的結構，指的是蘭苗新草和老草的搭配。

新草——指當年新生的蘭苗。

老草——指一年以前生長出的蘭苗。通常兩年生的老草稱母草，三年生以上的老草稱三代苗、四代苗。

一些蘭花銷售網站裡所銷售的蘭苗有新苗、母苗、三代苗、四代苗之分，說的就是結構。蘭草新老搭配的不同，價值與價格就不同。

一般說來，新草的生命力旺盛，發苗率高，價值大，價格也就高；而老草尤其是已經開過花的三代苗，其生命力漸漸趨於衰退，價值不如新草，價格也就低。所以，一盆蘭花結構的好壞，關鍵在於新草的數量，新草越多越好。

具體說就是全是當年生的新草最好，其次是當年生的新草加母草，母草加三代苗、四代苗最差。專業術語上，把前兩者稱作「前攏草」，後者稱為「後攏草」，前攏草比後攏草好。

正常情況下，商家一般是按有新有老的搭配來出售的，有時候新草多一苗，有時候老草多一苗。全部是新草，或者全部是老草的情況不多見。用老苗或老蘆頭孵出新苗，營養不足，生長較弱，價格也不會高。

新蘭友在購買時，一定要學會辨別蘭草的結構，儘量挑新草多的買，這樣才能以最少的投入獲取最大的效益。

第二節　苗源和購買途徑

選購蘭苗時不僅要瞭解壯苗標準和品種要求，還要明確蘭苗的來源和購買途徑。

一、苗　源

目前市場上大量出售的蘭苗，根據其來源可以分為組培苗、返銷苗、下山蘭、家養蘭4類。

組培苗——指在無菌條件下，利用蘭株體某種活組織離體培養、誘導、分化，使之再生成的新植株。

組培蘭苗具有品種純正、無污染的特點。一般組培苗都是好品種，不過需要培育4年才能開花。

返銷苗——指原產於中國大陸，於海外地區引種繁殖後，又由多種管道運到中國大陸銷售的蘭苗。

返銷蘭苗中多是品種不純，又有不同程度病毒侵染的劣質品。蘭販瞞過海關檢疫或利用不正當管道向大陸傾銷，因此返銷苗品質很不可靠。

下山蘭——指剛從山野挖掘出來的野生蘭，俗稱「生草」。

家養蘭——指經過人工馴化以後的蘭花，俗稱「熟草」。

這兩類蘭苗是家庭養蘭者最主要的苗源。那麼，怎樣區別和挑選這兩類蘭花呢？

(一)下山蘭與家養蘭的區別

由於生態條件的明顯差異，下山蘭經人工馴化成功後便成為家養蘭，在形態上會有所變化，主要表現在3個方面的不

同。

1. 根的區別

自然生長蘭花的山野土表，有10～20 cm厚的疏鬆腐殖土層，其下多為黏膩而堅硬的黃土層或石壁，故其根多向四面伸展，而很少下伸至黃土層。因此，下山蘭的根，細心起苗後，一經提起，其根群便呈傘狀均勻排列。再由於下山蘭的根，沒有水、肥、藥的作用，根色多是白嫩的。

處於根群中心部的根端和根尖，常接觸黃土層，而染有黃泥的色澤和黏附有黃泥塊。

家養蘭經過了長期的人工馴化，特別是盆栽的蘭花，由於蘭盆的局限，根呈弧形彎曲、交錯穿插，常呈團狀盤曲。同時，由於各種肥、藥的作用，根色常現乳黃。如果是在畦地栽植的，根的生長空間沒受到局限，肥料充足、光照適中，根便會粗壯而長。

2. 葉的區別

由於下山蘭處於山林濃蔭下，常因日光不足而葉體瘦長；又因其與雜草、灌叢混生，山風吹動時，難免會造成機械性的損傷；還會因養分不豐、光照不足等因素而使葉片粗糙、少光澤。

家養蘭在人工的合理調控下，光、溫、濕、水、肥適中，生長空間寬敞，久而久之，就變得葉短而寬厚，質細而嫩，株形、葉態工整，光澤度較高。如蕙蘭的家養蘭葉片就沒有下山蘭長。

3. 花的區別

家養蘭由於經人工長期的馴化，不僅根、葉會有明顯的變化，其花朵也會因光照足和水、肥、藥的作用，使花萼、花瓣變得短而寬，色彩由淡變濃，或由濃變淡等變化。

（二）下山蘭的挑選要點

一般下山蘭多來自於山民之手，價格低廉，引種比較經濟實惠。而且下山蘭是原生種，在自然條件下生長，株體內的可變因數充盈而活躍，引種馴化的變異潛力大。挑選到好的下山蘭要點有「三看」。

一是看株形葉態，選壯苗和不顯眼的蘭苗。看株形和葉片形態，選長勢茁壯的蘭苗，已經是常規做法。但也要注意那些長勢較弱、又有些形態特別的蘭苗。選長勢茁壯之苗，為的是成活率高，而那些似像非像，形態特徵最不顯眼的蘭苗，往往很有發展潛力，切勿漏選。

二是看是否有好花期待品。下山蘭中好花期待品往往在根、假鱗莖、甲柄、葉片形態上與眾不同，均有可能開出好花來。

根的形態與眾不同的，如雞爪根、鹿角根、人參根、輪生根、樹杈根、龍捲根等異樣根；假鱗莖形態與眾不同的，如冬筍莖、荸薺莖、節狀莖、橄欖莖等；甲柄形態與眾不同的，如連峰甲、姐妹甲、斜長甲、扭曲甲、裡扣甲、鈍圓甲，超薄葉柄緣、扭轉柄、不規則變形柄、匙狀柄、無葉柄環、多環套疊等；葉緣、葉尖與眾不同的，如葉緣後捲，有多處似折疊過的折痕樣、陰陽葉、葫蘆葉、鑰匙葉、缺裂葉、雙主脈葉、鑲龍嵌眼珠葉，間或特小葉、片片形不一葉、葉齒粗細相間葉，及葉尖長硬、鈍尖、倒翹尖、陰陽尖、勾尖等；葉挺而不硬，厚而鬆軟，薄而硬挺，及粗、細、軟、硬不規則的葉片等。

出現以上系列變化的均為可選之苗。此外像芽葉色不規則的、異色相間的品種，也常易開複色花。

三是看是否有線藝蘭期待品。凡是線藝蘭期待品，多有如下5個方面的特徵可資鑑別：

1. 鼻龍開闊，中骨透明

鼻龍——指離葉尖1 cm處的位置。蘭界稱其為「懸針」或「懸針角」。

中骨——指葉的主脈以及與葉主脈緊挨的葉肉。

鼻龍愈開闊，中骨愈透明，出線藝的可能性就愈大。

2. 背銀浮現，銀絲成群

背銀——指葉背似布有一層很薄的、似豬油膜樣的銀灰色覆蓋物。

銀絲——在背銀之上有隱匿的或若隱若現的極細小的銀白色絲狀線段。

背銀和銀絲群愈多，出線藝的可能性就愈大。

3. 芽色黃白，鞘尖晶亮

生草的新芽顯現黃白色，芽鞘尖呈現米粒大的晶亮體的，不僅出藝的可能性大，而且有可能出高級的線藝晶。

4. 葉鞘藝徵，葉柄現斑

如果生草的葉鞘（甲）有出藝的徵兆，一般會色澤不一，綠上泛有黃白線或斑；如果葉柄也呈現形狀各異的異色斑點，其下代必有奇跡出現。

5. 葉厚中等，質地鬆軟

一般說來，生草的葉薄則續變性差；葉厚則不易出藝；行龍葉，有出藝，也難進化；唯有既不太薄，也不太厚的中厚葉為最佳。手捏葉雙面，鬆軟而富有彈性的葉質為最上。

二、購買途逕

初養蘭花必須購苗，一般購買蘭花的途徑有4條。

1. 透過互聯網購買

在網購風靡的今天，在網上已經可以以較合適的價格淘到

自己喜歡的蘭花品種。網購蘭花要選對賣家。判斷賣家蘭苗的好壞可以看其商品評分和用戶評價，判斷網店的好壞可以看其好評率和信譽度。

在購買蘭花這種特殊的商品時，除了看用戶評價之外，還得注意選擇一個蘭花專業知識豐富的賣家。在網購的過程中，買家可以與賣家交流，如果賣家的答覆專業，那麼他的產品可信度也高。網購時不能貪圖便宜，超低價的蘭草不是帶有病菌就是非常瘦弱，不容易養活。

2. 到蘭博會、蘭花展銷會上購買

蘭博會、展銷會是有領導、有組織的蘭事活動，參展的蘭花一般要進行造冊登記，有名有價，有根有底，品種真實可靠。不要輕信虛假廣告，在沒有看到花、不知根底的情況下郵寄購買。

蘭花書刊常披露許多不法經營者利用廣告手段坑害蘭花愛好者。不過，也有許多廣告戶生意經念得比較好，取財有方，相對較可信。因此，我們買蘭花也要隨時掌握品種行情，常閱讀蘭花報刊，廣交各地有代表性的蘭友，多到當地花鳥市場瞭解行情。

3. 找誠信度高、在蘭界普遍反映較好的養蘭戶、養蘭人購買

買蘭要找專業養蘭人，買者可以親臨重蘭德、守信譽的養蘭戶選購，或向知名蘭家求購。

知名蘭家一生為揚國香於天下而辛勤勞作，並不以贏利為目的而養蘭，大多不會坑害蘭花愛好者。可以少量試購，或請其幫助代購。雖然價格可能要比蘭販略高些，但保險係數大，還是值得的。

4. 委託信得過、具有蘭花知識和鑒別能力的朋友幫助購買

蘭花品種的真偽，品質的優劣，不易準確分辨，只有少數

行家有一定的把握。因此，選購品種應儘可能聘請行家當參謀，既可減少誤買，又可直觀地學到識別本領。不要向自己不熟悉、不瞭解的陌生人購買。

無論由什麼途徑購買蘭花，都要詳細瞭解蘭花品種各方面情況。購買來的蘭花養不好的原因往往有3種：

一是蘭苗原產地的環境與購買者所在地的環境差別較大；

二是一些大棚種植的蘭花由於使用激素，打葉面肥，導致蘭根發育較差，脫離原有環境難以生存；

三是有些蘭株帶有病毒，養護一段時間後發病。

因此，在購買的時候務必瞭解清楚蘭花各方面的情況，特別是養植的環境、使用的植料、施用的肥料等，一定要做到心中有數。為減少養護難度，可儘量選購產地環境與所在地環境相近的蘭株。購買蘭花最根本的還是在實踐中多觀察、對比，以提高識別能力為第一。有了識別能力，便可得心應手，選購到貨真價實的種苗。

第六章
蘭苗繁殖方法

　　要發展蘭花產業，讓蘭花年年開花，必須不斷繁殖、擴大蘭花的種群。蘭花在自然條件下延續後代，一是由自身的根狀莖萌發出新芽來擴大株叢，這屬於無性繁殖；二是由繁殖器官——果實和種子來繁衍，這屬於有性繁殖。

無性繁殖——

　　利用蘭花植株的營養器官的再生能力，誘使其產生新芽和不定根，然後由這些新芽形成蘭花的地上部分，不定根形成新的根系，從而長成新的植株。

　　由分株等無性繁殖方法培育出的蘭花小苗，它只是繼續著蘭花植株母體的個體發育階段，因此不容易因環境條件的變化而發生變異，更不會出現返祖現象。所以在其繁殖成活後，只要能長出足夠的葉面積並積累了足夠的營養，就能開出與母體一樣的花朵，並可以保持蘭花原品種的固有特性。

　　無性繁殖一般常用的方法有分株法和假鱗莖培養法，一般家庭小規模的繁殖蘭花多採用這兩種方法。大規模的生產蘭花多採用組織培養法，這是一種特殊的無性繁殖方法，可以使蘭花育苗工廠化。

有性繁殖——

　　又稱「播種繁殖」。是用蘭花種子播種繁殖蘭苗的一種繁

殖方式。

播種繁殖出來的蘭花苗叫做實生苗，它生命力強，每棵單株的壽命也長，但是各方面的性狀都極不穩定，往往隨著環境條件的變化而發生變異。

當然，也可以利用這個特點進行雜交育種，培育出新型蘭花品種。蘭花有性繁殖採用的方法分為有菌播種法和無菌播種法兩種。

第一節 分 株

蘭花繁殖的主要形式是分株，尤其是在種植量不大，或家庭繁殖蘭花時，基本都採用分株繁殖。

分株繁殖——

將蘭花的叢生苗分割開來，分別另行栽植為獨立新植株的方法。

由於蘭花多為盆栽，所以蘭花分株又稱為「分盆」。這種繁殖方法操作比較簡單，容易掌握，成活率高，增株快，不損傷蘭苗，分株方法得當也不影響開花，而且能確保蘭花品種的固有特性，不會引起變異。所以，這種傳統的繁殖方法自古以來一直沿用至今。

蘭花分株不僅是繁殖的需要，也是為了讓蘭株更好地生長。一般以觀賞性為主的蘭花，開始不急於分株是因為大叢壯苗容易開花，便於欣賞。但時間長了則往往導致不開花。

因為盆栽的蘭花由於新苗的不斷增多，老的假鱗莖也並不立即死亡，到了一定的時間便會出現擁擠現象，不及時分株會影響蘭花的正常生長和發展。

在正常情況下，種植3年即可進行換盆分株繁殖。

一、分株季節

蘭花分株繁殖的時間應在休眠期前後。古蘭家們認為：春分墨建，秋分春蕙。在一般正常情況下，只要不是在蘭花的旺盛生長季節，均可以進行分株，但比較適宜的時節還是在蘭花的休眠期。

如果在蘭花春季新芽萌發後分株，操作會很不方便，稍不留心即會碰斷、碰傷新芽；而秋分時節，即休眠期的早期分株，能使蘭花較好地生長。在我國傳統的二十四節氣中，秋分的前十天和後十天是春蘭、蕙蘭的最佳分盆時間，而墨蘭、建蘭、寒蘭在春分前後分株比較適宜。

二、分株前的準備

為了在分株時操作方便，要在分株前控制澆水，讓盆土適當乾燥，使根發白，產生不明顯的凋縮，這樣本來脆而易斷的肉質根會變得綿軟，分株和盆栽時可以減輕傷根。

另外，還要準備好分株後栽植的花盆，盆栽植料，還有花鏟、枝剪、噴壺等各種工具。

三、蘭苗的選擇

繁殖用的蘭花應當生長良好，無病蟲害。建蘭2～3年分一次盆，蕙蘭有8～9個假鱗莖時才能分株，春蘭可以稍少一些。

值得注意的是，一年苗不能分株。如果強行分株，會造成創面大，從而易感染病菌。同時，一年苗的假鱗莖嫩，表皮硬化度低，適應新環境能力弱，所以給一年苗分株會導致苗難成活。

分株也要注意蘭苗根的狀況，蘭根多則可分株，蘭根少則慎分株，分株時要注意所分蘭株都應有根。分株不宜太勤，因

為分株對根有傷害，根傷得太多，分株後管理不好，恢復比較慢，新芽長不大，形不成花芽。

四、脫盆方法

在分盆前5～7天應施一次「離母肥」，以利分盆後的蘭花元氣充足，加快恢復生長。分盆時的盆內植料要稍乾一些，以防植料粘重會傷到新根和蘭芽、花苞。在操作過程中切忌生拉硬拽，需用手掌輕敲盆壁兩側，以便植料脫盆。

分盆時首先用左手五指靠近盆面伸進蘭苗中，用力托住盆土，右手將盆倒置過來，並輕輕叩擊盆的四周，使盆土與盆脫離；再用右手抓住盆底孔，輕輕將盆提起，蘭苗土坨便會從花盆中脫出（圖6-1）。然後將蘭苗及盆土平放，使土堆不致突然散裂，而導致蘭花根系折斷。

在土坨稍乾的情況下，細心將土坨輕輕拍打鬆散，小心抓住沒有嫩芽的假鱗莖，不要傷及葉和嫩芽，再逐步將舊盆土抖掉。這時拿起蘭苗用剪刀剪除已枯黃的葉片、假鱗莖上的腐敗苞葉及已腐爛乾空的老根，但有新芽的假鱗莖上的葉片應儘量保留，否則，新芽會生長得慢而小。

葉片已完全脫落的假鱗莖也應剪掉，需要時還可以作為繁殖材料使用。如果分盆前盆土未經乾燥，過於潮濕，應將苗根用清水洗一下並晾乾，待根發白變綿軟時再進行清理和修剪。

1.叩擊盆壁　　　　2.脫根團

圖6-1　脫盆

五、消毒和分株

蘭花下盆以後，慢慢抖掉蘭根周圍的植料，用消過毒的蘭剪清理殘根敗葉，把盤繞的根系拆散理順，放入水中清洗，然後移放在通風陰涼處，讓根部變軟後，再進行分株。

分株一定要有目的，如果是觀賞型的，每一個單位應在5苗左右，最好是從蘭苗基部已形成「馬口」之處分離；如果是經濟產出型的，則要以多發苗的原則來分株。

馬口──蘭花新苗鱗莖與老苗鱗莖的連接線中出現的一個明顯的縫。

蘭花的苗從假鱗莖上長出，新苗的假鱗莖緊貼老苗的假鱗莖，第二年新老苗的假鱗莖慢慢拉開距離，新苗上會再長出新苗來，這時新老苗的鱗莖聯繫面變小並下移，形成一個連接點；三至四年後，這個連接點逐漸生長變長，形成一條短實的連接線，成為連筋，新老苗的鱗莖完全分開，連接線上便會出現馬口。

蘭花馬口，老苗多的蘭叢極明顯，新苗多的蘭叢不太明顯。明顯的可用刀具切開，不明顯的可用手勁試探。在用手勁試探時，先找出蘭苗相鄰較遠的兩個假鱗莖，各用兩手的拇指和食指捏住，左右手輕輕逆向扭動，兩個假鱗莖錯開則此處是馬口，繼續扭動，現出連接點，然後用蘭剪剪開，分株即成。如果扭動不暢，則需另找馬口。

「蘭喜聚簇而畏離母」。聚簇的蘭花有較強的抗逆性、適應性，能協調好生殖生長和營養生長的對立與統一。

「強壯者二代連，弱株需三代連」。實踐證明，二三代連體叢植，不僅易開花，而且所萌發的新芽也會一代比一代更強壯。而拆散單植，不僅極少能當年開花，而且單植後所萌發的

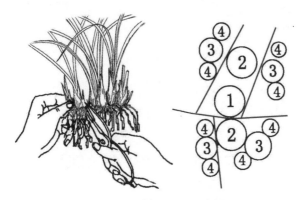

圖6-2　蘭叢分株示意圖

新株多瘦弱，株葉數減少，葉幅變窄，株高變低。特別是蕙蘭由於假鱗莖過小，積聚養分有限，一般不宜單株種養，分株也不宜過勤，以4～5株聯體種養為好。

　　分株前，要從最新的植株上溯其母株，逐一往上推，從株葉的色澤和老嫩，便可看準其生長的代數。代與代之間相隔的數目，就是可分離的線路（圖6-2）。

　　分株時，選擇已經清理好的較大叢植株，找出兩假鱗莖間相距較寬、用手搖動時容易鬆動的地方，先用雙手的拇指和食指捏住相連的假鱗莖輕輕掰折，當聽到撕裂的響聲時，再用消毒剪刀剪開其連接體。剪時最好能在剪口處塗上炭末或硫黃粉，防止因傷口引起根部腐爛。

　　注意使剪開的兩部分假鱗莖上都有新芽，各自能單獨發展成新的植株。剪開的每一部分最少應有3個假鱗莖，太少對新生芽生長不利，也不易開花。

　　蘭花分株口訣——蘭茂當分株，株分蘭發展，分蘭找馬口，幼蘭切忌分。

　　分株時務必不要碰傷假鱗莖基部的幼小葉芽。如傷口大，呈水漬狀，可用托布津粉或新鮮的草木灰塗在傷口上，以防止

菌類感染發生腐爛現象。同時把其中的乾空假鱗莖和空根、黑腐根剪去，盤曲過長的老根可在適當處剪斷去掉，還應剪去基部的乾枯甲殼和花杆。分株後，蘭花的剪口、傷口處都要用滅菌粉消毒。蘭根若不是泥土太多，儘量不要水洗，以避免傷口被水中的菌類感染，可直接植入新盆。

蘭花入盆前，栽培植料也都要消毒。最簡單的辦法是在高溫天氣將栽培植料攤在水泥地上暴曬3～7天；也可以用蒸汽消毒，只要蒸汽通過基質1 h就可以達到消毒效果；此外，用40％福馬林加50倍水噴灑栽培植料並密封2週，在啟封後再晾10～20天即可使用。

家庭養蘭盆數較少的，分株也可以不脫盆，就在蘭盆中進行。方法是找蘭苗距離寬處，將盆土扒開一部分，看到連筋或連接點後，用刀片輕輕割斷連筋或割開連接點，取出需分開的蘭株，在留盆蘭株的創面旁放一把乾土，再將扒開的盆土重新復原。這種留盆分株法，既不影響留盆蘭株的長勢，也容易連年開花。

第二節　假鱗莖培養

蘭花的假鱗莖俗稱蘆頭、蒲頭等。假鱗莖除了具有貯藏養分和水分的功能之外，還可以利用假鱗莖來繁殖蘭花。因為假鱗莖上有節，節上有條件適宜便可萌發的活動芽，還有受到刺激便能萌發的潛伏芽（隱芽）。

活動芽──指當年形成且在當年或翌年生長季節中就能萌發的芽。

潛伏芽──指在形成的第二年春天或連續幾年不萌發的芽，又稱「隱芽」。只有遭受刺激時，才有可能萌發。

國蘭和大花蕙蘭通常每個老假鱗莖下部有兩個芽（上部還有隱芽），一般每年只萌發一個，另一個則處於休眠狀態。在分株繁殖時常會剪下一些老的假鱗莖，一些蘭花倒苗時假鱗莖還是健壯的。這些老的假鱗莖不要輕易拋棄，它們都有許多潛伏芽，是寶貴的繁殖材料。

一、假鱗莖催芽條件

用蘭花的老假鱗莖催芽，要根據蘭花的生理特點選擇催芽的最佳時期，創造老假鱗莖發芽最適宜的環境條件。蘭花最佳生長季節也就是老假鱗莖催芽的最佳時期，在江南地區一般是每年的3～10月，日溫在25℃左右。

老假鱗莖發芽最適宜的環境條件為適宜的溫度，濕潤的、通氣透水條件良好的土壤或栽培基質。

催芽時要注意光照的控制，日溫在20℃以下時可讓其曬太陽，日溫30℃的時候要遮陽，日溫30℃以上時絕對不能讓陽光直射，應選擇最陰、最涼爽的地方，只要有光線即可。要讓老鱗莖長出新芽來，需要較長的時間等待。老假鱗莖出芽短則50天，長則幾個月，這與溫度的高低緊密相關。如果我們在11月進行老假鱗莖的催芽，一般要到第二年的4～5月才能出芽。

二、假鱗莖催芽方法

(一)有葉假鱗莖催芽

蘭花的假鱗莖一般都帶有葉片。在催芽的時候將健壯的葉片保留，只是剪去一些枯葉、斷根，這種方法稱為有葉假鱗莖催芽。具體的操作步驟為：

（1）將蘭株從盆中取出，清除已枯的鞘葉，洗淨，然後

扭轉相連的假鱗莖，使假鱗莖連接處半斷又不斷，緊連帶葉的假鱗莖不要扭轉，以便帶葉的假鱗莖發芽時有充分的養分供給。原則上飽滿的根系留下，爛根、空根清除。

（2）用托布津之類的殺菌消毒劑，按說明書上的配比稀釋成消毒液，把假鱗莖放入浸泡2～3 min用以消毒殺菌，浸泡時間不能長。

（3）按正常的植蘭方法把處理後的老假鱗莖連蘭根部重新栽植入盆，先用傳統的植料填至老假鱗莖下面約1 cm，再用植金石或塘基土之類透氣性好的植料覆蓋至老假鱗莖上面約0.5 cm。

（4）選用「促根生」之類的生長調節劑，按說明書的配比對蘭株澆灑。

如施用「蘭菌王」這樣的生長調節劑，需注意要在有陽光的條件下才會生效。平時管理同其他蘭花一樣，無需特定的條件，關鍵在於平時蘭盆的保濕，每10天澆灑一次「促根生」之類的生長調節劑，交換使用促進生根的生長調節劑則效果更佳。經過一段時間養護，基本上老假鱗莖都能生長出完好的新芽，也無須換盆，只要和其他蘭花一樣管理，做到薄肥勤施。如老假鱗莖壯實的話次年還可能復花。

（二）無葉假鱗莖催芽

在養蘭過程中，一些蘭株因為衰老、漬水、生病等種種原因，造成葉片枯死，但假鱗莖仍然是有生命力的，這就形成了無葉假鱗莖。這些無葉假鱗莖，不論是有根或無根，只要假鱗莖飽滿、具有活性、無傷病均能催芽成功。

具體操作步驟為：

（1）將這些老假鱗莖上面的葉鞘剝除，去掉枯葉及病根

爛根，用清水洗淨後，將假鱗莖進行半分離。最好不要單個種植，單個催出的新芽不易成苗，而且難護理。

（2）用托布津之類的殺菌消毒劑，按說明配比稀釋成消毒液，浸泡老假鱗莖2～3 min，晾乾2～3天，使假鱗莖在扭轉過程中的創傷癒合。

（3）按正常的植蘭方法重新植入盆中。假鱗莖催芽用的植料一般選用分株繁殖蘭花的植料，目的是保證對尚有根部的老假鱗莖養分的供給，以便催芽成功後有充分的養分供應新芽，促進新芽快速長根。

植入時在老假鱗莖芽點周圍放一些如水苔、樹皮之類的保濕材料；老假鱗莖及假鱗莖以上選用植金石或塘基土之類的透氣性植料覆蓋約0.5 cm，植料顆粒約米粒大小。以後澆水等管理與平常護養方法相同。

經常保持濕潤和溫暖的環境，在1～2個月後每個老假鱗莖能生出1～2枚新芽，接下來會在新芽基部生出新的不定根，細心培養便可以成為新的植株（圖6-3）。

1.剝去葉鞘　　　　　2.消毒　　　　　3.栽植入盆

圖6-3　無葉無鱗莖催芽

生產中還可以將一些生長衰弱的老株的根、葉故意剪掉，將這些無葉無根的假鱗莖消毒後，用水苔（蘚類植物）包裹保持濕度，埋植在大花盆或木箱中，以促其萌生新芽。如果數量不多，用水苔包裹後放在小塑膠袋中也可以。這種催芽方法俗稱「摀老頭」（圖6-4），可以加速蘭花的繁殖。

1.剪去根、葉

2.消毒

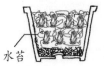
3.催芽

4.出芽

圖6-4　捂老頭

三、假鱗莖催芽注意事項

1.不要反季節催芽

從理論上說在一年四季均可催芽，但反季節催芽對蘭花新苗生長不利，應在每年蘭花落花後結合翻盆時進行老假鱗莖的催芽。此時假鱗莖催出的芽粗壯有力，氣候也適應新芽的生長。不過在有溫室條件的情況下一年四季均可進行催芽。

2.不要暴曬或翻曬老假鱗莖

老假鱗莖經過暴曬或翻曬，雖刺激了芽點，使發芽迅速，但催芽成功後新芽生長瘦弱。原因在於老假鱗莖暴曬及翻曬後，嚴重脫水，在催芽成功後無充足的養分來供養新苗。

隨著新芽的生長，老假鱗莖一般都隨即死亡，新芽的自供能力差，根系尚未完整形成，加之氣溫的升高，護養難度極大。正確的做法是氣溫在10～15℃時，適當地晾曬老假鱗莖，以利傷口的癒合。

第三節　組織培養

組織培養——又稱「植物組織離體培養」。指從蘭花植物體分離出符合需要的組織器官等，透過無菌操作，在人工控制的條件下進行培養以獲得再生的完整蘭花植株的繁殖技術。

通常植物組織培養有器官培養、組織培養、胚培養、莖尖

培養、花藥培養、細胞培養等方法，蘭花的組織培養主要採用的是莖尖培養法和葉片培養法。

莖尖培養法的基本步驟為：採集蘭花芽 → 消毒滅菌 → 接種在配製好的培養基上 → 形成原球莖 → 誘導生根 → 形成小苗 → 煉苗 → 上盆（圖6-5）。

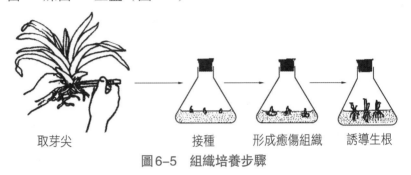

取芽尖　　　　　　　　　　接種　　形成癒傷組織　　誘導生根

圖6-5　組織培養步驟

一、培養物的採集和滅菌

1. 培養物的採集

蘭花正在生長中的芽是最理想的用於組織培養的外植體採集物，但由於各屬和種不同，採集芽的大小也有區別。一般國蘭的採集芽長為2～3 cm。

切芽前要選擇生長健壯的蘭株，將植株漂洗乾淨，尤其是帶芽的部分更要注意清洗。取芽時，將清洗乾淨的蘭株放在工作臺上，用消過毒的探針和刀片將芽取下（圖6-6）。

切取下來的芽，上面包括有數個隱芽（休眠芽）和生長芽。生長芽是細胞分裂活動最旺盛的部分，也是培養成功率最高的部位。休眠芽也可以用來培養，但由於該芽體積比較小，剝離比較困難，生長也較慢，有時還要在培養基中加入植物生長調節劑來打破其休眠。取下的新芽，先用刮刀除去外苞葉2～3片，充分洗淨後再滅菌。

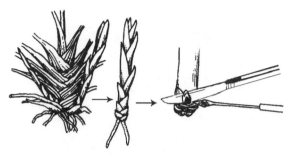

圖6-6　外植體切取

2. 培養物的消毒滅菌

切下的芽，要先放在不銹鋼託盤等容器中，用自來水的流水充分沖洗 30 min 左右，並把最外面的 1～2 片苞葉去掉，然後放在 10% 次氯酸鈉溶液或漂白粉溶液（10 g 漂白粉溶解於 140 ml 水中，充分攪拌以後靜置約 20 min，取上清液）中浸 10～15 min。滅菌的時間和滅菌液的濃度應根據芽的大小和成熟度及不同種、屬或多或少地進行調整，做到既要防止菌類的污染，又要避免因滅菌液的殺傷作用而引起芽的組織壞死。

滅菌後的芽，應在無菌條件下剝離和切割。操作間和工作臺都要用消毒液充分消毒。芽剝離後容易產生褐變，在切割時應將芽放在無菌的蒸餾水中操作，這樣會比在空氣中產生褐變的機會少些。

剝離出芽的大小要依培養目的而定。如果是以消除病毒為主要目的，芽只要利用其莖尖生長點的部分就行了，所以可以儘量小，通常可小至 0.1 mm³；一般以繁殖為目的的，培養物可以大到 5 mm³。體積越小，越難成活。

大體積的剝離可以肉眼直接操作，太小則需要在解剖鏡下才能看清。如果是在接種箱內剝離和切割的，剝出的組織可以直接接種在已準備好的培養基上，用衛生藥棉封好三角瓶的瓶口，在瓶上做好標記，而後集中移到培養場所。

二、培養器材及栽培環境

(一)基本儀器設備與用品

1. 儀器設備

超淨工作臺，又名「接種箱」（圖6-7）、高壓滅菌鍋（有手提式、立式或臥式3種，圖6-8）、小推車（圖6-9）、精密電子天平（精度至少為千分之一）、電子天平或託盤天平、酸度計、普通冰箱、烘箱、解剖鏡、光照培養箱（選購）、電爐、微量可調移液器及配套吸嘴、移液管架、磁力攪拌器（可選）、不銹鋼託盤、灌裝機（可選）、培養架（圖6-10）、計時器（控制光照時間）、紫外線殺菌燈、照度計（可選）、空調、溫濕度計（可選）、蒸餾水器、搖床（可選）、針頭濾器及配套濾膜。

圖6-7　超淨工作台

圖6-8　立式高壓滅菌鍋

圖6-9　小推車

2. 小型用品

槍鑷、彎剪、解剖刀、接種盤。

3. 玻璃器皿

組培瓶（玻璃或塑膠）、燒杯、量筒、移液管、試劑瓶、移液管架、容量瓶、試管、酒精、玻璃棒、滴瓶。採芽後，培養的初期可以用50～100 ml的小培養瓶，而後期的幼苗生長階段則需要較大的培養瓶，可以用200～500 ml的三角瓶（圖6-11）。目前多用一次性的耐高溫平底塑膠瓶，既方便省事，效果也好。

圖6-10　培養架

4. 組培藥品

詳細藥品請見常用配方。

5. 其他

吸耳球、刷子、記號筆、定時鐘、手套、封口膜、衛生藥棉、拖鞋、口罩、白大褂、濾紙、洗瓶。

圖6-11　培養瓶

（二）培養環境條件

在蘭花組織培養過程中，溫度、光照、濕度等各種環境條件，都會影響蘭花組織培養苗的生長和發育。

1. 光照

在蘭花組織培養中，通常採用的光照強度約為2000 lx，每天光照時間12 h，黑白交替。目前多用40 W日光燈，在燈管下

蘭花栽培小百科

15～20 cm培養，不可離得太遠。

2. 溫度

溫度最好恒定在22～25 ℃。溫度低生長緩慢，溫度高容易發生褐變，尤其夏季應特別注意防止高溫侵襲。所以，培養室內需要配備空調等溫度調節設施。

3. 濕度

環境的相對濕度可以影響培養基的水分含量。濕度過低會使培養基喪失大量水分，導致培養基各種成分濃度的改變和滲透壓的升高，進而影響組織培養的正常進行；濕度過高時，易引起棉塞長黴，造成污染。

一般要求相對濕度保持在70％～80％，常用加濕器或經常用灑水噴霧的方法來調節濕度。

4. 氣體

氧氣是組織培養中必需的因素，瓶蓋封閉時要考慮通氣問題，可用附有濾氣膜的封口材料。通氣效果最好的是棉塞封閉瓶口，但棉塞易使培養基乾燥，夏季易引起污染。固體培養基可加進活性炭來增加通氣度，以利於發根。培養室要經常換氣，改善室內的通氣狀況。

液體振盪培養時，要考慮振盪的次數、振幅等，同時要考慮容器的類型、培養基等。

5. 清潔衛生

注意保持培養室的清潔、乾燥，與外界空氣交流不要太多；人員進入培養室要更換潔淨的工作服，套上鞋套，這樣可以避免培養瓶的再污染。

三、培養基的選擇

蘭花培養基有許多種類，要根據不同的蘭花種類和培養部

位及不同的培養目的需選用不同的培養基。在蘭花莖尖培養工作中，要求有4種培養基：

（1）適宜於形成原球莖的培養基。

（2）適於原球莖增殖的培養基。

（3）適於從原球莖分化芽和根的培養基。

（4）適於分化後的幼苗迅速生長的培養基。

對於國蘭來說，與上述還不完全相同。國蘭透過莖尖培養，首先形成的器官雖和原球莖相似，但以後則不大相同。它不能直接從原球莖形成幼苗，而是形成根狀莖，再由根狀莖形成幼苗。因此，在具體到各個種、屬的培養時，還有一段摸索和研究的過程。

經初步觀察，春蘭的品種適應以無機鹽濃度和氨態氮含量低，而生長素含量高的培養基；蕙蘭、建蘭的品種則適應無機鹽濃度較高、生長素含量較低的培養基。

有資料表明，適於春蘭形成原球莖的誘導培養基為：1/2MS＋0.7％瓊脂糖（瓊脂中不帶電荷的中性組成成分，也稱為「瓊膠素或瓊膠糖」，商店可買到）＋30 g蔗糖＋0.01％活性炭，pH為5.4～5.6。

原球莖增殖的培養基為：1/2MS＋(0.1～0.5)BA ＋0.01NAA＋0.7％瓊脂糖＋30 g蔗糖＋0.1％活性炭，pH值為5.2～5.4。

繼代的根狀莖增殖誘芽培養基：固體培養基為1/2 MS（維生素不減半）＋NAA5 mg/L＋100 g/ L椰乳＋3 g/L活性炭＋20 g/L蔗糖＋8.5 g/L瓊脂；液體培養基同固體培養基配方但不加瓊脂。

適於建蘭快速繁殖形成原球莖的誘導培養基為：MS＋(1–2)mg/L NAA＋(3～4)mg/L BA，pH5.6。

增殖培養基為：改良 MS＋（1～2）mg/L NAA＋（2～3）

mg/L BA，pH5.6。

芽分化培養基：改良 MS+3 mg/L NAA＋4 mg/L BA，pH5.6。

適於彩心建蘭形成原球莖的誘導培養基為：MS＋0.2 mg/L NAA＋3 mg/L BA ；B5＋5 mg/L NAA＋1 mg/L BA 。

簇生原球莖的形成培養基為：MS＋0.2 mg/L NAA＋2.2 mg/L BA＋1 mg/L 4PU-30（苯基脲類細胞分裂素）。

芽分化培養基為：MS＋0.2 mg/L NAA＋2.2 mg/L BA＋1 mg/L 4PU-30，含0.3％活性炭。

成苗培養基為：1/2MS＋0.4 mg/L BA＋0.6 mg/L NAA。

適於素心建蘭誘導原球莖的誘導培養基為：改良的 MS （大量元素、微量元素減半）＋NAA6 mg/L＋10％椰子汁，pH5.4。

原球莖增殖培養基為：MS＋NAA1～mg/L＋10％椰子汁＋0.1％ 活性炭，pH5.4。

根狀莖分化出芽和根培養基為：1/2 MS＋BA2 mg/L＋NAA0.2 mg/L＋10％香蕉泥，pH5.4。

White 培養基	成分用量（mg/L）：
硫酸鎂（$MgSO_4 \cdot 7H_2O$）	360
碳酸鈣〔$Ca(CO_3)_2 \cdot 4H_2O$〕	200
硫酸鈉（Na_2SO_4）	200g
硝酸鉀（KNO_3）	80
氯化鉀（KCl）	65
硫酸錳（$MnSO_4 \cdot 4H_2O$）	4.5
磷酸二氫鈉（NaH_2PO_4）	16.5
硫酸鋅（$ZnSO_4 \cdot 7H_2O$）	1.5
硼酸（H_3BO_3）	1.5

MS 培養基	成分用量（mg/L）
硝酸鉀（KNO_3）	1900
硝酸銨（NH_4NO_3）	1650
磷酸二氫鉀（KH_2PO_4）	170
硫酸鎂（$MgSO_4 \cdot 7H_2O$）	370
氯化鈣（$CaCl_2 \cdot 2H_2O$）	440
碘化鉀（KI）	0.83
硼酸（H_3BO_3）	6.2
硫酸錳（$MnSO_4 \cdot 4H_2O$）	22.3
硫酸鋅（$ZnSO_4 \cdot 7H_2O$）	8.6
鉬酸鈉（$Na_2MoO_4 \cdot 2H_2O$）	0.25
硫酸銅（$CuSO_4 \cdot 5H_2O$）	0.025
氯化鈷（$CoCl2 \cdot 6H_2O$）	0.025
乙二胺四乙酸二鈉（$Na2 \cdot EDTA$）	37.3
硫酸亞鐵（$FeSO_4 \cdot 7H_2O$）	27.8
肌醇	100
甘氨酸	2
鹽酸硫胺素 VB1	0.1
鹽酸吡哆醇 VB6	0.5
煙酸 VB5 或 VPP	0.5
蔗糖	30 g
瓊脂	7 g

Vacinand Went（VW）培養基	成分用量（mg/L）
碘化鉀（KI）	0.75
硫酸鐵〔$Fe_2(SO_4)_3$〕	270
甘氨酸	3

硫胺素	0.1
毗哆醇	0.1
煙酸	0.5
蔗糖	20 g
瓊脂	15 g
蒸餾水	1000 ml

成分用量（mg）

磷酸鈣	200
硝酸鉀（KNO_3）	525
磷酸二氫鉀（KH_2PO_4）	250
硫酸鎂（$MgSO_4 \cdot 7H_2O$）	250
硫酸銨〔$(NH_4)_2SO_4$〕	500

本配方氫離子濃度為 6309～10000 nmol/l（pH5.0～5.2）

成分用量（mg）

酒石酸鐵〔$Fe_2(C_4H_4O_6) \cdot 2H_2O$〕	280
硫酸錳（$MnSO_4 \cdot 4H_2O$）	7.5
蔗糖	20 g
瓊脂	16 g
水	1000 ml

四、液體培養

在國蘭的生產性培養中使用液體振盪培養，可大量地增加原球莖的數量。在液體培養中，為增加和改進培養液中的氧氣供應，通常使用振盪培養機（每分鐘60～120次）和旋轉培養機（每分鐘1轉）。一般認為旋轉培養機在國蘭的原球莖培養中比振盪培養機更好些。在培養期間保持室溫22℃和24 h連續光照，可以在短期內得到大量的原球莖球狀體。

在旋轉培養中形成的原球莖球狀體組織塊比較大，在進行分化幼苗培養前必須把它切割成許多小塊，轉移到固體培養基上以後可以直接形成幼苗。若不切割，組織塊體積過大，每塊組織上會出現許多幼苗，這時再來分切就比較麻煩。

五、試管苗的移栽

試管苗一般長至高5～8 cm、有3片以上的葉和2～3條根時，即可以移出培養瓶，栽種到盆裡。待苗稍大些移栽成活率高，但太大又不易出瓶。栽培用的材料同播種苗，每盆栽種10餘株。從試管中取出的幼苗要用水輕輕將附著在根上的瓊脂洗掉，以免瓊脂發黴引起爛根。另外，為了避免出瓶困難，在配製培養基時，可適當減少些瓊脂，降低培養基的硬度，便於幼苗出瓶。

盆栽小試管苗必須特別細心，因為它十分脆弱，很易受傷。為了能使試管苗得到一些鍛鍊，可在出瓶前24～48 h把瓶蓋全部打開或打開一半，使幼苗葉片抗性增強一些。但打開時間不要太久，以免引起培養基發黴。

盆栽試管苗需放在與培養室溫度差不多的溫室中，室溫應保持在25℃左右。濕度應稍高些，但盆栽材料和葉片不能經常著水，以免引起腐爛。溫室內應有較強的散射光，30％左右的陽光能照射到室內。

每週施1次液體複合肥（氮、磷、鉀之比為20：20：20），濃度在0.1％左右，進行葉面噴灑或根部澆灌。每週噴1次抗菌劑。1個月以後可將其移至光線稍強的地方。應注意的是，不同種類的蘭花對光照強度的要求不同。待苗長大後注意分盆，每盆栽種1株。

由於種類不同，生長的快慢差異較大。生長快的種類，盆

蘭花栽培小百科

栽後6～8個月可以開花,有些種類則需要3～4年。但一般情況下,組培苗比播種苗開花期要提早許多。

1. 出瓶處理

瓶苗引進後放在花架上一週左右時間。出瓶前,先將瓶子蓋完全打開,使瓶苗在自然環境中適應2～3天,再從瓶中移出。

當幼苗全部取出後,先在清水中沖洗,然後用短毛筆輕輕地把附著在根上的培養基清洗乾淨,再用清水沖泡,否則易發生黴爛。按大小嚴格分級,置於鋪有報紙的花架上,必要時可用稀釋後的殺菌劑噴灑。

2. 種植與管理

殺菌後的瓶苗,可種於苗盤上(圖6-12)。使用一種多孔性不易積水的矮盤。植材選用較細的水苔(如果是粗的要先剪碎)。水苔浸泡洗淨擠乾,保存一定濕度,並進行殺菌處理。種時先在盤上鋪上一層1 cm厚的水苔,然後把幼苗的根部一株一株地包上水苔、捲成一小團,按株行距一株株地放置在苗盤上。種植幼苗時需要穩定,故不能太鬆,大苗與小苗要嚴格分開種植。放置的地方要求光照弱,比較陰涼,通風好,濕度要達到80％～90％。

種後用噴霧器將苗株與植材噴濕。每天向葉片噴水數次,但要嚴格控制,切忌過乾、過濕,每次都用噴霧器噴灑。兩週後,每星期噴灑一次殺菌殺蟲劑。在20天以後新根長出,逐漸增加光照,每週進行一次根外追肥,可用「花寶1號」或「通用肥」,稀釋2000倍後

圖6-12 苗盤種植

噴灑。8個月後，即可移植於10 cm軟盆單株種植。

3. 幼苗期的培育

第一年可用直徑10 cm軟盆種植，每盆種1株。植料基質可用樹皮粒、水苔，或泥炭土加煤渣（直徑為0.5～1 cm的顆粒）。植料基質檢測：pH為5.1。夜溫15～20℃，日溫20～30℃。11月至次年5月光照強度為15000 lx至20000 Lx，6月至10月為30000 lx。11月至次年4月大棚覆蓋塑膠薄膜，不必用遮陽網。5月上旬可除去塑膠薄膜，換上50％的遮陽網。

根據光照強度，必要時加兩道可調節的遮陽網，以避免日灼。注意通風，空氣濕度保持在80％～90％。定時灌水，特別是秋季氣候乾燥需水量多，每天都得灌水。冬天生長慢，需水少，二三天灌一次。灌水在上午11時左右，應在見乾（植材表面變乾泛白）時灌水，水自盆底流出即可。控水管理是幼苗期栽培中最重要、最複雜的管理技術之一。

幼苗期一般以根外追肥為主，按照薄肥勤施的原則，每週一次，將氮、磷、鉀比例為8：3：8的複合肥料稀釋1000倍施用。冬天一般不施肥，必要時以磷酸二氫鉀稀釋1000倍液進行根外追肥，避免造成腐根。

蘭花組培苗幼苗期易受葉枯病、莖腐病、病毒病、介殼蟲類、蛞蝓、蝸牛、蚜蟲和蟎類等病蟲害侵染。發現蘭株感染病害後，從發病部位3 cm以外的部位切除，噴施殺菌劑。

澆水前先清除感病植株及組織，並移出大棚。清除時勿使病組織內汁液流出，以免傳染。

移出大棚的病植株，應立即集中噴施2％的福馬林溶液，然後掩埋或燒毀。清除棚內所有雜草，棚外雜草亦應定期清理。分割植株或剪除葉、花時，每次使用工具前用5％的福馬林和5％氫氧化鈉混合液消毒。用蒸汽薰蒸或暴曬消毒種植基

蘭花栽培小百科

質。用5%的漂白劑消毒植床、框架及大棚地面、道路。防止昆蟲、人員、用具等媒介傳染。對已知或懷疑遭受病害感染的植株進行隔離。新進植株要與原有植株隔離3個月。

4. 中苗期的管理

第一年底到第二年初，為其更換直徑為12 cm軟盆。每平方米的框架可放25盆，第二年加寬可放15盆。如使用植料基質顆粒則可適當粗些，即1～1.5 cm。換盆時不可傷根，換盆前後各澆水一次。11月下旬或12月上旬，把遮光網拆下，換上塑膠薄膜。室溫控制在夜溫18℃，日溫23℃，光照40000 lx，12月以後儘量使光線射入。

換盆時在盆底施10 g基肥（豆粕和骨粉7：3的比例混合作為固體肥料）。7月之前為促進生長，每月一次施用氮、磷、鉀比例為20：20：20的通用複合肥，8月之後每星期施一次液肥，9月以後用磷酸二氫鉀1000倍液根外追肥。

這段期間應重點充實分生假鱗莖。對於生長期假鱗莖發生的芽，必須全部除去；但如生長有停頓之勢的芽，可將這種芽留下，以便更新。

第四節　播　種

在一般花卉的繁殖技術中，播種似乎是最常用、最普通、最容易的方法，但對蘭花來說卻是不容易的。因為蘭花種子非常細小，呈粉狀，只有在顯微鏡下才能看清它的構造。蘭花種子顏色有黃色、白色、乳白色和棕褐色，形態與大小各式各樣（圖6-13）。雖然蘭花種子很小，但許多種類從開花授粉至果實成熟期時間卻很長。

蘭花種子幾乎沒有貯藏物質，而且種子也未發現有貯藏營養

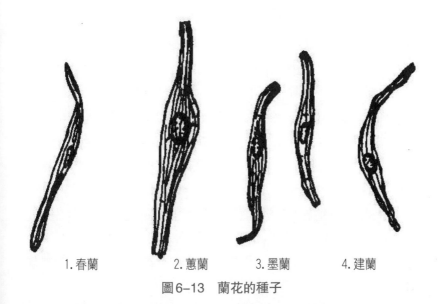

| 1.春蘭 | 2.蕙蘭 | 3.墨蘭 | 4.建蘭 |

圖6-13　蘭花的種子

物質的組織。由於蘭花種子在萌發過程中缺少營養物質，在自然條件下很難發芽，並且幼苗生長緩慢，所以蘭花播種繁殖有一定的難度。

　　蘭花播種繁殖多用於選育新品種，透過優良品種選育和有性雜交育種的手法，將獲得的蘭花種子由播種繁殖的方法選育出優良蘭株。

一、戽種培育

　　蘭花在保持品種特性不變的前提下，用品種內的不同植株進行雜交，可以使其有性繁殖的後代生活力大大提高。用品種間的不同植株進行雜交，利用雜交產生的雜種優勢也可以提高品種的生活力。

　　雜種優勢——指蘭花雜交子代在生長、成活、繁殖能力或生產性能等方面均優於父本和母本雙親均值的現象。

因為植物界的遺傳規律是，在雜種第一代中母本表現為顯性，父本表現為隱性，用雜交第一代種子播種後長出的花苗，均表現原母本的性狀，因而在提高了品種生活力的同時還能保持原品種的固有特徵。如果我們利用雜交育種的方法進行同屬蘭花種與種之間、同種蘭花品種與品種之間的雜交，往往會因為子代變異培育出新品種，還可以利用父本的某些優良性狀來改變母本的某些特徵，從而獲得一個新品種，所以種子繁殖可以培育出優良品種。

母本——蘭花有性繁殖過程中親代的雌性個體。

父本——蘭花有性繁殖過程中親代的雄性個體。

雜交親本——簡稱「親本」。指蘭花雜交時所選用的雌雄性個體。

蘭科植物種間雜交的親和性強都比較強，蘭花不僅可以進行種間的雜交，還可以進行屬間的雜交。在進行蘭花良種培育時，首先要構想優選品種優勢，然後進行優選雜交親本的工作。在這些工作的基礎上，再進行採集花粉、人工授粉等一系列具體的工作。

1. 構想優選品種優勢組合

（1）株形葉態的優選

蘭屬種間雜交後產生的第一代，其葉片的幅度與長度、形態與數量，更多像母本。父本雖有一定的影響，但影響較小。所以，如果要培育矮種奇葉的新種，或是要培育葉幅寬、株葉數多的良種，應當選擇在這些方面具有明顯特徵的母本。

（2）花莛姿態與高度的優選

花莛的姿態與高度，亦多傾向於母本，其父本對其後代雖有影響，但不是主要的。因此要培育出花莛高出葉叢面（出架花）的品種，也必須優選花莛高、細圓而筆挺的品種為母本。

（3）花形與披彩的優選

雜交種的花朵形態和披彩撒斑，多傾向父本。所以如要創育瓣型花，或披彩撒斑別緻的新品種，優選具有明顯花形和披彩特點的父本是關鍵。

（4）莛花朵數的優選

莛花上的朵數，受父母本雙方的影響。如果要以春蘭為母本，創育出一莛多花的良種，則既要優選莛花朵多的蘭屬植株作父本，又要優選莛花有2～3朵的春蘭為母本，這才有可能培育出構想品種。

（5）花期的優選

花期受父本的影響較大。如果選擇開花早的品種作父本，則通過雜交，可使花期提前。

（6）花色的優選

花色的遺傳受基因和酶的制約，多親於母本。如「黃花虎頭蘭」（母本）與米黃泛綠暈的福建素心蘭（父本）和乳白泛綠暈的臺灣觀音素（父本）雜交所育成的花色，為顏色適中的黃色花，如黃金小神童。

黃色、綠色、粉紅色、鮮紅色多為顯性色。總之，要創育某色花，就選兩種色澤相近的花藥進行雜交，其成功率就較高。如以白色花為母本，與其他花色雜交出的後代，其花雖顯現出父本色彩，但更加純淨和鮮豔。

2. 優選雜交親本

（1）優選遺傳力強的母本

根據雜交育出的後代，其品種的特性多傾向於母本的規律，在培育良種時應重視優選遺傳力強的母本。一般的規律是：野生種比栽培種遺傳力強，本地種比遠地引進種遺傳力強，傳統品種比新品種遺傳力強。

蘭花栽培小百科

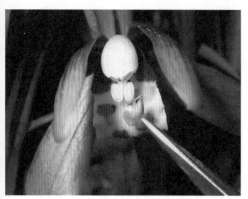

圖6-14　去除藥帽，取花粉塊壯。

（2）優選遺傳力強的父本

蘭花父本的遺傳力常由於近親育成而減弱，所以應選擇遠地野生種。沒有近親的弊端，其遺傳性就較強。

無論是被選為母本或父本的蘭花植株，都應該用科學的栽培方法先培育成健壯的植株，這樣其結實性才會好，雜交的後代生長才會健

3. 花粉的採集和儲藏

為了保證花粉的純潔性，當蘭花父本的花蕾含苞待放時，要選用白色紗布罩套住花蕾，以防花開後因昆蟲義務傳粉而導致品種不純，或失去活力。

採集花粉的最佳時期是在父本的花朵開放後的第三天。一般情況下開花第一天花粉發芽力最強，開花後7日花粉塊仍可應用。採集時用經消毒過的鑷子，先將其藥帽去除，再小心翼翼地取下黃色的花粉塊（圖6-14），放在白色的潔淨紙上，然後放入經消毒過的乾燥玻璃瓶內，並加以密封，置於冰箱裡貯藏備用。在授粉父母本花期不一致時，可以採集花粉塊風乾後密封放在乾燥器中，一般溫度在5℃時花粉的生活力可保存半年。如要延長保管期，則應在0℃的溫度下保存。

4. 人工授粉

人工授粉——用人工方法把蘭花的花粉傳送到柱頭上以提高成果率的技術措施。也是有目的地選擇親本進行蘭花雜交育種的必要手段。

蘭科植物多數是異花授粉。在自然界異花授粉植物的群體

是由來源不同、遺傳性不同的兩性細胞結合而產生異質結合子所繁衍的後代。多數異花授粉植物不耐自交，自交會導致生活力顯著衰退。

異花授粉──指蘭花在自然狀態條件下雌蕊透過接受其他花朵的花粉受精繁殖後代的現象。

蘭花在原產地大多有與其共生的昆蟲為之傳粉。離開產地後，因無特定的昆蟲，往往無法進行傳粉受精，從而不能結果，故需進行人工授粉。培育雜交新品種則必須有選擇地人工授粉。

在進行人工授粉之前，當母本含苞待放時，同樣用白色的醫用紗布罩把花蕾套住，以防其自然授粉。

人工授粉的最好時期是在雌花開花後的3～4天。在授粉時先揭去紗布罩，用消毒鑷子將雌花（母本）的花粉塊剔除，這個過程叫做「去雄」；接著用經含75％酒精消毒過的牙籤，蘸上父本花粉塊放於母本合蕊柱的藥腔內（即剔除過藥帽和花粉塊的合蕊柱頭中心凹陷處），讓藥腔分泌出黏液粘住；然後再罩上新的經消毒過的紗布罩，進行隔離管理。因為柱頭有黏液，不必擔心花粉塊脫落。為防止已授粉的花再被昆蟲傳粉，可將母本花上的唇瓣除去，一般不必套紙袋。

授粉完畢後應對花盆進行編號，記錄某號盆的母本與父本的名稱、花形、花色、花期、授粉日期。

5. 授粉後的母本管理

（1）授粉後的母本，應放置於溫暖而無酷熱，且有散射光照的通風處管理。為利於授粉的成功和果實的發育，授粉後應把處於花莛頂部未曾授粉的花朵剪除。

（2）當花莛上的授粉子房膨脹，說明授粉基本成功。此時可揭去紗布罩，並適當間果，每莛只選留1果。在授粉成

功，幼果結成後，應注意加強磷鉀肥的供給，注意保持基質和空氣的濕度，並儘可能提高光照量。

（3）授粉後的母本，注意保持基質濕潤，可適當多澆施磷酸二氫鉀溶液1000倍液，以促進株體內養分流動，供給幼果發育的需要。但在幼果未結成前，應謹慎防止水分灑至蕊柱上，以避免蕊腔積水而腐爛。

6. 果實和種子的採收與貯藏

蘭花蒴果的生長發育成熟時間既因氣溫、光照、水肥的不同而不同，也因品種的不同而不同。蒴果的發育期，熱帶地區為5～6個月，亞熱帶地區為7～8個月，寒帶地區約為12個月。一般待蒴果的色澤由綠轉黃後20天左右採收較適宜。

蘭花種子不耐貯藏，就算放置在低溫環境中，到第二年種子發芽率仍有所下降，到了第三年則完全喪失發芽力，所以蘭花種子以隨採收隨播種為好。蘭花種子在高溫和高濕的環境中壽命極短。通常將種子在室內乾燥1～3日後，裝在試管中用棉塞塞緊，再將試管放入裝有無水氯化鈣的乾燥器內置於10℃或更低溫的環境中，這樣可在1年內保持種子的良好發芽率。

二、播種方式

蘭花的種子播種可分為有菌播種法和無菌播種法兩種方式。

有菌播種法既可把種子播於母本盆面，也可使用苗盆苗床播種。此法不要求高級的設施和管理條件，雖然成功率較低，但在一般養蘭家庭還是最容易採用的。

無菌播種法，是將種子播於盛有專用培養基的試管或玻璃瓶內。此法需配製要求很高的培養基，種子要滅菌，控溫控濕管理要求高。就算是出芽發芽後的分植，也需要較高的生態條件和管理技術。

（一）有菌播種

1. 在母本盆面播種

這種方法指的是從這盆蘭花上採摘果實，先將種子播在這盆蘭花植株下麵的盆面上。母本盆裡有蘭菌，種子可獲得蘭菌的幫助而提高發芽率。可因陋就簡，在其盆面上鋪一層 0.5 cm 厚的水苔屑（經水沖洗乾淨，撐乾、切碎），然後把種子直接播在其上。此法雖最為簡單易行，但它易因澆施水肥而沖走細小的蘭花種子，也易因澆施肥料而漬傷種子，因而用這種方法播種出芽率非常低。

2. 專用盆播種

這種方法的操作步驟是：

（1）選用高筒、有盆腳、底和周邊多孔的無上釉的新陶器盆作為蘭花播種專用盆，放在潔淨水中浸透退火後，再用清潔的厚約 5 cm 的泡沫塑料塊墊盆底。取經日光暴曬多日的細砂和消毒後的腐殖土，按 1：1 的比例混合均勻作為培養基質。把基質填入盆內至 2/3 盆高後，再在上面鋪一層 1 cm 厚的水苔屑。

（2）選取「蘭菌王」500 倍液，並加入 20％稀釋液量的食用米醋。然後把種子放入浸泡 24 h 後，用過濾紙過濾其水分，並用潔淨紙包裹後，放在日光下曬乾。然後將蘭花種子均勻撒播於專用盆的水苔屑之上，用噴壺盛浸種藥液，淋灑盆面。

（3）在播種盆邊緣用竹片架設拱架，然後選用經冷開水洗淨的黑色塑膠袋把種盆套住，並在盆面的四周，各刺 1～2 個 0.3 mm 大的小孔洞，以利其透氣。如果播種了許多盆，可以把種盆置於小拱棚之中，外面用塑膠薄膜保溫、保濕，上面覆蓋草簾。平時只給予散射光照，並注意做好防凍、防高溫和保濕工作。4～6 個月，種子便會相繼萌芽（圖6-15）。

1. 浸種　　　　　2. 播種　　　　　3. 置放

圖6-15　有菌播種

(二)無菌播種

蘭花無菌播種技術又稱為「人工培養基接種法」，因為這種方法是將蘭花種子接種在人工培養基上的。整個接種過程為避免菌類的污染，需遵從無菌操作的要求，所以稱之為「無菌播種」。由於整個過程通常在無菌工作臺中進行（圖6-16），所以工作人員的服裝和手都需經過消毒，各種器具也需經過高壓蒸氣滅菌。蘭花無菌播種的整個流程包括培養基的配製、種子消毒、接種、培養瓶管理、出瓶盆栽等工作。

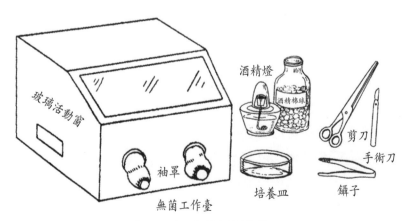

圖6-16　無菌播種器具

1. 培養基及其配製

（1）培養基

蘭花胚培的常用培養基有 KundsonC（KC）和 Murasdige-andSkoog（MS）兩種。

KundsonC（KC）培養基的成分用量（mg）如下：

磷酸二氫鉀（KH_2PO_4）	250
硝酸鈣〔$Ca(NO_3)_2 \cdot 4H_2O$〕	1000
硫酸銨〔$(NH_4)_2SO_4$〕	500
硫酸鎂（$MgSO_4 \cdot 7H_2O$）	250
硫酸亞鐵（$FeSO_4 \cdot 7H_2O$）	25
硫酸錳（$MnSO_4 \cdot 4H_2O$）	7.5
蔗糖	20000
瓊脂	17500
蒸餾水	1000 ml

MurasdigeandSkoog（MS）培養基的成分用量（mg）如下：

硝酸銨（NH_4NO_3）	1650
硝酸鉀（KNO_3）	1900
氯化鈣（$CaCl_2 \cdot 2H_2O$）	440
硫酸鎂（$MgSO_4 \cdot 7H_2O$）	370
磷酸二氫鉀（KH_2PO_4）	170
硫酸亞鐵（$FeSO_4 \cdot 7H_2O$）	27.8
乙二胺四醋酸二鈉（Na_2–EDTA）	37.3
硫酸錳（$MnSO_4 \cdot 4H_2O$）	22.3
硫酸鋅（$ZnSO_4 \cdot 7H_2O$）	8.6
氯化鈷（$CoCl_2 \cdot 6H_2O$）	0.025
硫酸銅（$CuSO_4 \cdot 5H_2O$）	0.025
鉬酸鈉（$Na_2MoO_4 \cdot 2H_2O$）	0.025

蘭花栽培小百科

碘化鉀（KI）	0.83
硼酸（H_3BO_3）	6.2
煙酸	0.5
維生素 B_6（鹽酸吡哆醇）	0.5
維生素 B_1（鹽酸硫胺素）	0.1
肌醇	100
甘氨酸	2
蔗糖	20～30 g
瓊脂	7～10 g
蒸餾水	1000 ml

配方的氫離子濃度為 3981 nmol/1（pH 值 5.4）

在蘭花的胚培養和組織培養中，添加一些天然複合物有比較好的效果。椰乳是椰子汁，添加量為 10%～20%；香蕉用量為 150～200 g/l。

（2）母液的配製和保存

經常配製培養基，為減少工作量及便於低溫貯藏，一般配成比所需濃度高 10～100 倍的母液，配製培養基時只要按比例量取即可。配好的母液需裝在棕色小口瓶中，存放在 0～4℃冰箱中可使用半年至 1 年。如發現有沉澱物則不可再用，需重新配製。

MS 培養基母液

母液 1

硝酸銨（NH_4NO_3）	82.5 g
硝酸鉀（KNO_3）	95 g
硫酸鎂（$MgSO_4 \cdot 7H_2O$）	18.5 g
蒸餾水	1000 ml

配 1 L 培養基取 20 ml（50 倍液）

母液 2

氯化鈣（$CaCl_2 \cdot 2H_2O$）	22 g
蒸餾水	500 ml

配 1 L 培養基取 10 ml（100 倍液）

母液 3

磷酸二氫鉀（KH_2PO_4）	8.5 g
蒸餾水	500 ml

配 1 L 培養基取 10 ml（100 倍液）

母液 4

乙二胺四醋酸二鈉（Na_2–EDTA）	3.73 g
硫酸亞鐵（$FeSO_4 \cdot 7H_2O$）	2.78 g
蒸餾水	1000 ml

配 1 L 培養基取 10 ml（100 倍液）

母液 5

硼酸（H_3BO_3）	620 ml
硫酸錳（$MnSO_4 \cdot 4H_2O$）	2230 ml
硫酸鋅（$ZnSO_4 \cdot 7H_2O$）	860 mg
碘化鉀（KI）	83 ml
鉬酸鈉（$Na_2MoO_4 \cdot 2H_2O$）	12.5 ml
硫酸銅（$CuSO_4 \cdot 5H_2O$）	1.25 ml
氯化鑽（$CoCl_2 \cdot 6H_2O$）	1.25 ml
蒸餾水	1000 ml

配 1 L 培養基取 10 ml（100 倍液）

母液 6

肌醇	5 g
甘氨酸	100 mg
鹽酸吡哆醇（VB_6）	25 mg

鹽酸硫胺素（VB$_1$）　　　　　　　　　　5 mg

配1 L培養基取10 ml（100倍液）

（3）培養基的配製過程

①將母液從冰箱中取出，依次排好，按需要定量吸取，放入量筒中。稱取瓊脂，加少量水後加熱，並不斷攪拌，直到全部溶化。再加入稱好的糖和之前準備好的各種材料，不斷攪拌，使之充分混合。測定已配好的培養基酸鹼度，用0.1～1 mol/L（0.1～1N）氫氧化鈉和鹽酸將培養基調至所需的酸鹼度。

②將配好的培養基分別灌注到培養瓶（試管或三角瓶）中，用蓋子（棉塞、橡膠塞、鋁箔）將瓶蓋好，外面再包一層牛皮紙，標明編號。

③高壓滅菌。培養基通常用高壓滅菌鍋滅菌。氣壓111.46～121.59 kPa（1.1～1.2 kg/cm² 壓力），高壓滅菌10～20 min，冷卻後準備播種（圖6-17）。

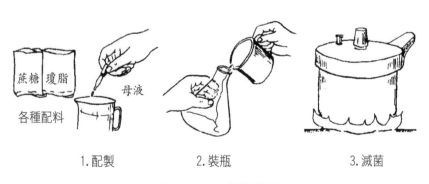

1.配製　　　　　2.裝瓶　　　　　3.滅菌

圖6-17　配製培養基

（4）常用培養基配方

由於蘭花種類繁多，用於胚培養的培養基配方也很多，並且各有不同。現將適用國蘭類的胚培養基介紹如下。

國蘭適用培養基

花寶 1 號	3 g
蛋白腖	2 g
甘氨酸	2 mg
肌醇	100 mg
苄基腺嘌呤（6–BA）	2 mg
腺嘌呤（Adenine）	2 mg
椰子汁	50 ml
香蕉	30 g
蘋果	20 g
蔗糖	25 g
甘露醇	1 g
瓊脂	12 g
蒸餾水	1000 ml

本配方的氫離子濃度為 3163 nmol/L（pH5.5）

2. 種子消毒和播種

蘭花種子接種到培養基之前必須消毒滅菌，一般多採用含 10％次氯酸鈉的水溶液浸泡 5～10 min，再用無菌水沖洗。種子在消毒液中若不沉澱，則可將種子及消毒液裝入密封的小瓶中，強烈振動數分鐘，使種子和滅菌液密切接觸，並排除種子表面的空氣，以達到滅菌的目的。尚未開裂的蘭花蒴果，可用含 10％～15％的次氯酸鈉溶液浸泡 10～15 min，在無菌條件下切開，取種子播種。經滅菌的種子用鑷子移入培養基上。

為使種子在培養基表面分佈均勻，可以滴數滴無菌水到接種後的培養瓶中。

3. 接種瓶的管理

接種後的培養瓶可以放在培養室中或有散射光的地方，溫度

保持在20～25℃。在胚明顯長大以後，需給予2000 lx光照，相當於在40 W日光燈下15～20 cm的照度。每日10～12 h。

國蘭幾個種的胚生長較慢，而且通常不直接長成原球莖和幼苗，而是由胚長成根狀莖，再由根狀莖上產生幼苗。

國蘭花用種子播種3～6個月後可見部分胚芽突破種皮。由胚長成綠色並有許多根毛狀附屬物的根狀莖（俗稱龍根）。這種呈爪狀的根狀莖可迅速生長，如果不改變培養基中植物激素的成分配比，不改變培養室的環境條件，就不會或極少形成能發育成幼苗的芽。

4. 小苗出瓶盆栽

在培養瓶中的蘭花幼苗當生長到高5～8 cm、有2～3條發育較好的根時，可將幼苗移出培養瓶，栽植到盆中。先讓幼苗在試管中發育一段時間後再移栽到盆中的話成活率會高，抗逆性強。把小苗從培養瓶中取出後需輕輕用水將其根部粘上的培養基洗去。

用切碎的苔蘚、泥炭、碎木炭和少量砂配成培養土，將小苗栽在小盆中，每盆10～20株，而後放在室溫25℃左右的溫室中，保持較高的空氣濕度和較強的散射光。

蘭花的實生苗出土後非常細小，要精心管理。對剛出土的實生苗先用醫用阿司匹林1500倍液澆施1次，既可促根催長，又可提高其抗病力。1週後再澆施「蘭菌王」500倍液和10％的食用米醋稀釋液消毒，並用美產「花寶5號」2000倍液施肥，每週1次，續澆2～3週，以促根催長。

半月1次噴施廣譜殺蟲滅菌劑，以防治菌蟲害的侵染；在通風保濕的基礎上，逐步增大光照量。1個月後將其可移植到光線較強的地方，隨植株長大及時換盆。國蘭播種苗開花較遲，需要3～4年或更長的時間。

第七章
蘭花栽植技術

　　蘭苗繁殖出來以後，必須進行栽植培育。蘭花栽植的方式根據蘭花種類、栽培環境和栽培目的等因素而定，一般有苗床栽植、花盆栽植、無土栽培等。

　　栽植培育的目標是讓蘭苗透過合理的栽植技術在適宜的環境條件下生長發育，長成壯苗，從而年年開花。

第一節　苗床栽植

　　苗床——培育蘭花的小塊土地。

　　苗床栽植一般用於規模化生產。其特點是將蘭花栽植於地裡田間，成本低，出苗量大，管理也比較方便。

一、場地選擇

　　國蘭的原始生長環境大多地勢高爽、林木成蔭、空氣潤濕。將其栽植於田間苗床之上時，應模擬其野生環境。應儘量選擇城市郊區，交通方便、地勢平坦、土壤肥沃、土質疏鬆、背風向陽、排水良好、有排灌條件的地方。土壤質地以黏質壤土或沙質壤土為宜，土壤 pH 為 5.5～6.5。不宜選擇重黏土、沙土或鹽鹼地，也不能選擇地下水位在 1m 以上的地方建苗床，

圖7-1　場地蔭棚遮陰

圖7-2　林地自然遮陰

以免影響蘭花根系的發育。

　　為滿足蘭花遮陰的需求，場地中每隔2.5 m左右固定2.5 m的鋼管或毛竹一根，上方橫紮鋼管或毛竹成架，用以鋪紮第一層遮光網；在距第一層遮光網下方20 cm處再置一橫向細毛竹，用以鋪排第二層活動遮光網。

　　第一層遮光網從春到秋基本固定，第二層可以根據需要，進行收或放，用來調節光照（圖7-1）。

　　如果栽培當地產的蘭花品種，可以在城郊選擇成塊的林地，用疏林地做蘭圃，在林下按行距整出苗床栽培蘭花（圖7-2）。但對於北方非產蘭地區，苗床必須設在溫室內。

二、整地做床

(一)整地

1.整地的作用

　　整地是提高土壤肥力的主要措施。經過認真細緻整地，苗床才能源源不斷地、協調地為蘭花提供所需要的水、養、氣、熱等條件，以促進蘭花的生長，獲得較大的效益。整地是苗床土壤管理的主要措施。整地的作用在於透過翻動苗床地表層土

壤，加深土層，熟化深層土壤，增加土壤孔隙度，促進土壤糰粒結構的形成，增加土壤的透水性，提高蓄水保墒和抗旱防澇的作用；增強土壤通氣性，有利於蘭花根系的呼吸，增進養分的吸收和根系的生長發育；還可以促進土壤微生物的活動，加快土壤有機質的分解，為蘭花的生長提供更多的養分。

整地時還可以結合翻土混拌肥料，使肥料均勻分佈並得以覆蓋，減少養分的揮發和流失。此外，冬季整地還可以透過凍垡、曬垡，以促進土壤熟化；並可以凍殺蟲卵和病菌孢子，減少苗床土壤裡的病蟲害。

2. 整地的方法

蘭花苗床地塊的整地包括翻耕、耙地和混拌肥料等基本方法。

(1) 翻耕

翻耕——用各種機具或人力對苗床土壤進行全面翻動，對土壤改良起著積極作用。

翻耕是整地作業的主要環節。翻耕的效果主要取決於翻耕的深度和季節。

翻耕深度是評價整地效果的主要指標。深翻可以調節土壤水、熱狀況和通透性能，對改良土壤結構、蓄水保墒、釋放養分、消滅雜草和病蟲害具有重要影響。所以，蘭花栽培苗床均可進行土壤深翻。但是，深翻用工多、費用高，而翻地太深也無必要。

蘭花的根系分佈主要在20～30 cm深的土層中，從蘭花培育的實際需要出發，土壤翻耕深度，一般以25～35 cm為宜。各地苗床具體翻耕深度可以根據苗床所處地區的氣候、土壤及培育蘭花品種的需要酌情確定。

比如乾旱地區可以深些，濕潤地區可以淺些；黏質土翻地

蘭花栽培小百科

要深些，沙質土翻地宜淺；土層厚的宜深，而土層薄的宜淺；新開闢的蘭花育苗場地，為擴大蘭花根系吸收面積，翻耕深度可逐年增加2～3 cm，同時注意不要打亂原來土壤層次。

翻耕季節因蘭花育苗場地所處位置、氣候和土壤情況不同，翻耕時間並不一致。在北方，以秋季蘭花起苗上盆以後進行秋耕效果最好。對改善土壤的水、肥、氣、熱的作用較大，消滅雜草和病蟲害的效果也比較好。對曬垡、凍垡、促進土壤風化以及吸收積雪都有益處。

山地育苗場和旱地育苗場以雨季前翻耕蓄水效果好，而春耕的效果則較差。在風沙危害較大的地區和秋季或早春風蝕較嚴重的育苗場則不宜進行秋耕，以免引起和加劇風蝕危害。這些育苗場最好在早春解凍後隨即翻耕，耕後還要及時耙地，以利防風保墒。南方冬季氣候溫暖，土壤不會凍結，可在冬季翻耕。土壤過於黏重的苗圃地，也可以實行複耕，耕後不耙，進行曬垡，促進土壤風化和改良。

至於具體的耕作時間，要根據土壤質地、土壤粘著力、結持力和土壤濕度情況而定。一般說當土壤含水率為飽和含水率的50％～60％時，土壤的粘著性和結持力最小，翻耕的阻力小，效率高，垡片碎，品質好。

翻耕時要清除地表的枯枝落葉和雜草，地下的殘根、石塊等。翻耕要全面周到，苗床周圍環境的雜草也要清理乾淨，防止螻蛄、蠐螬和蟋蟀等地下害蟲滋生藏匿。

（2）耙地

耙地——翻耕後進行土表平整的一項耕作措施。

耙地的目的是粉碎垡塊，使地表細勻平整，清除雜草，破壞地表結皮，切斷土壤毛細管，保蓄土壤水分。如果地面不平整，則必須在翻挖前削高平低，為防止高處過多取土後土質變

瘦。耙地的時間對耙地的效果影響很大，所以也應根據氣候和土壤等情況具體確定適宜的耙地時間。

北方冬季有積雪，春天較乾旱的地區，為了更好地積雪保墒，秋耕後需留堅免耙，以待來年早春「頂凌耙地」。冬季很少積雪的地區，應在秋耕時隨耕隨耙，以利蓄水保墒。乾旱地區的育苗場地，春旱較重，早春土壤解凍時要及時耙地，春季耕地時則要隨耕隨耙，以防跑墒。

南方的育苗場地，土壤較黏，為促進土壤風化，一般耕後不耙，等日曬後可連續耙地3～4遍，以達到碎垡、鬆土、平地的目的。耙地時要耙細、耙勻，注意不要漏耙，還要將殘根、石塊等清理乾淨，以利蘭花栽植。

（3）拌肥改土

蘭花在苗床上培育，施肥要以基肥為主。所以，肥料應當在整地的過程中混拌在土壤裡。混拌於土壤中的肥料以有機肥為主，在翻耕之前撒在土層表面，隨著翻耕的進行，肥料就會混拌在土壤之中了。注意肥料要充分腐熟，散佈要均勻，一般每平方米用量約為2 kg。

在施肥的同時還可根據蘭花不同品種對土壤環境條件的不同要求，分別使用泥炭、腐葉土、優質腐熟木屑等育苗基質來改良土壤，厚度為0.5～2 cm。如果在黏壤土上做苗床，還應當在土壤中摻入沙，以增加土壤透氣度。

（4）土壤消毒

土壤消毒——利用乾熱或蒸氣或向土壤中施用化學農藥，以破壞、鈍化、降低或除去土壤中所有可能導致蘭花感染、中毒或不良效應的微生物、污染物質和毒素的措施。

蘭花露天苗床的土壤消毒法有物理法和化學法兩種。物理法是在做苗床前對育苗地再作深度為30 cm的翻耕，可人工翻

挖或用旋耕機耕翻。翻挖後暴曬15天以上，進行日光消毒。為加強消毒效果，可在夏季覆蓋塑膠薄膜密閉高溫消毒。化學法是使用溴滅泰，蓋薄膜密閉薰蒸（每瓶681 ml可用7～12 m³，如消毒營養土則每瓶可用2.5～4 m³），夏季2～3天，冬季6～7天後揭膜透發餘毒氣，7～10天後方可使用。消毒時土壤水分要適宜，不可太乾太濕。

（二）做床

用於栽培蘭花的苗床寬度為1.2 m，長度隨地形確定，一般12～16 m為好。苗床的高度為30～40 cm。為了便於操作和日常管理，苗床之間要間隔50 cm作為步道，在苗床縱向的兩頭，每隔16 m設計一條寬130 cm的通道，以便於機具通行。

做苗床時先用木條做一個1.2 m的尺規，每隔50 cm量一個標誌，使苗床的寬度相等，再用細繩拉直，沿著繩子開溝做步道，苗床兩側的步道溝要整齊平直，深度30～40 cm左右。

蘭花苗床做出步道以後，最好在苗床兩側用紅磚砌一道邊，在開溝的步道上也平鋪一層紅磚，這樣可以使苗床排水通暢，也有利於澆水、施肥等日常管理（圖7-3）。

圖7-3 蘭花苗床

露天的苗床常會受到風霜雨雪、乾旱、高溫、嚴寒、強光等氣象災害和病蟲、鼠、鳥類、家畜、家禽等侵害，應有預見性地加強苗床保護。可使用防蟲網、遮陽網、塑膠薄膜等材料做防護設施。冬季到來時，每兩床搭建一個塑膠拱棚進行保暖。下雪天注意清雪，避免雪多壓蹋塑膠棚。冬季在塑膠拱棚

內每隔4m左右安裝一個100～150W白熾燈用於增溫。

三、蘭苗處理

蘭苗在栽植前一般都應當進行緩苗、清雜、消毒、晾根等處理工作。

1. 緩苗

緩苗──針對蘭苗出現脫水現象而採取的糾正脫水的一項工作。

新購的下山蘭和外來苗如果在運輸途中管理不善，常有葉片捲曲、根系乾癟等脫水現象出現。如果不採取緩苗措施，這些脫水蘭苗栽植以後會出現死亡現象；即使成活開花，也會出現癱放、僵開、球開等現象。

癱放──開花時花朵萎軟，花瓣僵攏不張的現象。在蕙蘭中常有這種現象出現。

僵開──花朵含苞不舒張，且軟弱無力的現象。

球開──花軸上各朵花叢密聚攏，形似羽毛帚的現象。

緩苗要針對蘭苗脫水的情況採用不同的方法。對輕度脫水蘭苗可以把它放入水中浸泡一會，就可以使葉片和根系的脫水現象得以消除。對那些脫水較嚴重的蘭苗，應採取間歇性的緩苗法消除脫水。

其方法是將蘭苗平放在地上，先用裝有清潔水的噴霧器將蘭苗全株噴濕。待其乾後1h，再噴濕。如此間歇性噴濕，讓根皮變軟，根體、葉片也都已吸收了些水分，等到蘭株已初步恢復正常，再按照正常蘭苗給予進一步的清雜和消毒。

2. 清雜

清雜──將蘭苗上枯葉鞘、老爛根等清除的一項工作。

栽植前的蘭苗，不論是下山蘭，還是家養蘭，都會有枯朽

蘭花栽培小百科

圖7-4　修剪蘭根

的葉鞘、病殘敗葉、老爛病根等。蘭苗的這些部分不僅有礙觀賞，也會給病蟲害留下藏身和再侵染的場所，所以必須徹底地清除。

清雜時，先用剪刀仔細將蘭花上的老、爛、病、冇、斷根全部剪除（圖7-4），然後用小剪刀小心地剪除枯朽、病殘的葉鞘，不給病蟲害提供庇護場所。在清除的過程中，不要用手硬拔葉鞘，以防傷及葉芽和花芽。

蘭花在栽植前，要對葉片逐片翻檢，特別是葉背，只要有病斑，均應毫不惋惜地剪除，並應連同病斑鄰近的綠色部分，擴創2 cm左右。對葉片上僅有的極細斑點，如捨不得剪除的，可用醫用「達克寧」藥膏塗抹。對於無葉的葉柄，也應徹底剪除。

凡有葉片的兩株連體植株，其所依附的假鱗莖不論多少個，均可掰拆開來栽植；如僅有一個假鱗莖有葉片，則要儘量保留一個無葉假鱗莖，以使它們在生長過程中共同吸收水分和養分，也可以促使無葉假鱗莖抽出新芽。

3.消毒

消毒——用化學藥劑殺滅蘭苗上病原微生物的方法。用於消毒的化學藥物叫做「消毒劑」。

蘭苗消毒是防治病蟲害的首要措施。消毒時應抓住重點、綜合考慮，根據不同情況分別消毒，力求全面周到。

（1）預防菌類和病毒

蘭苗如果來自於自育蘭圃裡的換盆苗，應根據自家蘭圃裡曾發生過的病害，如「白絹病」、「炭疽病」、「細菌性軟腐

病」、「疫病」等，採用與之相對應的消毒藥劑浸泡。炭疽病：可用德國產「施保功」1000倍液；疫病或黑腐病：可用64％「卡黴通」700倍液；黑斑病：可用71％「愛力殺」500倍液；白絹病：可用醫用氯黴素2000倍液；細菌性軟腐病：可用鏈黴素2000倍液。

對於來自病毒流行區的蘭苗，不論是購買販運者還是郵購的，也不論是否有病毒碼顯現，均應按有病毒潛伏的蘭苗來對待，將它們無一例外地用顯效抗病毒劑浸泡。

如果僅是引種下山蘭或自育的基本無病害的蘭苗，可選用廣譜、高效殺菌劑消毒。

（2）預防蟲害

仔細觀察蘭株，如發現蘭苗上已有介殼蟲、紅蜘蛛等蟲斑，或是自育蘭苗曾發生過各種害蟲危害的換盆苗，就應選用具有殺卵功能的殺蟲劑消滅可能潛伏的蟲卵。如果發現確實有介殼蟲卵，可用「蟲卵絕」、「介殼淨」800倍液浸泡蘭苗。

（3）綜合性消毒

在實際情況下，蘭苗的病害往往是不止一種的。所以除了需要防菌類和病毒之外，還應考慮在上盆的節令裡最易流行的是什麼病害，或者蘭苗上已經有了什麼病症。然後根據蘭苗的發病情況，在主攻藥劑中加入相應的副攻藥劑。

如果不知蘭苗的來源，也難以辨識什麼病症的情況下，只好採取綜合性消毒的辦法。一般選用真菌和細菌併殺的32％「克菌」1500倍液或71％「愛力殺」6000倍液或78％埃爾夫公司的「科博」600倍液與500倍液「病毒必克」混合浸泡。

為提高防治效果，可在各種稀釋液中加入200倍液的食用米醋以引藥直達菌蟲體而增加殺滅效果。無論用什麼藥劑，消毒的方法都是將蘭苗浸泡在藥水裡10～15 min，然後取出晾乾

蘭花栽培小百科

消毒液

圖7-5　蘭苗消毒

圖7-6　蘭苗曬根

（圖7-5）。

4. 晾根

晾根——將蘭苗根系晾曬乾軟的一項工作。

晾乾蘭根的目的在於讓蘭根由脆變軟韌，便於理順佈設，減少新的斷根。不論是換盆苗，還是剛引進的蘭苗，經過清洗、浸泡消毒之後，蘭根裡便充滿了水分，質脆易斷。經由晾曬成半乾後，根軟而韌，上盆時可在盆內依需引轉佈設，不易折斷。此外，透過晾曬，可使根的創口癒合結痂，減少新的爛根；適度陽光的照射還可以將沉睡的根和假鱗莖細胞啟動，增加發芽率，促進發根發苗，提高生長力。

蘭苗晾根的方法很簡單，如果是在晴天，把經浸泡消毒過的蘭苗，沖洗乾淨後，攤放於日光下，用紗布或遮光網蓋住所有蘭葉，在早晨的弱光照下晾曬2～3 h。如果光照強烈，晾曬的時間一般不超過2 h。在曬根的過程中為防止葉片脫水，可以向葉面噴水或遮陰保鮮。晾曬時應注意經常翻動，以便讓所有莖和根全面接受陽光沐浴。如遇陰天，可把蘭苗攤於通風

處，下面架空，晾根2～3天（圖
7-6）。如發現葉片有輕度脫水，
可採取對葉片噴水霧的方法使葉片
水分還原。如果只有少量的蘭株，
可將蘭苗倒掛在通風處，讓風吹乾
其水分。

圖7-7　苗床開溝

四、精細栽植

在苗床上栽植蘭花，要把握好
苗床開溝、細緻栽植、澆定根水3
個關鍵環節。

1. 苗床開溝

按照蘭花的種類確定好株行
距，按行距用鋤頭開出深溝，開溝
的深度要比蘭苗的根系長度稍深一
些，然後將蘭苗2～3株一叢依株
距擺放在溝內。一般春蘭個體較
小，株行距可窄些，按照15 cm×

圖7-8　細緻栽植

20 cm 的株行距即可；蕙蘭、寒
蘭、墨蘭等葉片較長，空間要適當放寬，一般要達到20 cm×
25 cm的株行距（圖7-7）。

2. 細緻栽植

栽植蘭苗時要做到不窩根、不深埋、不倒苗。按照一定的
株行距，左手提苗，右手用花鏟培土；根系儘量舒展，苗體扶
正不歪斜，假鱗莖與土表基本在一個水平線上，培土高度與假
鱗莖平齊。注意不要壓實培土，讓土壤疏鬆掩埋蘭根並留有空
隙，這樣有利於蘭根呼吸（圖7-8）。

3. 澆定根水

蘭花栽植好以後，如果土壤濕潤，不要立即澆定根水，而是要過2～3天以後再澆水。因為剛栽的蘭花根系受傷的部位沒有癒合封口，澆水會使傷口受水浸濕，容易被病菌感染，形成黑根、爛根，而且常會焦尖，甚至換葉。所以栽後先要注意遮陰，如遇天氣炎熱，空氣乾燥，可向葉面噴灑少許水霧，但要注意不讓水滴流入葉心。如此養護2～3天後，再澆足定根水。

至此，蘭花苗床栽植工序基本完成，之後便可進行常規養護管理了。

第二節　花盆栽植

用花盆栽植蘭花是傳統養蘭最常用的方法。盆栽蘭花易於搬動，可隨天氣條件的變化而改換蘭花的生長環境。冬季可搬入室內朝陽處，以利保溫防凍；夏季可搬到陰涼處，以防曬降溫。特別是在家庭中養盆栽蘭花更為方便，走廊、天井、陽臺、窗臺和房頂等地方，都能夠放置和養護盆栽蘭花，還可以用它來裝飾居室和廳堂。

圖7-9　疏水透氣罩

盆栽蘭花之前，必須做好一系列的準備工作。首先要備好蘭盆（新盆應浸水，退掉火氣；舊盆應清洗、消毒）、疏水透氣罩（圖7-9）、疏水導氣管；其次要備好墊底植料、粗植料、中粗植料和細植料等；最後要備好種苗。經清洗、修剪、消毒、晾乾後，依品種再分為矮株、中矮株、高大株等。

在準備工作做好之後，就可以根據情況進行上盆定植了。

一、選盆和退火

蘭花盆栽後既要能適於植株的生長，又要美觀大方。首先應選擇最有利於蘭株生長的蘭盆。蘭盆要求疏水透氣性能良好，以質地較粗糙、無釉、盆底和下部周邊多孔、有盆腳的高筒狀的蘭盆為好（圖7-10）。

圖7-10　高筒蘭盆

其盆的大小，則依蘭株的形態而定。矮種蘭，用小盆；中矮種，用比小盆大一號的蘭盆；株高40cm左右的，用中大盆；株高過0.5m的，宜用大盆；株高接近或超過1m或1m多的，則應選用特製的花缸。

圖7-11　浸盆退火

無論選擇什麼樣款式的蘭盆，盆選好後都要將蘭盆放在水池中用清水浸透，特別是新瓦盆一定要這樣做，俗稱給瓦盆「退火」（圖7-11）。

花盆退火——也稱「去鹼」，即在栽花前將花盆先放在清水中浸一晝夜。

給花盆退火的目的是防止新盆壁內的孔穴沒有浸透水而從栽培植料中吸水，造成蘭花根部缺水死亡。

對那些經長期使用過的舊花盆，由於盆底和盆壁都沾滿了泥土、肥液甚至青苔，透水和通氣性能都有所下降，因此，也

要先清洗乾淨曬乾，然後放入水池中用清水浸透再用。

二、植料的處理

根據蘭花的習性，盆栽植料應當結構疏鬆，疏水透氣；土質偏酸（pH在5.5～6.5之間），無污染，無菌蟲害寄生，無病毒潛伏；有一定的蓄水保濕性能；含有蘭花生長發育需要的大量元素、微量元素和礦質元素。盆栽植料的處理，主要包括植料的選擇、調配、消毒和pH值調整等措施。

(一)常見的土類植料

1. 砂土

中國南方地區的山邊，經常可看到這種由花崗岩風化而成的砂土，含粗砂量高達50％以上，民間稱其為「氣砂土」或「五色土」。它偏酸、疏鬆、富含稀土和礦質元素，無污染、不夾帶菌蟲害，對蘭株的生長非常有利。一般混配量在30％以內。

2. 沙壤土

大多見於山區河岸邊，含洪泥漿的沙壤土大多偏酸、疏鬆、富含礦物質。它的缺點是顆粒太細，易板結。用於栽培時要與其他質料混配。

3. 塘泥與河泥

經曬乾的塘泥與河泥已呈塊狀，疏水透氣性能好，富含肥分。其最大的缺點是太肥，且受汙水污染，新芽常易被漬爛，固應與其他土配合。

4. 草炭土

草炭土又稱泥炭土、黑土、草炭，中國北方地區分佈較多，南方地區只在一些山谷低窪地區的地表土下有零星分佈。pH在5～5.5之間，富含植物酸。目前市場上有商品草炭土出售

（圖7-12）。在培養土中配混進8％～10％，可調節基質的略偏鹼性。

5. 腐葉土

由樹林下面多年的枯枝落葉腐爛形成，它疏鬆、富含腐殖質，具糰粒結構，但較細，常呈粉狀，疏水透氣性能稍差，且夾帶有菌蟲害（圖7-13）。

圖7-12　草炭土

6. 腐殖土

腐殖土一般採自山川、溝壑，多呈黑褐色，它含有的營養元素全面，不夾帶病蟲害，無污染，糰粒結構好，不易鬆散，疏水透氣性能良好，是比較理想的酸性植料土。常用於蘭花栽培的有松針腐殖土、草炭腐殖土等。目前，市場上有一種天然顆粒狀深層腐殖土出售，被稱為「仙土」，是養蘭者最常用的植料之一。

圖7-13 腐葉土

（二）土類植料的調配

調配土類植料，可根據具體情況，適當參考以下一些植料的配方，自己調配植料。

（1）鬆土配方，適合於培育非葉藝蘭

林下腐殖土或沙壤土或稻根土占70％，有機植料占20％，無機植料（沙石、碎磚、塑膠塊）占10％。

（2）色土配方，適合於培育葉藝期待品

腐殖土占30％，沙壤土占20％，氣砂土占20％，有機植料占15％，無機植料占15％。

（3）哇植配方

腐殖土或沙壤土或稻根土占40％，氣砂土占30％，有機植料占30％。

（4）顆粒土配方，適合於種植高檔固定品種

顆粒土占30％，腐殖土或沙壤土或稻根土占30％，泥炭土占10％，有機植料占20％，無機植料占10％。

（5）多元配方，適合培植線藝蘭和準備轉為無土栽培的品種苗

腐殖土或沙壤土或稻根土占15％，氣砂土占15％，顆粒土占10％，無機植料占40％，有機植料占20％。

(三)植料中基肥的調配

蘭花喜肥而畏濁。一般蘭花的培養土調配好之後，可以不下基肥。但為了栽植後少施肥，先在植料中把基肥下足，可減少日後的施肥次數，減輕管理工作量。由於全國各地的自然條件不同，可供施用的基肥類型也不一樣，大家可根據以下基肥的種類和調配量自己調配。

1. 蘆葦草炭

蘆葦是生長在濕地水邊或水中的多年生草本植物。將蘆葦刈下堆燃，當燒至全透時，立即淋水悶火，使其成條狀炭時便是蘆葦草炭。

它既可調節培養土的酸鹼度，又可抑制黴菌病的發生，還能增加培養土的通透性，是一種含鉀量很高的基肥。調配時按體積比，拌入1/15～1/10即可。

2. 餅肥

黃豆、花生、芝麻、油菜籽、油桐和油茶等渣餅經尿水浸泡或堆漚腐熟後是蘭花非常好的基肥。

值得注意的是餅肥在調配前一定要充分腐熟，否則將來會在花盆中發酵，從而對蘭苗根部產生「燒苗」危害。一般其調配拌入量為體積比的1/20。

3. 羊糞和馬糞

羊糞和馬糞是一種暖性長效肥，使用前要堆積使其發熱發酵，充分腐熟，然後把其打碎。其拌入量為體積比的1/15～1/10。

4. 熟骨粉或鈣鎂磷肥

熟骨粉是把動物骨頭火燒去掉脂肪後，再研磨細緻。鈣鎂磷肥是商品化肥（線藝蘭不可用），其拌入量的重量比為3%。

（四）植料的消毒

對調配好的植料，在使用前要把好消毒關，防止其夾帶病菌從而危害蘭株。植料常用的消毒方法有3種。

1. 日光消毒法

此法簡單實用。具體做法是將調配好的蘭花栽培植料運至混凝土場地，選擇晴天將其攤開，讓烈日暴曬2～3日。攤曬時要薄薄鋪開，並時常翻動，利用烈日高溫和日光中的紫外線殺死植料中的細菌（圖7-14）。

2. 蒸汽消毒法

此法適用於小規模栽培，植料需要量小的情況。將植料放在適當的容

圖7-14　植料日光消毒

圖7-15　植料藥劑消毒

器中，隔水放在鍋中蒸煮，利用100～120℃蒸汽高溫消毒1 h就可以將病菌完全消滅。

3. 藥劑消毒法

最常用的藥劑是40％的福馬林，消毒時將按每立方米400～500 ml的用量均勻噴灑，然後將植料堆積一起，上蓋塑膠薄膜捂悶兩天後，揭去塑膠薄膜，攤開植料堆，等福馬林全部化成氣體散發，消毒才能算完成（圖7-15）。

（五）植料pH值的調節

蘭根最適合生長於pH 5.5～6.5的基質之中。植料過酸或過鹼，都不利於蘭花的生長，嚴重的還可能導致蘭株的死亡。因此在栽植前，最好先對植料的酸鹼度進行測定。

一般家庭可以從化學試劑商店購買一盒石蕊試紙，盒內裝有一個標準比色板。測定時取少量植料放入乾淨的玻璃杯中，按土水1：2的比例加入蒸餾水攪拌溶解，經充分攪拌後，讓其沉澱，取其澄清液，將石蕊試紙放入溶液內（圖7-16），2 s後取出試紙與標準比色板比較，找到顏色與之相近似的色板號，即為植料的pH值。

圖7-16　植料pH值測定

根據測定結果，對於pH值不適宜的植料，可採取如下措施加以調整：偏酸性，可用5％的石灰水澆淋，或拌入石灰氮、鈣鎂磷肥等鹼

性肥料來中和；對於偏鹼性的植料，可加2%的過磷酸鈣溶液，或100倍米醋液，也可在植料中拌入2%的硫黃粉、石膏粉。

三、蘭苗處理

盆栽蘭苗在上盆前也應當進行緩苗、清雜、消毒、晾根等處理工作。

1. 緩苗

對脫水不嚴重的蘭苗一般將它放入水中浸泡一會，就可以使葉片和根系的脫水現象緩過來。對脫水較嚴重的蘭苗，要用間歇性的緩苗法。先將蘭苗用噴霧器噴濕，待其乾後再次噴濕，如此間歇性噴濕，使根體、葉片等初步恢復自然，再做下一步的清雜和消毒工作。

2. 清雜

將緩苗後的蘭苗上的老、爛、病、冇、斷根全部剪除，然後用小剪刀細心地剪除枯朽、病殘的葉鞘。在清雜時注意不要用手硬拔葉鞘，以防傷及葉芽和花芽。

3. 消毒

蘭苗消毒主要是預防菌類和病毒，可用綜合性消毒的辦法。一般選用真菌、細菌並殺的32%「克菌」1500倍液；或78%「科博」600倍液與「病毒必克」500倍液混合浸泡。無論用什麼藥劑，消毒的方法都是將蘭苗浸泡在藥水裡10～15 min，然後將其取出晾乾。

4. 晾根

蘭苗晾根就是把經浸泡消毒過的蘭苗沖洗乾淨後，攤放開來，晴天用紗布或遮光網將蘭葉遮蓋住，晾曬的時間一般不超過2 h。陰天可把蘭苗攤於通風處，下面架空，晾根2～3天。如果只有少量的蘭苗，可將蘭苗放在通風處，讓風吹乾根系上的水分。

蘭花栽培小百科

1.蓋上疏水透氣罩

2.填墊底粗植料　　3.放入蘭株　　　4.填入植料　　　5.疊築盆面

圖7-17　　上盆程序示意圖

四、上盆

上盆——將蘭苗栽植到花盆中的一項操作。

蘭苗處理以後就可以上盆了。蘭苗上盆的操作技術程式一般分為墊排水孔、填墊底粗植料、布入蘭株、填入（中粗和細）植料、構築饅頭形等5個步驟（圖7-17）。

1. 墊排水孔

墊孔——將瓦片或蘭花專用排水器蓋在花盆排水孔上的操作。

栽培蘭花用的盆底部都有一個較大的排水孔。如果所選的蘭盆排水孔不夠大時，要用工具將其擴大，以利於排水和透氣。為了防止害蟲和蚯蚓從盆底排水孔進入盆內危害蘭花根系，要在盆底排水孔上先蓋一片塑膠網罩（例如窗紗），遮住盆底孔，再在上面加蓋大片的碎盆片數片，使各個碎盆片之間交錯重疊排列，形成自然的間隙（圖7-18）。

如果僅用一大塊瓦片蓋上，則容易使排水孔淤塞，以致使蘭盆積水，漬爛蘭根。

盆底中孔遮擋物，也可以使用一種蘭花專用的排水器，蓋

在排水孔上，起的作用與碎盆片相同（圖 7-19）。現在市場上出售的由專業塑膠製品廠生產的「疏水透氣罩」就是其中之一。它為圓

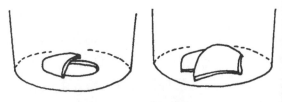

圖7-18　墊排水孔

塔形，根據花盆大小有多種型號，其上孔洞密如篩，經久耐用，價格也不高。如不方便買到，或者只有少量栽培，也可用易開罐、礦泉水瓶等自己製作。

只要將礦泉水瓶上半部切去，留下下半部，用火籤在上面烙燙出若干排水孔，然後瓶底向上擺放就可以了。上好疏水透氣罩後，再放入疏水導氣管，一般直插於疏水透

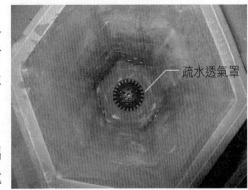

疏水透氣罩

圖7-19　放置疏水透氣罩

氣罩之上，如果盆栽單簇蘭的，可傾斜放置，讓其上端靠近盆口緣。

2. 填墊底植料

排水孔墊好後就可以填墊底植料了。填墊底植料是為了構成一個排水層。排水層的厚度為盆深的 1/5～1/4。這一層的厚度常因蘭花種類不同而有所變化。要求根部透氣性強的建蘭、墨蘭，可以適當厚些，春蘭和蕙蘭可以稍薄些。盆栽蘭花成功的關鍵之一是盆土一定要排水透氣，蘭花栽培專用的蘭盆多為長圓柱體，目的是為了能在盆底構成排水層。

過去的墊底植料一直用直徑為 0.3～0.6 cm 或 1 cm 的碎瓦盆片顆粒或浮石顆粒。現在從物品的性能來看，最好使用軟木炭，它質地輕，既能疏水透氣，又無污染，而且盆內水分過多

時,可以部分吸收;當盆內乾燥時,又能上升水蒸氣濕潤基質。其次的選擇是泡沫塑料碎塊。此外,也可使用經陽光暴曬過的碎樹皮、乾草根作為疏水透氣墊層物。

3.佈入蘭株,填入中粗植料

植蘭入盆時往往要將幾叢蘭苗拼成一盆外觀相稱的一撮苗。植入方式為:「老株靠邊站,新苗擺中間。」注意要使有新芽的部分向著盆沿。栽植時要給2～3年內生出的新芽留出空位。因為不論是簇蘭或是單株蘭,都要萌發新株。把有老株的一側或鱗莖略扁的不易發新芽的一側偏向外側;把附有株的一側和單株鱗莖呈圓弧形一側朝向約有3/5空間的內側,待新株發出來後,整盆蘭將正好處於盆面中央。

從觀賞角度來看,將其集中栽於盆中央,比較緊湊,也有凝聚力產生的美感;從生產角度來看,分散佈設栽植,有利於其通風透氣、透光受陽,減少病蟲害的危害,也有利於其發芽和開花。

如果是每盆栽2～3簇,每簇又不超過3株的,可以把新株朝外母株朝內,成三角形,相對集中於盆中央栽植;至於盆栽多簇的,還是呈四角形、五角形或圓周形佈設栽植為好（圖7-20）。

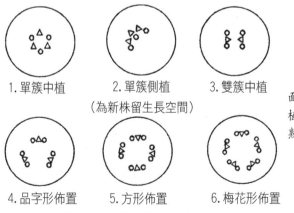

1.單簇中植　　2.單簇側植　　3.雙簇中植
　　　　　　（為新株留生長空間）

註:大圓圈表示盆面,其中的△表示老化植株,○表示剛發育成熟的健壯新植株。

4.品字形佈置　　5.方形佈置　　6.梅花形佈置

圖7-20　單株佈設形式示意圖

　　直桶盆可將蘭花放置於盆中間，蘭根直立進盆；敞口盆由於盆比較淺，要將長蘭根轉圈於盆壁，以使蘭苗穩住根基。蘭根長的，可在填入墊底植料後，即布入蘭株；一般的則是填入粗植料之後，布入蘭株。一手扶住蘭株，理順蘭根，一手填入中粗植料（圖7–21）。如是盆植多簇蘭株的，應另請人幫填植料，直至盆高的過半，最後填入細植料，直至盆高的85％。

圖7–21　填中粗植料

　　填充植料時要逐步添加，以做到實而不虛，虛易脫水而腐根。小盆植料宜細，大盆植料宜粗。植料放好後輕搖蘭盆，使蘭根與植料稍有接觸度。宋趙時庚《金漳蘭譜》對蘭盆內填植料有明確說明：「下沙欲疏、疏則連雨不能淫，上沙欲濡，濡則酷日不能燥。」栽植過程中根據栽植的深淺向上輕提蘭苗，以便把蘭花的根系在盆中理順。

　　盆栽用的腐殖土要稍乾一些為好，這樣盆栽時腐殖土容易填入密集的根系之間。但也不宜過於乾燥，因為腐殖土乾燥後極難吸收水分，盆栽後往往澆水很多次也不能把盆土澆透或只是盆土表面濕潤，而盆內仍然是乾土。

　　栽植好的蘭花苗應稍向盆內傾斜，這樣將來生出來新芽才是直立的，方可保持優美的姿態。

　　填充植料時還要注意邊填邊將蘭株向上提一提，這樣做一是可以使蘭根舒展不窩根；二是使蘭花處於淺植狀態。

　　因為蘭花在野生時，其假鱗莖都是裸露於地表的。明代簣子溪先生在其名著《蘭易》中總結出「蘭喜土而畏厚」的生長

石子或水苔
細植料
粗植料
墊底植料
蔬水透氣罩

圖7-22　各層植料示意圖

習性。形象地說：「栽蘭栽得好，風也吹得倒」，用來特別強調蘭花淺栽的重要性。從蘭花的形態特性看，它的葉芽和花芽都是從假鱗莖基部長出。如果深栽了，其生長點和幼芽極易遭水肥漬爛。因此，栽蘭深淺的原則是應該讓假鱗莖的3/5裸露出地表，讓長葉芽、花芽的假鱗莖基部有土依附，有濕潤、透氣、受陽光的條件。上盆時，讓假鱗莖的頂端與盆面緣保持一致的高度最為恰當。

4. 構築饅頭形

蘭苗栽植穩定後，要在假鱗莖根基間填入泥炭土等植料，然後逐步填上細植料，用手拍拍盆壁，使基質與蘭根緊貼；接著再填細植料，使株莖與基質在盆面上構築成饅頭形並微露於盆面，使蘭株基部半裸露於盆面，這樣可以增加根系的生長空間，避免水肥漬傷，利於澆施水肥；最後在所形成的饅頭形上鋪上一層水苔，或密排上小石子，以防在澆施水肥時，饅頭形被水沖散，也可以減少平時植料中的水分蒸發。至此，即告上盆完畢（圖7-22）。

五、澆水

一般花卉栽植後都是立即要澆定根水的，這樣做是為了讓花卉的根系能夠與培養土及時密切接觸，確保花苗不因移植而失水。但由於蘭花根系的特殊性，有些蘭苗可以及時澆定根水，而有些蘭苗卻要緩澆。因為及時澆定根水對有些蘭根的傷口會形成漬水腐爛。

1.盆緣緩注法　　　2.淋澆法　　　3.浸盆法

圖7-23　澆定根水的方法

對於苗質好、株葉健康、幾乎無創口、栽前又未經過浸泡消毒的換盆苗，或者蘭根已十分乾燥、急待水分滋潤的下山蘭和外購蘭苗宜立即澆定根水。

對病蟲斑多、但苗尚壯實或者創口多、完整根少、已經多種藥液輪番浸泡消毒的蘭苗宜緩澆定根水。一般栽植後隔2～3天再澆水比較適宜。

蘭花澆定根水的方法有3種：淋澆、盆緣緩注、浸盆（圖7-23）。澆水時可根據不同情況採用不同方法。

1. 淋澆法

淋澆法——用帶有噴頭的水壺噴淋整株蘭苗的澆水方法。

對於不存在未發育成熟的新芽株的，可採用淋澆法。此法既方便，又可清洗掉沾在葉片上的泥沙。

【方法】先將蘭花植株與盆內植料用水澆透，澆水後10 min左右，再用水噴淋蘭花植株，起到清洗葉面的作用。經過噴淋和清洗後蘭花根部已吸入水分，為保證根系充分吸入水分，在噴洗後10 min再澆一次水，這叫補澆。補澆後10 min，再用稀釋1000倍的托布津或多菌靈液噴淋蘭花植株及盆內，這是積極預防病害發生的必要措施。

2. 盆緣緩注法

盆緣緩注法——用水壺或水杯將水沿著盆邊緩慢注入的澆水方法。

對於有新芽長出，或正在展葉期的新株，應採用盆緣緩注法。此法可避免水澆至葉芽心部而造成水漬害。

【方法】用水壺或其他盛水的容器將水沿花盆邊緣緩緩注入，要求緩慢澆灌，過 10 min 後再續澆一次，力求澆至盆底孔有水滲出為止。這樣，基質中的粉末狀沙土，可隨澆定根水而排出盆外，減少了盆土板結的可能性。

3. 浸盆法

浸盆法——將蘭盆浸泡在水中，讓水通過排水孔浸入盆土的給水方法。

對於用素燒盆栽植蘭花的，可以用浸盆給水法。

【方法】用大盆盛水，將栽植好蘭花的蘭盆浸泡在水中，讓水通過盆底排水孔和盆壁緩緩浸入蘭盆內。這樣既可保證濕透全盆基質，而又不沖失土壤。但此澆水法費時費事，只適於栽培量少的情況。

服盆——指蘭花上盆或換盆、翻盆以後需要適應新盆環境的一段過程。

對於緩澆定根水的，應注意向葉面噴水霧，以防葉片脫水。澆好定根水的蘭苗，蘭盆要放在陰涼通風的環境下，不能直接有陽光照射，給蘭花 7～10 天的休養生息期，讓蘭花服盆，然後再上蘭架轉入正常管理。

六、清水養蘭

「養蘭先養根」。有時在同樣的陽臺，同樣的管理，同樣的肥料情況下，卻會出現有的蘭苗健壯油綠，有的蘭苗發苗不

壯、開花不勤、葉尖也有焦頭的現象，這實際上與蘭根有很大關係。所以，不管什麼苗，購買到家裡用大盆栽植以後，先不予施肥，只用清水陰養，少則幾個月，多則一年。先把根養好了再給它施肥。

因為大多數蘭販子手上的花，都是在蘭場培育出來的。蘭場的條件是家庭蘭戶無法相比的，有些花甚至在到手時已轉了好幾家了，無形中，蘭花就已經歷好幾個環境，這樣的蘭草最易倒苗。養這些花時，要讓它慢慢地適應您家庭的環境，使購入的蘭草能在您家庭的環境中生長到最好的狀態。

購入的蘭草，經過清雜、消毒和曬根之後上盆。澆透清水後陰養，同時注意保持濕度和通風。每隔一個半月，以1％的布托津溶液噴灑蘭葉面，以防止病害。陰養的時間由根的生長狀態而定。待根好之後，逐漸施以薄肥。在3個月內慢慢恢復到正常的肥力，來年就會看到發苗和開花的不同效果了。

七、換盆和翻盆

換盆——是將小植盆內的蘭花換用大植盆栽培，或將培養盆換用為觀賞盆的一個操作過程。

翻盆——是將蘭花脫盆，修整根系並更換栽培植料後重新栽到原來花盆之中的一個操作過程。

換盆和翻盆都是蘭花生長到一定時期，當根系佈滿盆內時而採取的措施。換盆是隨著蘭苗的生長，根群在盆內植料中無再生的餘地，生長受到抑制，一部分根系常常從盆底的排水孔伸出，此時宜將花盆更換成大型號的花盆。

翻盆是已經充分成長的蘭株，不要更換更大的花盆，但由於植株經過多年的生長，原盆中的植料養分已經喪失，植料的物理性質變劣，或其老根已經充滿花盆，此時為修整根系，更

換營養豐富的培養土而採取的措施。

一般情況下，蘭花在蘭盆中生長2～3年就需要翻一次盆。因為盆土受到澆水、淋雨、施肥的衝壓會逐漸板結，同時隨著根的生長，因其對盆土的擠壓，也會使之板結。僅用小鏟鬆土不容易使盆下層的土壤疏鬆，澆水施肥不易滲透，透過翻盆換土，有利於根的生長和吸收水肥。翻盆的同時清除爛根、老根及根圈層，能促發新根，使蘭花生長更加旺盛。

蘭花翻盆是養蘭的一項重要技術，操作過程與分株上盆的過程基本相似。翻盆前要認真做好準備工作，選擇好栽植材料，所選用的植料要添加基肥，並且都應過粗孔篩。篩上面的用於盆體的下半部，篩下面的再過細孔篩，篩上的用於盆體的上半部，篩下的不用。

準備好的植料都要進行高溫或藥物消毒。翻盆前蘭花要停止澆水，使盆土逐漸乾燥，以防脫盆時損傷蘭根；在盆土充分乾燥後，輕輕取出植株，除去泥土，用清水洗淨根、葉並晾乾，待蘭根變軟後，用剪刀剪除爛根、斷根，剪口塗上木炭粉或硫黃粉，以防病菌感染。修剪根部的剪刀應專用並進行消毒，場地應清潔，清洗蘭株的水要衛生，清洗好的蘭株切勿暴曬，應放在陰處晾乾為好。以後的花盆墊孔、上盆、填土、澆定根水、緩苗等工作都與分株栽植相同。

一般而言，栽培兩年以上的植材養分大多都已耗盡，應適時翻盆更換植料，以供蘭花生長之需。但弱苗可適當延長翻盆年限。實踐證明蘭花翻盆後第一年發的蘭草往往較小，第二年、第三年一般均發大草。因此如果要想發大草，則蘭盆不能年年翻，翻盆過勤反而不利於蘭花的復壯。

翻盆一般在花後休眠期進行為好。但要注意在5～8月高溫季節沒有特殊情況儘量不要翻盆。因為這段時間正是蘭花發芽

和生長的季節，此時翻盆會嚴重影響蘭花生長，並可能帶來感染病菌的隱患。一般春季開花的蘭花，在9月下旬至11月或新芽萌動以前換盆；夏、秋季開花的蘭花，要在4月上旬至下旬進行換盆。舊盆的介質若未鬆脫，則可原封不動植入新盆，空隙中再補入新的植料，如此可減少根部受損，開花者花梗也不致彎曲變形。

八、修 剪

蘭花是多年生植物，一般常存有過多的老葉和老假鱗莖，既影響美觀，又不利於空氣的流通，還容易感染病害，因此要時時注意修剪。

修剪時首先要剪去枯黃的老葉和病葉，其次將葉尖出現乾枯變形的，以及假鱗莖乾枯或出現病變黴爛的及時剪除。至於不健康的葉片則要根據實際情況確定，為保持一定數量的葉片，不宜剪除過多。此外，花葶和花是消耗養分的器官，要加以限制，一般留1～2個花芽即可，過多的要及時除去（圖7-24）。如果不需要種子，在花開始凋謝時即可剪去，在整個花序上的花大部分凋謝時，可將花序剪除。

修剪的工具要在事前用酒精、福馬林和高錳酸鉀等消毒，一般家庭用蒸煮或直接在火上燒烤也可以。若與病株接觸，修剪後要馬上消毒，以免傳染健康植株。

圖7-24　除花芽

第三節　無土栽培

雖然俗話說「萬物土中生」，但人們在養蘭實踐中發現，土壤實際上就是固定蘭花根系，提供蘭花生長所需要的水分和養料的一種固體基質。

如果用其他基質來代替土壤，也同樣可以使蘭花正常生長，蘭花無土栽培技術由此而產生。

蘭花無土栽培——用非土基質（如苔蘚、樹皮、沙礫等）和人工營養液代替自然土壤進行蘭花栽培的一項技術。如果只用營養液栽培則稱為「水培」。

一、無土栽培的優點

蘭花無土栽培概括起來有5大優點。

（1）它不受介質種類的限制，無論是硬質介質還是軟質介質，或者是用水作為基質都可以栽培蘭花。

（2）在栽培過程中可人工調控蘭花生長所需要的環境條件，充分利用現代種植技術，對蘭花生長所需要的光照、溫度、水分、濕度、通氣度和栽培基質中的養分含量進行調控。

（3）培育出的蘭株根群壯旺，長勢茁壯，病蟲害少，老葉會增厚，新葉短而寬，葉尾不枯黃，發芽率和開花率高。

（4）由於在無土栽培中所使用的植料質輕、不夾帶菌蟲，不會因澆水施肥而濺起泥沙，污染環境，而且植料疏水透氣性能強，能有效地避免因水漬害而爛根。

（5）可以常年規模化生產，生產中還可以節約人工和用水。

二、植料的類型

1. 有機植料

有機植料有多種多樣，一般只要能滿足蘭花根系疏水透氣的要求，都可以用來做栽培植料。進行蘭花無土栽培時可根據當地資源，選擇最容易獲得的植料。

（1）樹皮

樹皮——係木材採伐或加工生產時從樹乾上剝下來的外圍的保護結構。它包括樹幹維管形成層以外的所有韌皮組織和周皮。

樹皮一般都是疏鬆透氣的木栓組織，保水保肥能力也比較強。現在市場上已經有專業生產廠家利用樹皮製造出顆粒植料，出廠前已經經過腐化和消毒處理，可以直接用於蘭花無土栽培。

（2）鋸木屑

鋸木屑——木材加工時的細碎下腳料。

各種樹木的鋸木屑成分差異很大。鋸木屑的許多性質與樹皮相似，但通常鋸木屑的樹脂、單寧和松節油等有害物質含量較高，而且C/N比值很高。因此鋸木屑在使用前一定要經過堆漚處理，堆漚時可加入較多的速效氮混合到鋸木屑中共同堆漚，堆漚的時間至少需要2～3個月以上。

C/N比——即碳氮比，是有機物中碳的總含量與氮的總含量的比。C/N比是分子個數比而非質量比。

碳氮比值大的有機物分解礦化較困難或速度很慢。原因是當微生物分解有機物時，同化5份碳時約需要同化1份氮來構成它自身細胞體，因為微生物自身的碳氮比大約是5：1。

鋸木屑作為無土栽培的基質，在使用過程中的分解較慢，結構性較好，一般可連續使用2～6茬，每茬使用後應加以消

毒。作為基質的鋸木屑不應太細，小於3 mm的鋸木屑所占的比例不應超過10%，一般應有80%的顆粒在3.0～7.0 mm之間。

（3）水苔

水苔——亦稱白蘚，屬蘚類植物。常生長在林中的岩石峭壁上或溪邊泉水旁，一般呈白綠色或鮮綠色。

水苔的莖上有絨狀葉，質鬆軟、保水性能強，是專用的根群保濕物。新鮮的水苔，會在蘭盆裡繼續生長，一般都用乾成品。乾品保水性特別強，如果單獨使用，應適當控制澆水量。無土植料可混入2/10。

（4）松針

松針——松樹林下的落葉。

松針不易腐爛，並具有殺菌功效，是優良的養蘭有機植料。用刀把它切成30 cm左右長，混入有機和無機植料20%～30%，疏水透氣性能極佳。

（5）果殼

果殼——植物果實或種子的殼。如稻殼、麥麩、高粱糠、椰糠、豆莢殼、菜籽殼、花生殼、龍眼或荔枝殼、瓜子殼等。

果殼中含有較多鹽分和糖分，要先搗碎和反覆浸泡沖洗乾淨再使用。椰糠保水性太強，用量宜少，混合量以1/20為宜，高粱糠混合量可大些。

（6）廢渣料

廢渣料——農副產品生產加工後的下腳料。主要有山蒼子渣、中藥渣、玉米棒碎渣、甘蔗渣、食用菌廢植料等。

廢渣料含有許多有機質，成分複雜，在使用前要充分腐熟。

甘蔗渣是來源於甘蔗製糖業的副產品。在中國南方地區如廣東省、海南省、福建省、廣西省部分地區等有大量來源，因此，其作為蘭花無土栽培基質的來源很豐富。新鮮蔗渣的C/N

比值很高，不能直接作為基質使用，必須經過堆漚處理後才能夠使用。堆漚時可採用兩種方法：

一是將蔗渣淋水至最大持水量的70％～80％，然後將其堆成一堆並用塑膠薄膜覆蓋；

二是稱取相當於需要堆漚處理蔗渣乾重的0.5％～1.0％的尿素等速效氮肥，溶解後均勻地灑入蔗渣中，再加水至蔗渣最大持水量的70％～80％，然後堆成一堆並覆蓋塑膠薄膜即可。

加入尿素等速效氮肥可以加速蔗渣的分解速度，加快其C/N比值的降低。在堆漚過程中應將覆蓋的塑膠薄膜打開、翻堆後重新覆蓋塑膠薄膜，使其堆漚分解均勻。蔗渣堆漚時間以3～6個月為好，否則會由於分解過度而產生通氣不良的現象。經過堆漚和增施氮肥處理，蔗渣可以變成與泥炭基質種植效果相當的良好栽培基質。用蔗渣作為蘭花無土栽培基質，最大粒徑不應超過5 mm，用作袋培或槽培的蔗渣，其粒徑可稍粗大，但最大也不宜超過15 mm。

食用菌廢植料是指種植草菇、香菇、蘑菇和木耳等食用菌後廢棄的培養基質。剛種植過食用菌的廢植料一般不能夠直接使用，要將食用菌廢植料加水至其最大持水量的70％～80％，再堆成一堆，蓋上塑膠薄膜，堆漚3～4個月之後，攤開風乾，然後打碎，過5 mm篩，篩去食用菌廢植料中粗大的植物殘體、石塊和棉花等即可使用了。

食用菌廢植料中的氮、磷含量較高，不宜直接作為基質使用，應與泥炭、蔗渣、沙等基質按一定的比例混合製成複合基質後來使用。混合時食用菌廢植料的比例不應超過40％。

（7）木炭或蘆葦草炭

木炭或蘆葦草炭——木材或蘆葦等原料經過不完全燃燒，或者在隔絕空氣的條件下熱解，所殘留的深褐色或黑色多孔固體。

木炭或蘆葦草炭可以調節蘭盆內植料的濕度。蘆葦草炭還有抑制黴菌繁殖的作用，為上乘的植料之一。但它是鹼性，配合用量宜在5％左右。

（8）礱糠灰

礱糠灰——又稱「炭化稻殼」、「炭化礱糠」，指稻殼經過加熱至其著火點溫度以下，使其不充分燃燒而形成的木炭化物質。

礱糠灰容重為0.15 g/cm3，含氮0.54％，速效磷66 mg/kg，速效鉀0.66％，pH為6.5。礱糠灰因經過高溫炭化，如不受外來污染，則不帶病菌。

炭化稻殼的營養含量豐富，價格低廉，通透性良好，但持水孔隙度小，持水能力差，使用時需經常淋水。

（9）泥炭

泥炭——在沼澤中經泥炭化作用形成的一種鬆散富含水分的有機質聚積物。

泥炭是迄今為止被世界各國普遍認為最好的一種蘭花無土栽培基質。特別是蘭花工廠化無土栽培中，以泥炭為主體，配合沙、蛭石、珍珠岩等基質，製成含有養分的複合基質，效果很好。中國北方出產的泥炭土質量較好，這與北方的地理和氣候條件有關。因為北方雨水較少，氣溫較低，植物殘體分解速度較慢；相反，南方高溫多雨，植物殘體分解較快，只在低窪地有少量形成，很少有大面積的泥炭土蘊藏。根據泥炭土形成的地理條件、植物種類和分解程度的不同，分為低位泥炭、高位泥炭和中位泥炭3大類。

低位泥炭分佈於低窪積水的沼澤地帶，以苔蘚、蘆葦等植物為主，其分解程度高，氮和灰分元素含量較少，酸性不強，養分有效性較高，容重較大，吸水、通氣性較差。此類泥炭風

乾粉碎後可直接作肥料使用，一般不作為無土栽培的基質。

高位泥炭分佈於低位泥炭形成的地形高處，以水蘚植物為主。其分解程度低，氮和灰分元素含量較少，酸性較強，pH在4～5之間，容重較小，吸水、通氣性較好，一般可吸持相當於其自身重量10倍以上的水分。此類泥炭在蘭花無土栽培中可作為混合基質的原料。

中位泥炭是介於高位泥炭與低位泥炭之間的過渡性類型的泥炭。其性狀介於兩者之間，可以用於蘭花無土栽培。

2. 無機植料

無機植料的類型也很多，大致可以分為沙石類，如火山石、風化石、海浮石、蛭石、粗河沙等；火煅類，如空心陶粒、珍珠岩、磚瓦碎粒、陶瓷窯土粒等；塑膠類主要是發泡塑膠塊，如電器、儀錶防震包裝物的碎片。

（1）沙

沙——在河流、大海、湖泊的岸邊以及沙漠等地自然出現、被分割得很細小的岩石粒。

用沙作為蘭花無土栽培基質的主要優點在於其來源豐富，價格低廉。但由於沙的容重大，在搬運、消毒和更換時有些不方便。

不同地方、不同來源的沙，其組成成分差異很大。一般含二氧化矽在50％以上。沙沒有陽離子代換量，容重為1.5～1.8 g/cm^3。使用時以選用粒徑為0.5～3 mm的沙為宜。沙粒太粗則會通氣過盛、保水能力較低，蘭苗易缺水；沙粒太細則易在沙中瀦水，造成蘭苗根系的澇害。

用作無土栽培的沙應確保不含有毒物質。海濱的沙子通常含有較多的氯化鈉，在種植前要用大量清水沖洗乾淨。河沙有時含有大量泥土，在種植前也要進行清水沖洗，將沙中的泥土

淘洗掉，以利蘭花沙培時營養液的精確配給。

(2) 石礫

石礫——河邊的小石子或石礦場的岩石碎屑。

來源不同的石礫化學組成和性質差異很大。一般在無土栽培中應選用非石灰質的石礫，如花崗岩質的石礫。石礫的粒徑應選在 1.6～20 mm 的範圍內，其中總體積的一半石礫直徑為 13 mm 左右。石礫應較堅硬，不易破碎。選用的石礫最好有不太鋒利的棱角，否則會使蘭花根系受到劃傷。石礫本身不具有陽離子代換量，通氣排水性能良好，但持水能力較差。

由於石礫的容重為 1.5～1.8 g/cm³，不利於搬運、清理和消毒等日常管理，近年來，一些輕質的人工合成基質如岩棉、多孔陶粒等逐漸代替了沙和石礫作為基質。

(3) 蛭石

蛭石——一種天然、無毒，在高溫作用下會膨脹的雲母類矽質礦物。

蛭石的顆粒由許多平行的片狀物組成，片層之間含有少量的水分。當蛭石在 1000℃ 的爐中加熱時，片層中的水分變成水蒸氣，把片層爆裂開來，形成小的、多孔的海綿狀的核。經高溫膨脹後的蛭石其體積為原礦物的 16 倍左右，容重只有 0.09～0.16 g/cm³，孔隙度達 95％。蘭花無土栽培用的蛭石都應是經過上述方法高溫膨脹處理過的，否則它的吸水能力將大大降低。

蛭石的陽離子代換量很高，達 100 mmol/100 g，並且含有較多的鉀、鈣、鎂等營養元素。這些養分蘭花是可以吸收利用的，屬於速效養分。蛭石的吸收能力很強，每立方米的蛭石可以吸收 100～650 kg 的水。

蘭花無土栽培用的蛭石的粒徑應在 3 mm 以上。但蛭石較容易破碎，而使其結構受到破壞，孔隙度減少，因此在運輸、種

植過程中不能受到重壓。蛭石一般使用1～2次之後，其結構就會變差，需重新更換。

（4）珍珠岩

珍珠岩——由一種灰色火山岩（鋁矽酸鹽）加熱至1000℃左右時，岩石顆粒膨脹而形成的基質。

珍珠岩的成分為：二氧化矽(SiO_2)74％、氧化鋁(Al_2O_3)11.3％、氧化鐵(Fe_2O_3)2％、氧化鈣(CaO)3％、氧化錳(MnO)2％、氧化鈉(Na_2O)5％、氧化鉀(K_2O)2.3％。

珍珠岩中的養分多為植物不能吸收利用的形態。珍珠岩是一種封閉的輕質團聚體，容重只有0.03～0.16g/cm³，孔隙度約為93％。珍珠岩沒有吸收性能，陽離子代換量<1.5 mmol/100g，pH為7.0～7.5。珍珠岩較易破碎，在使用前最好先用水噴濕，以免粉塵飛揚。

（5）火山熔岩

火山熔岩——火山噴發出的熔岩經冷卻凝固而成的多孔蜂窩狀的塊狀物。

火山熔岩外表為灰褐色或黑色，經打碎之後即可使用。當其容重為0.7～1.0 g/cm³，粒徑為3～15 mm時，其孔隙度為27％，持水容積為19％。

火山熔岩的主要化學組成為：二氧化矽(SiO_2)51.5％、氧化鋁(Al_2O_3)18.6％、氧化鐵(Fe_2O_3)7.2％、氧化鈣(CaO)10.3％、鎂(Mg)9.0％、硫(S)0.2％、其他鹼性物質3.3％。火山熔岩結構良好、不易破碎，但持水能力較差。

（6）岩棉

岩棉——以天然岩石及礦物等為原料製成的蓬鬆狀短細纖維。

岩棉是白色或淺綠色的絲狀體，孔隙度可達96％，吸收力

很強。岩棉吸水後，岩棉會依厚度的不同，含水量從下至上而遞減；相反，空氣含量則自上而下遞增。未使用過的新岩棉的pH值較高，一般在7.0以上，如果在灌水時加入少量的酸，1～2天之後pH值就會很快降低下來。

在使用前也可用較多的清水灌入岩棉中，把鹼性物質沖洗掉之後使pH值降低。岩棉製造過程是在高溫條件下進行的，因此，它是進行過完全消毒的，不含病菌和其他有機物。

（7）煤渣

煤渣——燒煤之後的殘渣。

工礦企業的鍋爐、食堂以及北方地區居民的取暖等，都存有大量的煤渣，其來源豐富。煤渣容重約為0.70 g/cm³，總孔隙度為55％，其中通氣孔隙容積占基質總體積的22％，持水孔隙容積占基質總體積的33％。含氮0.18％，速效磷23 mg/kg，速效鉀204 mg/kg，pH為6.8。

煤渣如未受污染，不帶病菌，就不易產生病害，其含有較多的微量元素，如與其他基質混合使用，種植蘭花時可以選擇不加微量元素。煤渣容重適中，種植蘭花時不易倒伏，但使用時必須經過適當的粉碎，並過5 mm篩。適宜的煤渣基質應有80％的顆粒在1～5 mm之間。

（8）泡沫塑料

泡沫塑料——由大量氣體微孔分散於固體塑膠中而形成的一類高分子材料。

現在使用的泡沫塑料材料主要是聚苯乙烯、尿甲醛和聚甲基甲酸酯，尤以聚苯乙烯最多。這些泡沫塑料可取自塑膠包裝材料製造廠家的下腳料，也有專門出售供蘭花無土栽培使用的泡沫塑料。泡沫塑料的容重小，為0.1～0.15 g/cm³。有些泡沫塑料可以吸收大量的水分，而有些則幾乎不吸水。

泡沫塑料非常輕，用作蘭花栽培基質時必須用容重較大的顆粒如沙、石礫來增加容重，否則蘭花難以固定。由於泡沫塑料的排水性能良好，它可以作為栽培床下層的排水材料。

（9）膨脹陶粒

膨脹陶粒——以黏土質頁岩、板岩等經破碎、篩分或粉磨後成球，燒脹而成的陶質顆粒。

膨脹陶粒又稱多孔陶粒或海氏礫石，外殼硬而較緻密，色赫紅。從切面看，內部為蜂窩狀的孔隙構造，質地較疏鬆，略呈海綿狀，微帶灰褐色。比重為 $0.3 \sim 0.6$，容重為 $0.5 \sim 1.0$ g/cm^3，大孔隙多，通氣性和排水性好，持水性差。其 pH $4.9 \sim 9.0$，有一定的鹽基代換量，碳氮比低。多數顆粒橫徑為 $0.5 \sim 1.0$ cm，堅硬不宜碎，可反覆使用，但是連續使用後表面吸收的鹽分易造成小孔堵塞。

適合栽培要求通氣性好的蘭花，單獨使用則多用於循環營養液的種植系統，或與其他基質混合使用，或作為人工土的表面覆蓋材料。陶粒單價高於珍珠岩、蛭石等基質，但是可反覆使用故其實際成本並不高。

3. 複合基質

複合基質生產上可根據蘭花無土栽培的要求以及可以利用的材料不同，以經濟實用為原則，自己動手配製。例如，可以用粒徑 $1 \sim 3$mm 的煤渣或粒徑 $1 \sim 3$mm 的砂礫與稻殼各半來進行蘭花無土栽培。也可以用 $50\% \sim 70\%$ 的蔗渣與 $30\% \sim 50\%$ 的沙、石礫或煤渣混合而成。

配製複合基質時所用的單一基質以 $2 \sim 3$ 種為宜。製成的複合基質應達到容重適宜，增加了孔隙度，提高了水分和空氣含量的要求。在配製複合基質中可以預先混入一定量的肥料。肥料用量為：三元複合肥料（15–15–15，N–P$_2$O$_5$–K$_2$O）以 0.25%

蘭花栽培小百科

的比例兌水混入，或用硫酸鉀0.5 g/L、硝酸銨0.26 g/L、過磷酸鈣1.5 g/L、硫酸鎂0.25 g/L加入。也可以按其他營養配方加入。

三、植料的處理

無論是有機植料還是無機植料，在使用前都應清洗和消毒，以防其夾帶病菌等有害微生物，影響蘭花正常的生長。

有機植料常用的消毒方法有陽光暴曬、高溫蒸汽和藥劑消毒3種。一般可以用潔水將其淘洗後，攤於室外讓烈日暴曬3日以上，攤曬過程中要時常翻動。若用蒸汽高溫將其消毒2 h更好。也可用5％的石灰水浸泡24 h後撈出，再沖洗乾淨，曬乾備用。

無機植料一般無需什麼消毒，只用潔水沖洗去灰塵便可。不過火煅類植料，由於顆粒中含大量的空隙，要先用水浸泡24 h，使其充分吸收水分，這與新花盆浸水「退火」是一個道理。

四、栽培程式

1. 調配無土植料

（1）全無機植料配方，適於培育線藝蘭。配法為：泡沫塑料碎塊30％，磚瓦碎塊30％，石類植料40％。

（2）全有機植料配方，適於培育非線藝蘭。配法為：樹木類30％，莖葉類10％，種籽殼10％，廢渣料10％，炭類40％。

（3）混合配方。配法為：無機植料70％，有機植料30％。

2. 備好植料和盆鉢

無土栽培使用的蘭盆（不論何種質地）只要求高筒狀，有盆腳，盆底和下部周邊有疏水透氣孔的就行。新陶盆要浸水退火，舊盆要清洗，並要用廣譜殺蟲滅菌劑稀釋液浸泡消毒2 h。

3. 備好種苗

把土培苗起苗、洗淨、剔除枯朽部分，擴創病蟲斑，選用

廣譜殺蟲滅菌劑稀釋液浸泡1 h後將其撈出、沖洗、晾乾。

4. 上盆

盆底略填入些較粗的植料，便可布入植株，理直根系，一手握住叢蘭的假鱗莖，讓假鱗莖略露出盆面，另一手緩緩添加植料至假鱗莖基部，最後用水苔鋪於盆面以利保濕。

五、栽後管理

無土栽培的蘭花的管理，基本上與有土栽培的相同，所不同的是水肥的供給不同。

1. 澆水

由於無土栽培的植料格外粗糙，保水性能低下，因此澆水次數要比有土栽培的多3～4倍。一般冬冷休眠期時，每日10時許澆透1次；早冬和晚春時，每日早晚各澆透水1次；盛夏金秋的生長期時，每日早、中、晚各澆透水1次。酷熱地區，每日的7、11、14、17、20時各澆透水1次，要做到「寧濕勿乾」。

2. 施肥

由於無土栽培的基質不具微生物分解有機肥，故宜施用無機化肥配製成的營養液。一般在大型的農資或花卉商店中都有銷售各種液體葉面肥等。如買不到，可參考下列配方自行配製：

無土栽培營養液參考配方（每Kg含量）

成　分	重量（g）	成　分	重量（g）
磷酸二氫鉀	1.00	硫酸鎂	0.20
硝酸銨	0.50	硫酸鋅	0.05
硫酸錳	0.05	鉬酸銨	0.05
硼　酸	0.02	硫酸亞鐵	0.005
硝酸鈣	0.02		

值得注意的是，如果培育的是線藝蘭、水晶藝蘭、圖畫斑藝蘭，應除去配方中「硫酸錳、硫酸鎂」的成分，以防葉綠素的大量增加而導致藝性退化或消失。

施肥時將表中所列的肥料倒入盛有1000～1200 g潔淨水的容器中，充分攪拌至完全溶解，便可直接施用。施肥的方式有根澆和葉面噴施2種（圖7-25）。

1.溶解肥料　　　　　　　　　　2.噴施肥料

圖7-25　葉面施肥

根澆，每年4～11月，每月3次；12月至翌年3月，每月1次。在嚴寒和超高熱天氣下，應暫停澆施，待氣溫緩和時補施。澆肥前停止澆水半天；澆肥後停止澆水1天。在暫停澆水的時間裡，如遇高溫高燥天氣，應加強葉面和盆面噴水，以防脫水。

葉面噴施，一般每週噴施1次，也可把肥料再擴大稀釋1倍，每3～4天噴施1次。以晴天下午4時後噴施為最佳。應注意噴及葉背。葉面肥的品牌要常更換。線藝蘭、水晶藝蘭、圖畫斑藝蘭勿施用含有高氮和鎂、錳元素的葉面肥。

第八章
蘭花養護管理

種植業有一句諺語叫「三分種，七分管」，說的是植物的養護管理要比栽植更加重要。因為蘭花栽種只是某一季節的階段性工作，而養護管理卻是常年累月的一系列繁瑣任務。蘭花的養護管理可分為地上部分管理和地下部分管理兩個方面。

地上部分的管理，重點是光照、通風和空氣濕度的控制，葉片和花朵的整姿，病蟲害防治等；地下部分的管理，重點是水分的管理，肥料的施用等。

蘭花生長發育的正常與否，與其生活的環境條件密切相關，蘭花的各項栽培技術基本上都是為了協調好蘭花生長發育的環境條件而採取的各種措施。

本章主要介紹光照、溫度、空氣的合理調節技術，關於水分的管理、肥料的施用、蘭株的整形修剪和換盆以及病蟲害防治等工作將在其他章節介紹。

第一節　光照調節

蘭花「喜日而畏暑」。如缺少陽光，蘭花將不會形成花芽，也就不會年年開花。因此，在蘭花的光照管理上，應當依其習性，在冬春季節光照弱時，除了葉藝蘭花給予半遮陰外，

蘭花栽培小百科

其他綠葉蘭可以全光照，以利蘭株的正常生長發育；而在夏秋季節光照強時則應避光遮陰，方可有效地避免日灼傷害。為此，在進行光照的管理時，應當根據栽培蘭花的種類習性，對蘭花栽培場所進行光照的調節。

對蘭花栽培場所的光照調節有「遮陰」和「補光」兩種方法。

遮陰——利用遮陽網或種植植物為蘭花遮擋強烈陽光的措施。

遮陰可以減弱光照強度，使蘭花避免日灼傷害；也可以降低氣溫，減緩蘭花水分的散失，為蘭花越夏避暑正常生長發育提供必要的涼爽環境。

補光——利用電燈光給蘭花人工補充光照的措施。

人工補光是根據蘭花對光照的需求，採用人工光源改善蘭花的光照條件，調節對蘭花的光照。採用人工補光，可以彌補蘭花栽培的光照不足，促進蘭花的生長。

遮陰有用搭建棚架加遮陽網和種植植物兩種方式；補光主要是在蘭室內安裝電燈，利用燈光來補充光照。

一、用建築物調節光照

利用蘭花溫室或亭、廊、水榭等的擋光位置，適當擺放蘭盆。在向陽的地方可以掛上遮陽網或竹簾。遮陽網有不同的密度，產品標記上有遮光的密度，通常為50％，60％～70％，70％～80％，90％。遮陽網堅固耐用，重量輕，便於使用，是良好的遮光材料。

在夏季可利用蔭棚。蘭花蔭棚形式可以多樣化，建築材料也可採用不同的來源。一般比較堅固的永久性建築，可採用鋼筋混凝土作骨架，上面鋪蓋竹簾或遮陽網；也可以採用竹、

木、鋼管作為骨架，上蓋竹簾或遮陽網。

上面蓋的竹簾、遮陽網等應有不同的疏密度，最好能自由活動，隨時能自由調節疏密度以控制遮光度。目前市場上有專門生產這類型的遮光簾和遮陽網。

二、用植物調節光照

在養蘭場地的周圍或西南方向種植常綠樹或落葉樹，按照高低及樹蔭疏密適當配置，可以起到調節光照的作用。搭棚架種植葡萄、絲瓜等植物也能起到遮陰作用。在養蘭的場地上搭起竹架、鋼架或木架，上面有數根橫樑，四周種植攀緣植物，任其爬蔓其上，既美觀大方，又經濟實惠（圖8-1）。

圖8-1　用攀緣植物遮陽

三、人工補光

在冬季和早春季節，日照時間短，光照度較弱。蘭花栽培由於受到條件的限制，如地下室、室內、不見陽光的陽臺或蘭棚覆蓋物透光率的影響，蘭棚內的自然光照條件要比露天場地差。另外，南方地區在陰雨連綿的季節裡，有的地區光照度僅為2000 lx 左右。光照不足，影響蘭花的光合作用，導致蘭花生長受抑，從而嚴重影響蘭花的生長。為了彌補光照不足，可以

蘭花栽培小百科

採取燈光補充光照法補光。

　　陽光是從紅到紫的各種連續波段光線的集合，在室內栽培蘭花，人工類比蘭花的光照環境也應該由此出發。全波段的人造光線當然最好，但絕大多數人造光源無法達到這一要求。蘭科植物最容易吸收紅色和藍色光線，良好平衡的紅色和藍色光線對光合作用尤其重要。根據實驗證明，紅光能促進蘭花的生長，而藍光則對莖葉增粗、加速植株發育、調節氣孔開放等是不可缺少的。

　　另外，一定強度的長波紫外線也是必不可不少的，它能幫助蘭花形成花青素，也能抑制葉片的伸長。因此，室內種植蘭花的人工照明需要配備：4000～5000 lx 的光照強度，全波段、連續光譜的照明光源；良好平衡的紅色（610～640 nm）、藍色（420～450 nm）光線，一定強度的長波（400～420 nm 波長）紫外光線。一般在蘭葉面上1.5～2 m高處，懸掛一支40 W日光燈，其兩端各加掛一支3 W的紅色螢光燈，就可滿足10～15 m² 蘭場的補照需要（圖8-2）。也可以從市場上購買花卉專用補光燈用來補光。

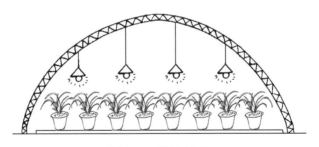

圖8-2　蘭室補光

　　蘭花用燈光補照的時間一般在白天進行，凡白晝無日照時，就可以開始補照。但在夜間不要補照，因為夜間補照，就等於把短日照的蘭花變為長日照花卉，而導致其不易開花。

第二節　溫度控制

　　蘭花生長和發育都需要適宜的溫度，外界環境溫度的過高或過低，都會給蘭花生長和發育造成障礙。尤其是蘭花的花芽形成與溫度關係特別密切，要讓蘭花年年開，溫度調節必須符合蘭花的生長習性。

　　蘭花既怕冷又畏熱，尤其怕濕冷和悶熱，夜間悶熱更要防止。為了讓蘭花正常生長，在栽培中除了用空調或冷熱風機調節蘭室溫度外，也可以用人工的辦法在蘭室內調溫，主要是指在氣溫高的情況下降溫，在氣溫低的情況下增溫。

一、蘭室降溫方法

　　各種蘭花在生長發育期間對溫度的要求基本是一致的，並且都有晝夜溫差需求。一般白天的生長適溫為20～25℃，夜間為17～20℃。白天氣溫如果高於30℃時蘭花便會停止生長，處於半休眠狀態。夜間氣溫若是高於20℃，則會因蘭株的呼吸作用強盛，消耗大量養分而使植株早衰。

　　溫度過高還會產生熱害。

　　熱害──指高溫對蘭花的新陳代謝、生長發育和花芽形成所造成的危害。

　　由於溫度過高，蘭花葉片的光合作用減弱，呼吸作用加強，光合物質積累減少，而且高溫造成土壤溫度上升，加速蘭花根系老化，吸收水肥的能力下降，也會使地上部分生長不良。因此，不僅白天氣溫高了需要降溫，就是在夜間氣溫高了也同樣需要降溫。一般生產上給蘭室降溫常用的措施是遮陰、通風和增濕。

1. 遮陰

自然條件下的熱量多來自於陽光，遮陰是降溫的最主要措施。在炎熱的夏季，可在固定遮陰設施之上 50 cm 處，再增設一層活動遮陽網，以此來調節光照強度，同時也就調節了氣溫。在蘭場四周種植高大喬木樹種，以擴大遮陰範圍，也是夏季降低氣溫的有效手段。

2. 通風

天氣炎熱的時候，我們常常用扇風扇的方法給自己驅熱，那是利用流通的空氣來排走熱量，所以通風也可以有效降低蘭室的溫度。一般的方法是在蘭室的牆面上方設置排氣扇，蘭室下方架設小送氣扇，以增加室內的通風量，使蘭場保持空氣流通而降溫。也可以在離蘭室地面 50 cm 高處設置 15 cm 粗的塑膠水管，直伸棚室頂空 3 m 以上。它可以有效抽掉蘭室內的熱空氣，從而增加蘭場的通風量而達到自然降溫的目的。據實驗，在蘭棚室內，每 10～15 m² 設置一支通氣管，便可滿足降溫的需求（圖 8-3）。

在天氣晴好的時候，可以將設在蘭室塑膠棚的頂端天窗打開，雨天時需蓋上。晴天時因空氣受熱膨脹上升，熱空氣便從天窗升騰出蘭室外面，既可有效地加強蘭室的通風，又可使蘭花在夜間得到露水。

3. 增濕

用增加蘭室內濕度的方法來降溫，與我們夏季在室外場地中乘涼，先在地面灑水是同一個道理，因為水汽的蒸發可以帶走許多熱量。而且蘭花的習性是喜濕潤的，它的生長需

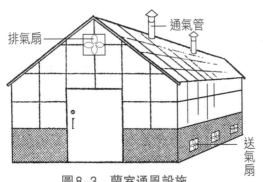

排氣扇　　　　　　　　通氣管　　　　　　　送氣扇

圖 8-3　蘭室通風設施

要空氣濕度高的環境。

　　增濕的方法很多。可以在蘭室內設噴霧設施，在蘭架下設蓄水池，或放置水槽、水盆，通道上鋪紅磚浸濕，在蘭場四周牆上掛上淋濕水的布簾、海綿，在蘭室周邊挖設溝渠，設置全自動加濕器等都是增加空氣濕度的有效方法。

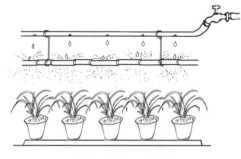

圖8-4　簡易加濕器

　　小型的蘭室，可自行製作簡易加濕器。方法是在蘭室的邊角處安放一個儲水桶，連接上一根直徑1.5 cm粗的塑膠導管，在導管正下方50 cm處吊一根竹竿或塑膠管，在導管上每隔20 cm針刺一小孔，使之約每5 min滲滴1粒水滴。當小水滴滴在竹竿上，便可濺起細水霧，給蘭場增加空氣濕度（圖8-4）。

　　有些家庭將蘭盆放在空調房間內降溫，但空調機具有抽濕的功能，因此，同樣要採取增加室內空氣濕度的措施。

二、蘭花防凍方法

　　蘭花在低溫下受到的危害有兩種情況，一種是凍害，另一種是冷害。

　　蘭花凍害——指氣溫降至冰點以下，因蘭花體內的細胞間隙結冰引起的傷害。

　　蘭花冷害——指0℃以上低溫，雖無結冰現象，但能引起蘭花的生理障礙使植株受到傷害。

　　蘭花在低溫時出現凍害，主要是由於生理乾燥使化學鍵破裂結冰引起；受凍害以後溫度急劇回升比緩慢回升會引起更大的傷害。出現冷害的原因是因低溫導致酶失水、細胞失水濃縮而造成膠體物質沉澱等因素引起。

蘭花栽培小百科

　　長期以來一直認為凍害是由於低溫和某些蘭花不抗低溫的生理特性所決定。但是新近研究結果表明：植物本身在-10℃以上時不產生冰核物質，由於細胞液具有冷卻作用，在沒有冰核物質存在的條件下，就算體溫降到-8～-7℃時也不會發生凍害。誘發植物凍害的關鍵因素是廣泛存在於植物體上的一種冰核細菌，它可在-5～-2℃時誘發植物細胞液結冰而發生凍害。冰核細菌密度越大，開始出現凍結時的溫度越高，凍結持續時間越長，凍害越重。

　　根據這一理論，只要我們在蘭花管理過程中能提高蘭花抗性，抑滅「冰核細菌」，就能大大提高蘭花的抗凍能力。我們可以從以下幾個方面做好防凍工作。

1. 適當進行抗寒鍛鍊，提高蘭株抗性

　　一般自秋末開始，就要根據具體情況對蘭花進行抗寒鍛鍊，具體做法是：

　　（1）稍微推遲蘭花入室的時間，增強蘭花抗寒能力。

　　（2）秋季控制施肥。一般從8月份開始就要注意停施氮肥，增施磷和鉀肥。

　　（3）增加光照，利用秋夜氣溫低、時間長的特點，使蘭株體內的澱粉水解為水溶糖以降低冰點，提高抗寒力。

　　（4）遵從古訓「冬不濕」。適當扣水，使植株內含水量下降，就不易結冰。

　　扣水——在蘭花生長過程中，不澆水或少澆水以限制其營養生長，使養分得到積累的一種控制水分的方法。

2. 抑滅細菌

　　（1）在下霜前半月左右，用300 μl/L的鏈黴素溶液全面噴施株葉，5～7天1次，連續2～3次，以抑滅「冰核細菌」。

　　（2）在停用鏈黴素的第7天，用1500倍液醫用阿司匹林

（乙醯水楊酸）噴施株葉，以阻止病原物的入侵、擴散，並殺死或抑制其生長，從而起到提高抗凍的作用。

3. 增設防凍設施

在冬季氣溫較低的地區，為讓蘭花安全過冬，可增加以下設施：

（1）在蘭室的北向設置擋風牆，塑膠薄膜棚頂上加蓋草簾。如果用雙層塑膠薄膜效果會更好。

如果家庭只有少量蘭花，可以用「設施」養蘭法。所謂「設施」其實是指北方家庭養蘭為了創造一個適於蘭花生長的小氣候而採用的一些設備和措施。

最簡單的「設施」是用透光材料做一個相對封閉的空間，面積視條件而定，俗稱「小溫室」。小溫室的構架可以用木、竹或角鋼製作，形似書架，以家庭環境的實際條件、蘭花的高矮來定層次和尺寸，四周圍以透明的塑膠布即可。這樣可以防寒保暖，保持空氣的潤濕度。

小溫室在北方的冬季、初春季節對蘭花的養護作用最佳。北方冬、初春期間天氣寒冷，且常伴有寒潮。小溫室背面要正對住房的南窗，揭開背面的塑膠布對準南視窗，製作一個簡易熱風道，以便把室內暖氣通入小溫室，用以保暖，也增加水蒸氣和濕度。但注意也不要過暖，根據一般蘭花的習性，冬季只要能保持在5℃左右就可過冬。特別要注意通風，以防小溫室內悶塞不通氣。

（2）將蘭盆放入地窖內，上方架設小拱架，覆蓋塑膠薄膜、無紡布、麻袋等以吸潮、保溫。下方用塑膠泡沫板隔絕盆底寒氣。

（3）家庭養少量的盆蘭，可以用棉絮、羽絨或塑膠泡沫墊在廢舊紙箱內，將蘭盆放入其間，使蘭盆有了一個保溫圍

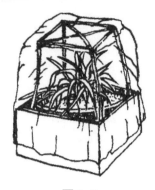

圖8-5
保溫圍套和塑料拱罩

套，上面罩一個自己製作的小塑膠薄膜拱罩（圖8-5）。

三、冷室應急升溫法

長江流域以南地區，由於冬季一般無酷寒，因而養蘭多為冷室，沒有固定的採溫設施。但有時在冬季也會出現零攝氏度以下的低溫，遇到這種情況，可採用以下簡易的應急升溫法。

1. 電器升溫

（1）**電爐煮水升溫**：每50 m²的棚室，用1台1000 W的電爐煮開水。

（2）**空調器升溫**：每50～70 m²的棚室安裝1台。

（3）**遠紅外電暖器升溫**：每12～15 m²的棚室安裝一台900 W的遠紅外電暖器。

（4）**電燈泡升溫**：在蘭葉面上空1～1.2 m處，每隔1.2～1.5 m懸掛1個60～100 W電燈泡。也可以每隔0.4 m懸掛1個40 W電燈泡。

2. 蒸汽升溫

在蘭棚室外用煤爐燒高壓鍋煮水，用橡膠導管把蒸汽輸入至蘭架下升溫。每100 m²的棚室，有一個大高壓飯鍋煮水的蒸汽輸入室內就足夠。每小時需加水1次。注意煤爐不能放在室內燒，以防煤氣傷害蘭花。

3. 炭火升溫

在中國南方山區，蘭室傳統的升溫方法是在室內燒木炭火盆，為了增加空氣濕度，多在火盆上支起支架，吊一水壺燒水以散發蒸汽。

❀ 第三節　氣體調節 ❀

在養蘭過程中，通風透氣是第一要義。所以，從栽植蘭花用的花盆選擇開始，到栽培植料、栽植密度、栽植環境等各個方面，處處都要注意給蘭花創造通風透氣的環境條件。

一、選盆

用於有土栽培的蘭盆，應選擇質地粗糙而無上釉，盆底和周邊多孔的陶器盆。用於無土栽培的蘭盆，雖然可用塑膠盆和瓷器盆，但最好也要選擇底和底部周邊有孔的花盆。

為提高蘭盆透氣，還應當注意以下幾點：

（1）選用底孔較大且盆壁有孔的高腰瓦盆或出汗盆，這種蘭盆的通透性會更好些。

（2）把蘭盆放在透氣的蘭架上，盆底離地面 50 cm 較適宜，蘭盆不要放得太密，要保持適當的盆距。

（3）改良盆內疏水透氣罩，有條件的可以自製。自製疏水透氣罩最好的材料是礦泉水瓶或優酪乳瓶，用電烙鐵在瓶上燙許多小孔，高矮視盆深淺而定，這樣可以大大提高盆內的通透性能。

二、選植料

地生蘭免不了要用有土栽培法，為了使蘭根呼吸通暢，應在腐殖土中混入不少於 40％的粗植料。選用乾淨、無菌、大小適宜的顆粒植料，並要求多種植料混合，以達到各種植料取長補短的功效。

盆底墊層和下部植料也應粗糙些，用大顆粒植料墊底，以

利盆中上下通氣。

三、控制栽植密度

在蘭圃中培育的蘭花，栽植時要保持適當的株距。在蘭盆中栽植的蘭花要適當疏植，當新株萌發多了，要及早分盆。在蘭棚中陳列的盆蘭，盆距應有 10 cm 以上。

四、蘭葉透氣

蘭花葉片不僅是光合作用時營造養分的器官，也是呼吸作用時呼吸氧氣的主要器官。讓蘭葉保持清潔，可以使蘭葉上的氣孔保持良好的透氣狀態。

讓蘭葉透氣的措施有：

（1）在灰塵較嚴重的地方安裝紗窗可擋住部分灰塵。

（2）每半月左右噴洗 1 次蘭葉，要通風，儘快使蘭葉吹乾。

（3）在施有機肥和葉面肥的第二天早上噴水洗蘭葉，將洗葉和清除殘肥結合，但要開窗並啟動風扇，使蘭葉儘快吹乾。

（4）冬天氣溫太低時不要洗蘭葉，如果葉面上灰塵多了，可以用濕布輕輕擦拭乾淨。

五、通 風

在蘭場或庭院中養蘭，儘量不要將空間封閉，讓蘭株完全生長在大自然環境下的新鮮空氣中。而屋頂、陽臺養蘭由於風大光強，必須要營造一個封閉的管理環境。但封閉了又會不通風透氣，二者很矛盾。但通風畢竟是矛盾的主要方面，必須要採取措施解決通風透氣的問題。

　　在蘭花生長季節，蘭棚室應常開門窗讓空氣對流。不僅氣溫高、空氣濕度大時和澆水肥、噴霧後要啟動排氣扇等一系列通風設施，就是在冬季保溫防凍時，也應注意在晴天適當開窗換氣。

　　家庭在陽臺養蘭，通風時注意蘭花不要直接放到風口吹，露臺還要建擋風設施和增濕設施，否則通風過度會引起蘭花葉片出現黑斑。陽臺如果是鋁合金或塑鋼的推拉窗，除開一扇窗通風外其餘窗子平日裡都將關上，如果窗子是分上下兩層的，最好上開下閉。

第四節　水分管理

　　水是蘭花的生命活動中不可缺少的要素。給蘭花澆水是栽培管理中最繁瑣，也是最難掌握的技術。要讓蘭花年年開放，必須澆水得法。

　　自古就有「養蘭一點通，澆水三年功」的諺語，說明給蘭花澆水需要經過長期的實踐和探索才能掌握。當然，給蘭花澆水不一定非要花費三年的工夫才能學好，這是為了提醒大家，要特別注意澆水的重要性。

　　細細想來，我們養蘭花所做的買苗、栽種、換盆、分株等事情，在一年之中不過數次。但養蘭過程中的澆水，一年中卻有上百次之多。

　　當然，如果我們能夠掌握蘭花的習性，認清蘭花所喜愛的乾濕狀態，大家都會很快掌握澆水要領的。

　　蘭花水分的管理重點，主要是注意供水的水質、方法、時間和供水量，還要注意結合蘭花生長狀況和具體環境情況來控制水分。

一、水 質

水質——水體品質的簡稱。它標誌著水體的物理（如色度、濁度、臭味等）、化學（無機物和有機物的含量）和生物（細菌、微生物、浮游生物、底棲生物）的特性及其組成的狀況。

關於水質的稱謂，有中性、酸性、鹼性和硬水、軟水之分，而我們養蘭實際所澆用的，則有泉水、雨水、河水、自來水和地下水之別。初養蘭者不要認為蘭花是特別嬌貴的，對水質的要求會特別高，其實只要是適合於澆灌其他花卉的水，都可以用於養蘭澆水。

硬水——溶有較多含鈣、鎂物質，硬度大於8的水。如礦泉水以及自然界中的地下水等。

水的硬度也叫「礦化度」，是指溶解在水中的鈣鹽與鎂鹽含量的多少。含量多的硬度大，反之則小。1 L水中含有10 mg CaO（或者相當於10 mg CaO）稱為1度。

硬水又分為暫時硬水和永久硬水。暫時硬水的硬度是由碳酸氫鈣與碳酸氫鎂引起的，經煮沸後可被去掉，這種硬度又叫「碳酸鹽硬度」。永久硬水的硬度是由硫酸鈣和硫酸鎂等鹽類物質引起的，經煮沸後不能去除。

軟水——溶有較少或不含鈣、鎂物質，硬度小於8的水，如雨水、雪水、純淨水等。

不過，栽培蘭花用水要自然而純淨，以清潔、微酸（pH為5.5左右）為好，總體來說應當潔淨、溫涼。但在自然界中水源不同，它們各自的水質也各不相同。人們在長期的養蘭實踐中，發現水質的優劣順序大體上是這樣：雨水（包括露水）最佳；其次為冰雪融化的水；再次是山間流動的溪水（包括泉

水）；往後排列依次為沒有工業污染的自然河水，池塘、湖泊、水庫等的水，自來水，最後為井水。但在污染嚴重的城市，雨雪中也會含有有害物質。

要儘量避免使用硬水和人工處理過的軟水，後者（*例如用離子交換樹脂*）在處理過程中把水中的鈣變為鈉，而鈉對蘭花的害處比鈣更大。

野生蘭花是靠雨水生長的，雨水中營養元素多而全，因而以雨水栽培為最佳；河水、塘水都是雨水彙集而成，對蘭花有益，但受工業廢水污染的河水則不可用。在北方，利用天然水澆灌蘭花是有一定困難的，而自來水又往往用漂白粉消毒過，而且帶微鹼。

解決方法是用幾個缸注滿自來水，露天暴曬，就會使氯氣散失，漂白粉沉澱，存放多日，周轉使用。也可以放入少量水果皮如橘皮、蘋果皮等，存放一二天後再用，這對改變自來水的水質有實效。

還有一種活化處理的方法，就是在存放的自來水中飼養金魚或觀賞魚類，種植水藻等水生植物。這樣既能改善水質又能增加水中肥分，既活潑了室內景觀，又可以用水澆灌蘭花，一舉多得。取用時，可用小橡皮管用虹吸法將清水吸出，用以澆蘭（圖8-6）。

蘭花澆灌用水要稍帶酸性，北方的自來水或地下水常帶微鹼，需要用鹽酸或檸檬酸處理；在南方個別地區水的酸性過大，可用苛性納（NaOH）或苛性鉀（KOH）處理，降至微酸性即可。由於在蘭花

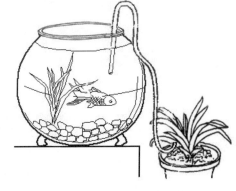

圖8-6　用養魚水澆蘭

生長季節井水溫度低，驟然澆灌對蘭花生長不利。井水屬於硬水，含鹽分也較多，經常澆灌對蘭花有害，所以最好不要用井水直接澆灌蘭花。

二、供水方法

蘭花除了根部吸收水分以外，葉片也能吸收水分。所以給蘭花供水有根部供水和葉片供水兩個途徑。

1. 根部供水

在一些設備先進的自控溫室中，蘭花的根部供水已經廣泛使用滴灌法。就是將滴水管插入每個蘭盆的植料中，根據植料的濕度情況，由微電腦控制向蘭盆內自動滴灌。家庭養蘭如果規模比較大，也可以將塑膠管道放在盆面上，在每個盆面上的管道處刺1～2個小孔，小孔下放一塊吸水墊，讓水緩緩滴注（圖8-7），這種方法最適合無土栽培供水。

一般家庭常用的養蘭根部供水方法，基本上類似於上盆時澆定根水的方法，即盆緣緩注法、淋澆法、浸盆法3種，養蘭時可將這3種方法混合使用。

盆緣緩注法就是用水壺沿盆邊緩緩注水。此法的優點是水不會灌到葉心；缺點是澆水速度慢，一次難以澆透，要反覆多灌幾次才能達到澆透的效果。澆水時，要讓水緩緩地從盆沿向

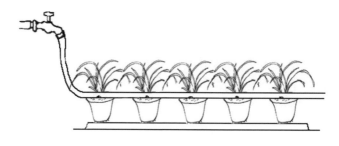

圖8-7　滴灌法

盆中心浸濕，一定要讓盆土徹底濕透，防止盆土鬆緊不一，乾濕不均。如果每次都沒有把水澆透，容易造成蘭根生長方向不正常，出現浮根（即根水準生長）甚者根大多向上生長，結果會造成蘭根吸收狀況很差，生長緩慢，長勢也弱。

圖8-8　用飲料瓶澆水

　　淋澆法就是用噴壺或噴灑機的蓮蓬頭灑水，把整個養蘭環境都噴濕。此法對大面積露天養植的蘭圃最適宜。此法的優點是讓水從土表滲到蘭根，濕潤蘭盆，水可澆透整個蘭盆；缺點是水易濺到葉心內，要小心使用，否則會爛心。噴灑的水要細，量不宜過多，以濕潤為度。在蘭花生長期可適時噴灑，但要注意不讓更多的水滴存留在葉鞘內和花苞內。家庭少量盆栽蘭花可以用塑膠飲料瓶在蓋子上鑽幾個小孔，用手擠壓瓶身來給蘭花澆水（圖8-8）。噴水時間宜在早晚進行，如遇氣溫特別高時，可對盆體和周圍噴水，目的在於降溫。

　　浸盆法就是將蘭盆的四分之三連同植料一起浸入盛有水的水池、大盆或水桶內浸泡。此法的優點是水可浸透；缺點是容易傳播細菌，且費工費時。如果蘭花根部有毛病則絕對不能用這種方法。泡水時要掌握水面不要讓其漫過盆沿。一開始盆體吸水較快水面下降，要耐心添水，直至水位穩住，盆表土已經濕潤時即刻取出。蘭盆取出後，一定要晾曬一陣，置於通風處，待水滴停止後，再放回正常位置。

2. 葉片供水

　　蘭花長期生活在濕度較大的場所，會形成葉片吸收霧化水汽的生理特點。尤其是附生蘭和用氣培法培養的蘭花，更要注

圖8-9　用小型增濕機彌霧

意葉片的供水。常用的葉片供水有噴霧和增濕兩種方法。

　　噴霧是指用噴霧器噴出細霧，直接散落在蘭葉上，讓蘭葉通過氣孔吸收進體內。增濕是指增加空氣濕度，可用增濕機彌霧（圖8-9）或在蘭架下設蓄水池或水盆來增加水分揮發；還可以進行人工類比降雨，濺起水霧，增加空氣濕度；另外也有用增氧泵放水盆內的方法幫助揮發水汽等。

　　蘭花周圍空氣濕度正常情況應保持在75％左右。露天養植的蘭圃，如果蘭盆四周種有喬木且枝葉茂盛，地面又有低矮植被的話，則在夏、秋兩季，蘭盆周圍的空氣濕度基本就能達到上述濕度要求。

　　在陽臺上養植蘭花，增加空氣濕度的方法類似用於溫室的降溫措施。常見辦法有在陽臺內砌水池、水槽，在陽臺上放置水缸、水桶、水盆等盛水的容器，懸掛布簾或鋪設海綿等蓄水物品，將其澆上水後增加水分揮發。

三、供水時間

　　在一年之中給蘭花澆水的時間，北方地區的蘭友可以參考《都門藝蘭記》，這是作者於非闇根據北京地區的養蘭特點而總結的栽蘭經驗。文中提出的澆水時間，是根據一年內24個節氣而分別對待的：

　　立春、雨水：春蘭已著花，土不宜太乾，沿盆邊微微潤濕；秋蘭盆如未乾至底，則不澆水。

　　驚蟄：春蘭盆乾至蘭盆（上空下實）時，可以潤水，惟不

宜多；秋蘭同前。

　　春分：春蘭已花謝，忌潮濕，盆半乾時，可以潤水。

　　清明、穀雨：盆土勿使過乾，每5日潤水一次。

　　立夏：蘭開始出房，宜澆透水一次。

　　小滿：盆土勿過乾和過濕，葉上生斑即為過濕，新芽枯尖即為過乾。每4日澆水1升使盆土自下而上 2/3 濕潤為宜。

　　芒種：北京氣燥，更宜注意勿過乾過濕。

　　夏至：盆土忌過乾。若遇大雨，只能忍受一日，如遇連朝陰雨，須將盆移至通風處。

　　小暑：此時空氣過濕，不患乾而患過濕，盆宜放於通風處；若處於燥熱少雨時，每2日澆水1升。大雨或大濕時，必須俟乾至盆土2/3，否則不宜再澆。

　　大暑：盆土易一乾到底，須注意每日只宜大雨或大濕一次。

　　立秋：蘭於此時正需水分，每3日須澆水2升，並宜稍為避風。

　　處暑：每5日澆水一次，除連朝霪雨外，也可令其受雨露。

　　白露：秋蘭較春蘭尤須勤澆水，但大濕之後必須大乾，方可再澆。

　　秋分：秋蘭若已出花，澆水宜稍少；若未出花，澆水宜稍增加。

　　寒露：秋蘭宜澆透水，春蘭則不宜透，宜潤。

　　霜降：蘭宜入房，澆水時間改為日中，澆水後須置日光中暴曬1至2小時。

　　立冬：只宜潤水，每5日約半升。

　　小雪：花房忌暖，不宜過濕，若過潮濕可引起爛根、瘢葉

以致枯萎。若盆土不乾至底，則只須稍潤土皮。

　　大雪：秋蘭不須水，春蘭宜微潤。

　　冬至：均不宜灌溉。

　　小寒：均忌澆水。

　　大寒：秋蘭仍不須水，春蘭可微潤。

　　在一天之中何時給蘭花澆水要因季節和蘭花的種類而異。在暮春和夏秋季節，氣溫較高，對於生長在室外的地生蘭，以早晨澆水為宜。因為早晨盆中植料溫度較低，此時澆水不會產生溫差；早上澆透，至傍晚轉潤，盆中空氣流通，有利於蘭根呼吸循環。如果在中午澆水，蘭盆內溫度尚高，驟用冷水澆灌使其突然降溫，會使蘭根生理上發生變化，影響根系吸水，甚至導致蘭花死亡。如傍晚澆水，夜間水分蒸發慢，易造成漬水。

　　在冬天和早春季節，氣溫較低，蘭花多在室內，澆水的時間不可過早，否則會使花盆植料因為水分過大而結冰，使蘭花受到凍害。一般在這個季節以上午氣溫回升後的10時左右或中午澆水為好。

四、供水量

　　「不乾不澆，澆則澆透」是對蘭花供水量多少的一種衡量標準。但往往澆一次水，因為水流太快，雖有水從底孔流出，仍達不到「透」的標準。

　　為了使盆中植料濕透，可分數次澆或採用浸盆法供水，對於乾燥的顆粒植料，非浸盆不能澆透。但浸盆法不宜連續使用，須間隔一定的時候。

　　另外冬天及早春，用水量不宜太大，以濕潤為好。要注意不要澆半截水，不能認為蘭花不可多澆水，因而不敢澆水，常

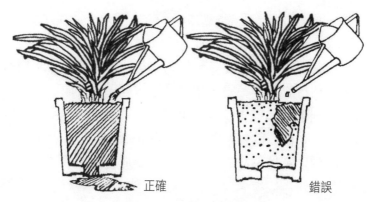

圖8-10　澆透水示意

澆半截水，使盆料長期上濕下乾，造成蘭盆中下部根因缺水而乾枯（圖8-10）。

　　半截水——也叫「攔腰水」，是指澆下的水不能從盆孔漏出，導致盆土「上濕下乾」，即上半段濕潤，下半段乾燥。

　　供水的數量以基質濕潤透度為參考。一般規律是：生長期多澆，休眠期少澆；高溫時多澆，低溫時少澆；地生蘭多澆，附生蘭少澆；晴天時多澆，陰天時少澆；生長好的多澆，生長不良的少澆；瓦盆多澆，瓷盆少澆；樹皮、卵石基質多澆，水苔基質少澆。

五、供水注意事項

(一)看土看盆澆水

　　蘭盆種植的料含水量多少，直接關係到蘭花的生長發育。植料過濕就會不通氣，從而導致蘭根缺氧而窒息；植料過燥就會乾旱，從而導致蘭花缺水而萎蔫。因此，給蘭花澆水要學會看盆土的潤燥情況。

　　一般家庭養蘭中沒有專門用來測定分析盆土水分含量的儀

器，常用的簡易辦法是經驗判斷法。

1. 觀長勢判斷

細心觀察蘭株和盆面附著生長的其他植物的長勢：如附著生長的其他植物已經萎蔫，蘭株葉邊緣有微捲現象，或葉片顯得較軟，則盆土偏乾；如葉面無光澤，葉邊緣翻捲明顯，則表明盆土過乾，再乾就會整株萎蔫，嚴重時會產生倒伏現象。

如遇到這種情況時不宜猛給水，要放在陰涼少風位置，逐步給水以期緩慢恢復。

2. 看葉尖判斷

當盆內植料水分過大時，蘭花的葉片有燒尖現象或出現由淺到深的咖啡色斑點（塊），這時如翻盆看根，就能清晰地看到根尖水腫腐爛。

盆中植料過乾，也同樣會有燒尖現象出現，如翻盆看根也一樣看到根尖上萎縮乾腐，大體上是根損葉焦。

3. 聽聲音判斷

用小木棒輕輕敲擊盆體各部位，如聲音清脆，說明盆土偏乾，要及時澆水；如聲音沉濁，說明還有一定水分，可以緩澆。

4. 用手感判斷

將掌心貼在盆體外表，如有水分滲濕（瓦質、沙質盆常有這種現象），手感冷涼，說明盆土有足夠水分；如盆體外表顯示乾燥，無冷涼感，說明盆內水分有限。

用雙手合捧蘭盆腰部，當向上提起蘭盆時，有輕飄飄的失重感，說明盆土偏乾，需要給水；反之則不必急於給水。

5. 用竹籤判斷

製作4～5枝長40 cm、直徑3 mm左右的細竹籤，沿盆邊分別在各個方位輕輕插入盆土，約1 h後拔起，就能在竹籤上清楚地看到水分的深淺分佈情況。

此外，要根據栽培基質的保濕情況來確定澆水量。基質顆粒細、保水力強的水分消耗慢（如山土、木屑等），需減少澆水次數；相反顆粒較粗的基質保水力弱，則需增加澆水次數。

澆水還要看盆缽的質地和大小。透氣性強的瓦盆要多澆，透氣性差的紫砂盆、塑膠盆要少澆；小盆易乾，大盆難乾，澆水的次數亦有區別。

(二)看天氣澆水

給蘭花澆水，要結合季節、天氣、濕度、溫度、光照、風力等各種自然因素，採取不同的水分管理措施。

季節不同，溫度、濕度、光照均不同，蘭花蒸騰水分的量也有很大差異。

氣候炎熱乾燥的夏季要多澆，梅雨季節少澆或不澆，低溫陰冷的冬天不澆，氣溫較低的早春少澆，氣候溫和的暮春發芽期多澆，乾燥的秋季多澆。不同季節澆水時還要注意水溫。

冬天勿用冷水澆灌，水溫要和室溫相近，以 $8{\sim}10℃$ 為宜；夏天勿用熱水澆灌，如用水塔儲水，需防水溫過高以致傷及蘭株、蘭根，水溫不能超過 $25{\sim}28℃$，也不能驟用冷水澆灌，以免傷及蘭株。

在氣溫高、風力大、空氣中濕度較低時，蘭花的蒸騰作用強，就要多澆水；反之就要少澆水甚至無須澆水。

光照不同，遮光度不同，對水的管理也不同。基本做法是：受陽的多澆，背陽的少澆；晴天多澆，陰天少澆；即將下雨不必多澆，下雨（雪）天不澆。

盆栽蘭花遇到雨天是否讓其淋雨要根據生長情況和雨量大小而定。蘭花發芽季節，每逢雨天，只要養蘭場地通風好，空氣污染不嚴重的地方可放心大膽的適度讓蘭花淋淋雨。

俗說話「一次雨，三次肥」，適時適度淋雨非常有利於蘭芽生長。故《嶺海蘭言》載「久旱逢雨，蘭芽怒生」，說的就是這個道理。細雨和小雨可讓蘭花適當淋一淋。淋雨可以清洗葉片，滋潤基質。

至於中雨、大雨、暴雨時則要注意遮擋。因為盆蘭和畦地栽培的蘭株，不再像野生時那樣，上有樹冠遮風擋雨，下有地表枯枝落葉覆蓋涵蓄水源。

盆蘭如任狂風暴雨侵襲，既容易受到機械損傷，又容易引起盆土積水。因此，對於沒有固定遮雨設施的養蘭場所，要準備臨時小拱架。如遇到大雨和久雨不晴的天氣，隨時使用塑膠薄膜覆蓋，遮擋雨水，以防水漬害的發生。

（三）看苗情澆水

根據蘭花的種類不同、生長的地方不同，它們的生長習性也有所不同，澆水的方式和水量也就不同。國蘭雖然都是地生蘭，澆水的方式和水量也有所差別。如：闊葉類墨蘭多數原生於氣溫較暖、雨量充沛、常年濕潤的原始山林中，在培養墨蘭時澆水就要勤。也可經常給葉面噴些水，以便增加濕度。而建蘭和寒蘭卻是中間的種類，對水分和濕度的需求略少於墨蘭而多於春蘭。

蘭花在不同時期對水分的要求也有所不同。在生長期或孕蕾期應多澆水，休眠期應少澆或不澆；發芽期應多澆，發芽後可少澆；花芽出現時多澆，開花期少澆以延長花期，花謝後停澆數日，讓其休眠然後再澆。

澆水還要根據蘭花的生長情況。長勢強壯的多澆，長勢較差的少澆，病株不澆；需搶救的蘭花少澆或不澆；盆內植株多的多澆，植株少的少澆。

（四）給蘭株澆水的幾項注意點

1. 要注意澆「回水」

回水——又稱「還魂水」。指在前一天晚上施肥後，第二天早上必須再澆一次清水。

回水可以促進根系吸收肥分，免受肥害。因前天晚上施的肥經過一個晚上的滲透，肥分濃度過大，不但不易使根系吸收而且還會燒苗。澆「回水」最主要目的是用水沖淡肥料濃度，防止所施肥液因濃度大而發生燒苗。特別在氣溫高時更要多澆「回水」。回水還可以沖洗掉葉上濺沾的肥液，保持蘭葉清潔，同時也洗去了盆中殘肥，防止了肥害。

2. 要注意澆水不要太勤

蘭花是比較耐旱的植物，略乾一點影響不大。相反濕了則不行，積水24h就會造成窒息。日常栽培中，絕大多數人出現的問題是愛蘭太甚，澆水太勤，造成根部腐爛，以致植株死亡。

3. 要注意不任意噴水

「噴水」除補充水分外，還可使蘭葉保持清新。但也不能隨意噴水：強烈日光照射時不能噴，高溫天氣時不能噴，雨天濕度太大時不能噴，無風難乾時少噴，有雜質的水不能噴。

《嶺海蘭言》是介紹廣東嶺南地區栽蘭經驗的著作。其中提出關於水分管理中六宜免，四宜加，五宜減的澆水方法，值得廣大養蘭愛好者注意。

六宜免：天雨則免，天陰則免，天雪則免，將換泥則免，將灌茶麩、煙骨則免（即將施農藥時），將換盆則免。

四宜加：暑氣太酷則加，北風過緊則加，近陽多處則加，盆小蘭盛則加。

五宜減：天時頻雨則減，盆泥融化則減，近陰多處則減，

蘭花栽培小百科

盆大蘭小則減，蘭頭黑、葉起點則減。

第五節　施肥技術

　　蘭花本來生長在山林中，從自然界汲取養料。每年林木的落葉以及林間的雜草腐爛以後，逐漸形成了蘭花生長所需的腐殖土，其間有充足的養料可供給蘭花生長。蘭花上盆入室後，便要靠人工來補給養料了。特別是硬質植料更需要及時施肥。當然，給蘭花施肥也不是越多越好，蘭花「喜肥而畏濁」，施重肥反而會造成肥害，使莖葉徒長，花芽難以形成，也就不能年年開花。

　　施肥要根據蘭花的生長情況合理搭配，如要促進葉芽生長則以氮肥為主；如要促進根系發達、花芽發育則以磷肥為主；如要保持植株健壯，增加抗病能力則以鉀肥為主。其他如鈣、鎂、硫、鐵等元素也要適時補充。施肥時不僅要講究方法的科學性，還要根據蘭花的種類和苗情、栽培植料、天氣狀況、肥料種類等不同情況，採取不同的措施。

一、施肥方法

　　給蘭花施肥主要有基肥和追肥兩種方法。栽培中要以基肥為主，追肥為輔。

　　基肥──又稱「底肥」，指在蘭花栽植之前就施入到土壤或植料中的肥料。

　　基肥施得足，可以為蘭花生長發育不斷地提供養分。所以用作基肥的肥料以有機肥和緩效肥為宜，如餅肥和人畜肥、磷礦粉等。具體施用還應根據蘭花種類、土壤條件、植料性質、基肥用量和肥料性質，採用不同的施用方法。

　　一般地栽蘭花的基肥是在整地做苗床時，結合土壤翻耕混拌在土壤之中；盆栽蘭花的基肥都是直接拌於植料中；翻盆換盆的蘭花，基肥在翻盆換盆時要一次性施足。

　　追肥——指在蘭花生長過程中，根據蘭花各生育階段對養分需求的特點所追施的肥料。

　　通常情況下，給蘭花施用的追肥以速效性的無機肥為主，追肥的方法有根施、葉施和補充氣體肥料3種。

(一)根施法

　　根施法是將肥料施入植料中，讓根系吸收。根系施肥要注意如下幾點：

　　（1）新上盆的蘭株不要急著施追肥，特別是有土栽培的盆蘭，植料中本身含有養分，如施過基肥則養分更加富足。可待長出3 cm長以上的新根後再根據情況施肥。因為新根長出後，才能說明蘭株基本適應了新的生長環境，也就是養蘭人所說的「服盆」了。這時候的蘭根吸收養分的生理功能已經恢復正常，根系在上盆時造成的創傷也基本癒合，不至於被肥液漬傷而腐爛。無土栽培的，基質保水性能低下，也沒有基肥在內，新根一旦長出，即可施薄肥。

　　（2）施用的液體肥料濃度不能太大，否則會使蘭花的根部細胞液體向外滲透，出現「燒根」現象。施肥要力求「少、淡、勤」，也就是常說的「薄肥勤施」。

　　（3）施液體肥料時要環繞盆沿澆灌，避免濺到葉面和灌入葉心（圖8-11）。施顆粒狀固體肥料

圖8-11　蘭花施液體肥

時要將肥料埋入植料中，並注意在蘭株周圍分佈均勻。

（4）氣溫低於10℃、高於30℃的天氣，濕度飽和的陰雨天也不要澆肥。

（5）施肥的時間以傍晚為好。第二天早上要澆一次「還魂水」以避免肥害。

(二)葉施法

葉面施肥又稱「根外追肥」或「葉面噴肥」，這種施肥是利用蘭花葉片也能吸收養分的原理而採用的方法。

根外追肥——將水溶性肥料或生物性物質的低濃度溶液噴灑在生長中的蘭花葉面上的一種施肥方法。

根外追肥的原理是，利用可溶性物質能由葉片角質膜經外質連絲到達表皮細胞原生質膜而進入蘭花體內的原理，用以補充蘭花生育期中對某些營養元素的特殊需要或調節蘭花的生長發育。

根外追肥的突出特點是針對性強，養分吸收運轉快，提高養分利用率，且施肥量少。尤其在蘭盆中植料水分過多、土壤過酸過鹼等因素造成根系吸收養分受阻的情況下，難以進行土壤追肥時，根外追肥能及時補充蘭花養分；根外追肥還能避免肥料施土後土壤對某些養分（如某些微量元素）所產生的不良影響，及時矯正蘭花缺素症；在蘭花生育盛期當體內代謝過程增強時，根外追肥能提高蘭花的總體功能。根外追肥適合於微肥的施用，效果顯著。

在蘭花缺某種元素急需補充營養時，採用葉面追肥可以彌補根系吸肥不足，取得較好的效果。

1. 葉面肥的種類

葉面肥的種類繁多，根據其作用和功能等可把葉面肥概括為以下4大類。

（1）營養型葉面肥

此類葉面肥中氮、磷、鉀及微量元素等養分含量較高，主要功能是為蘭花提供各種營養元素，改善蘭花的營養狀況。

（2）調節型葉面肥

此類葉面肥中含有調節植物生長的物質，如生長素、激素類等成分，主要功能是調控蘭花的生長發育，促進開花。

（3）生物型葉面肥

此類肥料中含微生物體及代謝物，如氨基酸和核苷酸、核酸類物質。主要功能是刺激蘭花生長，促進代謝，減輕和防止病蟲害的發生等。

（4）複合型葉面肥

此類葉面肥種類繁多，複合、混合形式多樣。其功能有多種，一種葉面肥既可提供營養，又可刺激生長調控發育。

2. 蘭花常用的葉面肥

（1）美國產「花寶」1～5號。

1號：N-P-K 比例為 6-7-9，主要作用是促根莖強壯。使用時稀釋 1 000 倍液噴施。

2號：N-P-K 比例為 20-20-20，常年可用。使用時稀釋 2000 倍液噴施。

3號：N-P-K 比例為 10-30-20，主要作用是促花蕾形成。使用時稀釋 2 000 倍液噴施。

4號：N-P-K 比例為 25-5-20，主要作用是壯蘭頭。使用時稀釋 1 000 倍液噴施。

5號：N-P-K 比例為 30-10-10，主要作用是壯幼苗。使用時稀釋 1 000 倍液噴施。

（2）日本產「植全綜合礦質健生素」。它具有促根、催芽、提高活力、預防病毒感染等作用。使用時稀釋 3000～5000

蘭花栽培小百科

倍液噴施。

（3）美國產「高樂」。使用時稀釋1000～1500倍液噴施。

（4）福建產「高產買」。使用時稀釋400～500倍液噴施。

（5）挪威產「愛施牌」高氮型、高鉀型葉面肥。使用時稀釋500～1 000倍液噴施

（6）日本產「愛多收」。使用時稀釋6000倍液噴施。

（7）廣西產「噴施寶」。使用時稀釋10000倍液噴施。

3. 適用於溫室養蘭的葉面肥

（1）美國產「速滋」。能調整基質的酸鹼度，使球莖碩大，葉片厚實，線藝明顯。使用時稀釋1000倍液噴施。

（2）挪威產「愛施牌」高氮型、高鉀型葉面肥。使用時稀釋500～1000倍液噴施。

（3）美國產「花多多」。使用時稀釋1000～1500倍液噴施。

4. 適用於線藝蘭的高檔葉面肥

（1）日本產「植全綜合礦質健生素」。使用時稀釋5000倍液噴澆。

（2）美國產「速滋」。使用時稀釋1000倍液噴施。

（3）澳洲產「喜碩」。使用時稀釋6000倍液噴澆。

給線藝蘭合理噴肥，會使線藝蘭株粗、葉闊而厚，線藝也更粗、更明亮。但不要單獨施用鎂元素，要少用含有鎂元素的肥料，否則會使線藝逐漸退化。最好也不要偏施氮肥，而且要注意補充鉀肥，噴施磷酸二氫鉀、硫酸鉀等。

5. 蘭花葉面施肥的技術環節

葉面施肥不能完全代替土壤根施，只能是對根部吸收不足的彌補。要真正發揮葉面施肥的作用，應把握好如下幾個技術環節：

（1）濃度要適當

　　葉面施肥的濃度控制比根施更嚴格，因為根部澆施液肥如果濃度稍大，還有土壤溶液可以緩衝。而葉面噴施的液肥直接就接觸蘭花葉面，濃度大了就會產生「燒苗」肥害。使用濃度要按說明，勿隨意提高濃度，以防適得其反。像「三十烷醇」、「愛多收」等，加大濃度反而會抑制蘭株的生長。一般葉面追肥的濃度要控制在0.2％以下。

（2）要有針對性

　　要針對蘭株在各個生長時期所需要的養分而選用相應的肥料，或者是依蘭株的長勢所表現出相應的缺少某種元素的指征，而針對補給。如新芽生長期間需以氮肥為主，同時配以鉀肥；新苗成熟時要增補鉀肥，以確保植株苗壯成長；孕花期需補磷肥等。

（3）混用要科學

　　肥料混合並交替使用，會使肥效充分發揮，營養更全面。一般商品葉面肥，在各類肥料的安排上已經作了合理配比，不需要再混合。但不要老用一種品牌，應與其他品牌的肥料交替使用，這樣可以避免因偏施某一品牌的肥料而造成蘭株養分不足。

　　葉面噴肥如果用的是單一元素的化學肥料，最好是根據肥料特性混合施用。但要合理混用，注意肥料特性。例如，尿素可以和磷酸二氫鉀混合，但不能與草木灰混合。一般需掌握的要點為酸鹼不混合，生物菌肥不和其他肥混合。

（4）時間要合理

　　噴施時間一般在晴天的上午10時前或下午4～5時後，在太陽光照射不到葉面時，噴施後能在1 h內乾爽為好。這樣施用既易吸收，又可避免光照造成肥效降低或藥害。

間隔時間以10天左右1次，以防其營養過多症的產生。如需再擴大稀釋1倍，則每隔3～4天噴施1次更合適。陰雨天、氣溫高於30℃以上的高溫天氣不宜噴施。

在低溫休眠期，蘭株一般不吸收肥料。但為了提高抗寒力，也可以半月或1月噴施1次能提高抗寒力的磷酸二氫鉀1000倍液。

（5）施法要講究

葉面施肥，主要是由葉片氣孔滲入葉內的。葉片的氣孔主要分佈在葉背，所以，噴施時應注意將肥料噴向葉背。除了把噴槍伸入葉叢內，噴嘴朝上噴施外，霧點要細，壓力要足。施量不宜過多，以葉片不滴水為度。施肥後的第二天早上需噴一次水，洗去蘭葉上殘留的肥料，以免肥料殘渣淤積葉尖，太陽光照射後引起肥害。

（三）人工補施氣體肥料

用於蘭花的氣體肥料主要是二氧化碳（CO_2），它是植物進行光合作用的重要原料。在一定的濃度範圍內，CO_2的濃度越大，光合作用的效率越高。在自然界裡，大氣中CO_2的濃度雖然很低，但由於空氣不斷流動，CO_2可以不斷得到補充。但溫室和簡易棚室在冬季密閉保溫時，空氣幾乎無法流通，光合作用開始後，室內的CO_2很快就會降到限制光合作用充分進行的低濃度。一旦光合作用的原料不足，時間長了，植株就會出現生長不良，甚至葉片枯黃而死亡。因此CO_2就成為在溫室或塑膠大棚內補充施用的一種氣體肥料。

人工補施氣體肥料主要是向密閉的溫室或塑膠棚裡補充CO_2氣體，主要的方法有以下幾種：

（1）取一個非金屬容器，盛100～120ｇ水，倒入30～40ｇ

濃度為98％的工業硫酸，攪拌均勻，然後加入50～70 g碳酸氫銨。混合液的化學反應即可產生所需的CO_2氣體，反應後的液體可留作液肥稀釋用。其化學反應式如下：

$$2NH_4HCO_3 + H_2SO_4 = （NH_4）SO_4 + 2CO_2\uparrow + 2H_2O$$

（2）取一個非金屬容器，盛入120～150 g水，緩慢倒入20～30 g濃鹽酸，攪拌均勻後，再倒入40～60 g生石灰粉，經反應也可產生所需的CO_2氣體。

（3）購買一台「二氧化碳發生器」，定期向溫室或塑膠大棚內施用CO_2氣體（圖8-12）。

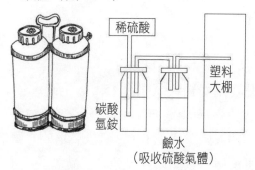

圖8-12　二氧化碳發生器

二、施肥注意事項

給蘭花施肥要根據蘭花的種類、苗情、生長時期、栽培植料、天氣狀況和肥料種類等不同情況，採取不同的方法。

（一）看苗施肥

根據蘭花的種類不同，對肥料的需求量也是不同的。如蕙蘭個體比較大，需肥量也相對較大；而春蘭個體較小，需肥量也比較小，只要供給蕙蘭的五分之一就行。蘭花苗情不同需肥情況也不同，壯苗大苗要勤施多施，而老弱病幼苗應素養，不

提倡施肥。

在蘭花生長早期氮肥可以多施一點，生長中期鉀肥多施一點，而生長後期磷肥多施一點。蘭花根系短粗說明肥量過多，根系發黑說明已有肥害，根系瘦長說明肥料不足，根系多而細說明肥料嚴重不足；如蘭葉質薄色淡則說明缺肥，如蘭葉質厚色綠則說明不缺肥；施肥後葉色濃綠，則說明肥已奏效，如葉色不變，則說明肥料太淡，要增加濃度。

蘭花針對不同生長期對肥料的需求也不同，綜合起來，在各個不同的生長期施肥可分為以下幾類：

1. 催蘇肥

催蘇肥——是為打破蘭花休眠，促進蘭花早發芽，以贏得更長的生長期而施用的肥料。

催蘇肥在早春白天氣溫達15℃以上時，夜間氣溫不低於5℃時便可施用。有土栽培，可澆施0.2％硫酸鉀複合肥液，並酌情加入腐熟人尿等氮肥1次。無土栽培的，應酌情增加氮素比例，也可澆施挪威產的「愛施牌」高氮型葉面肥1000倍液1次，隔7天可續澆施1次。葉面噴施「施達」500倍液，或美國產「花寶4號」1000～1500倍液，或間噴「三十烷醇」1500～2000倍液，每隔3～5天1次，連續噴2～3次。

2. 催芽肥

催芽肥——是為促進蘭花早發芽、多發芽，並為贏得早秋有效芽而施用的肥料。

催芽肥在施催蘇肥後的7～10天便可施用，以氮肥根施為主。既可單獨施用，也可與催蘇肥交替施用。每隔7天左右施500倍液四川產華奕牌「蘭菌王」，續噴2～3次。也可加入「三十烷醇」2000倍液、福建產「高產靈」或美國產「高樂」1000倍液澆施，續澆2～3次。葉面噴施美國產「花寶4號」

1500倍液，或間噴德國產「植物動力2003」1000倍液，或尿素1000倍液，每4～7天噴1次，續噴2～3次。

3. 催花芽肥

催花芽肥——是為促進蘭花花原基形成和花芽分化而施用的肥料。

當蘭花葉芽伸出盆面3～5 cm長時，便有一個20天左右的暫停伸長期。此時，蘭花新苗逐漸長根，能夠自供自給，其母株停止對新芽的給養，進入生殖生長。

蘭花的花原基開始發育，花芽分化開始。此時，不論是長根還是分化花芽，都需有較多的磷、鉀、硼元素的營養。可選用肥效迅速的美國產「花寶3號」1000～1500倍液，澆根，每5天1次，續澆2次。葉面噴施1000倍液磷酸二氫鉀、硼砂，每隔3天1次，續噴3次。

4. 促根肥

促根肥——指為促進蘭花新根快速生長而施用的肥料。

當葉芽伸出盆面3 cm左右時，便有一個暫停生長期，此時逐漸長出新根，需要施入較多的氮、磷、鉀元素，以促進新根快速生長。所以此時所施用的肥料稱為「促根肥」。

一般選用「蘭菌王」500倍液與「三十烷醇」2000倍液混合澆施，每週一次，續澆2～3次。或選用「植物動力2003」1000～1200倍液噴施1次。對於新上盆的蘭苗，根系創口尚未結痂，不宜根施有機肥料，否則易漬爛創口導致新的爛根，故多採用施葉面肥的辦法。一般用美國產「促根生」2000倍液噴施，3～5天1次，連續噴3次以上。

5. 助長肥

助長肥——指為加快蘭株新芽發育、成長和成熟，並能在夏末秋初第二次萌芽，使第二茬芽早發早成熟而施用的肥料。

蘭花栽培小百科

助長肥是在一年中施用時間最長、次數最多的一種肥料。一般在蘭花新苗的根已長至2 cm長以後,每半月根施1次,每週噴施1次。助長肥應力求肥料三要素相對平衡,以有機肥、無機肥、生物菌肥交替使用,根施、葉面施交替進行為好。有土栽培的,最好是有機肥與無機肥料混合施用,或交替施用。無土栽培的,最好也間施商品有機液肥,或生物菌肥。

施肥時一定要掌握「寧淡勿濃」和間隔時間不過密的施肥原則。葉藝蘭最好勿施高氮肥、鎂、錳元素,並應適當補充鉀肥,以抑制鎂元素的利用,便可有利於線藝的進化。

6. 助花肥

助花肥——指為促進花芽發育生長,使莛花朵數多、花大、色豔、味香而施用的肥料。

助花肥大約在花期前30天或花芽剛萌出時追施。此時施用一般的肥料吸收慢,會影響效果。可選用磷酸二氫鉀1000倍液,或臺灣產「益多液體肥」1500～2000倍液,或「喜碩」6000倍液。交替施用,每隔5天1次,續施2～3次。根外噴施「花寶3號」1500倍液,或磷酸二氫鉀1000倍液,每3天噴1次,續噴2～3次。

7. 坐月肥

坐月肥——指在蘭花謝花後為蘭株補充營養而施用的肥料。

蘭株開花猶如婦女分娩,營養消耗較多,花謝之後應及時給予營養補充。但在開花期不能施肥,一定要等到花謝之後才能施肥。方法是澆施0.15%硫酸鉀複合肥與腐熟有機液200倍液1次。葉面噴施「植物健生素」1000倍液或複合微量元素等葉面肥,每隔3～5天1次,續噴2～3次。

8. 抗寒肥

抗寒肥——指在越冬之前為增強蘭花抗寒能力而施用的肥

料。

為增強蘭花抗寒能力，在冬寒來臨前一個月，要停施氮肥，只施磷肥和鉀肥。因為磷素能使株體細胞的冰點降低，鉀素能使株體的纖維素增加，促使莖葉皮層堅韌，以利越冬。可根澆磷酸二氫鉀1000倍液，7天1次，續澆3～4次；葉面噴施「花寶3號」1500倍液，5天1次，續噴3～4次。

9.陪嫁肥

陪嫁肥——指在換盆分株前為儘快服盆和提高分株後的成活率而施用的肥料。

陪嫁肥多在換盆分株前的10～15天施入，肥料的三要素要相對平衡。一般選用0.2％硫酸鉀複合肥溶液澆施1次，葉面噴施「花寶2號」1500倍液1次，1週後，噴施磷酸二氫鉀1000倍液1次。

(二)看植料施肥

根據蘭花栽培所用的植料不同，所需要的肥料也不同。例如無機植料因本身不含肥分就要多施肥；而有機植料因本身具有肥分，則需肥量較小。

目前養蘭採用顆粒植料已成為相當普遍的現象。顆粒植料疏水通氣，有利於蘭根的生長，但像「塘基石」、「植金石」、「磚粒」等顆粒植料基本上不含養分，在種植過程中需經常施用肥料才能保證蘭苗健康生長。

植料的含水量與施肥也有密切關係。一般基質乾燥時，不要立即澆施肥料。因為基質乾燥，蘭根也乾燥。肉質蘭根乾燥時，吸水肥也快，這時澆施肥料，會因植料吸水而使肥液濃度加大，容易對蘭根產生肥害。尤其是夏季氣溫高的時候，更易產生肥害。

蘭花栽培小百科

　　為了避免因澆肥火候不當而引起的肥害，有土栽培的植料，應先澆水潤濕乾燥的植料，第二天再施肥；無土栽培的植料，也應先澆水，待 $2\sim3$ h 後，澆施肥料就比較安全。

　　栽培植料含水量大時，也不宜澆施肥料。因為植料含水多，空氣含量就小，從而導致蘭根呼吸不暢，植料中的好氣微生物的活動也受阻，分解有機質的能力因此而下降。而蘭根吸收肥料主要是以離子交換吸附的形式進行的，當蘭根呼吸作用弱時，蘭根周圍用於交換肥料離子的等價離子就少，同時微生物分解有機質所產生的無機物也在減少。

　　所以，植料水分大時不宜施肥，應當等到栽培植料潤而不燥時施肥，才是最佳時機。

　　離子交換吸附──指蘭花根部細胞在吸收礦質離子時，同時進行離子的吸附和解吸附的過程。

　　離子交換吸附是蘭花根部吸收礦質離子的第一階段。在這個過程中，總有一部分離子被其他離子交換，由於蘭花根部細胞的吸附離子有交換性質，故稱為交換吸附。蘭花根部之所以能進行交換吸附，是因為根部細胞的質膜表面有陰陽離子，其中主要是 H^+ 和 HCO_3^-，這些離子主要是由植物呼吸放出的 CO_2 和 H_2O 生成的 H_2CO_3 所解離出來的。

　　H^+ 和 HCO_3^- 能迅速地與周圍離子進行吸附交換，鹽類離子

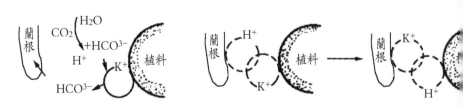

1.根部透過植料溶液與植料進行離子交換　　　2.根與植料顆粒接觸交換

圖8-13　蘭根離子交換吸附肥料示意

即被吸附在根部細胞表面。這種吸附交換不需要代謝能量，吸附速度很快，吸附速度與溫度無關。因此蘭花根部細胞最初吸收離子的方式是屬於非代謝性的交換吸附（圖8-13）。

（三）看肥施肥

肥料三要素（N、P、K）要科學搭配。單施氮肥缺少磷鉀，從而導致蘭株徒長，葉質柔軟和易感染病蟲害；而偏施磷鉀肥缺少氮肥，會導致蘭株生長矮小，葉色黃綠硬直、缺少光澤，新芽少植株容易老化。因此要處理好三要素的關係，不能偏施哪一種肥料。

使用單一肥料難以保證肥分的完全性，要多種肥料交替使用。一般說來，以有機肥、無機肥、生物菌肥交替使用為佳。施用時還要注意肥料的濃度。

1. 有機肥的濃度

（1）漚製液肥。以150～200倍液為宜。即1 kg漚製肥原液兌水150～200 kg。

（2）商品有機液肥。這類肥料往往添加有激素類物質，如施用濃度高，反會抑制生長。因此，稀釋濃度必須按說明，一般最高不可少於600倍液，低的可有6000～10000倍液，中高濃度為1000～2000倍液。

（3）生物菌肥。這類肥料雖然不易產生肥害，但如濃度過大，不利於植料吸收；如濃度太低，效果又不明顯。應該按說明使用，一般在500～1000倍液。

2. 化肥的施用濃度

無機化肥肥效迅速、刺激性大，易產生肥害，也易改變基質的酸鹼度和使土壤板結。使用濃度宜低而不宜高，一般以0.1％～0.2％的濃度為宜。

(四)看天施肥

施肥應選擇晴天溫度適宜時進行。當氣溫在16～25℃，又有自然光照時，最適合於施肥。蘭花在這時生理活動旺盛、光合作用強，對肥料的吸收快、利用率高、效果佳。

低溫天氣不宜施肥。因為如氣溫低於15℃時，蘭株將處於半休眠狀態，蘭根基本不吸收肥料。這時如施肥會增大基質中的肥料濃度，易產生肥害。另一方面，低溫時水分蒸發慢，基質長期含水量過大也不利於蘭根的呼吸而易導致水漬害。但如是久未澆肥，也可以在葉面噴施肥料。

氣溫高於30℃時不宜澆肥。因為在高溫天氣，水分蒸發的速度遠遠大於根系吸收肥料、水分的速度，會使基質中殘留的肥料濃度增加。不僅有害於即時的生長，而且增加了下一個施肥週期基質中的肥料濃度，極易產生肥害。在這樣的天氣中改為低濃度根外噴施為妥。

陰雨天氣中也不宜澆肥。陰雨天空氣濕度大，水分難以蒸發。澆肥水後，一方面增大了基質的含水量，易漬爛蘭根；另一方面，陰雨天溫度較低，根部不易吸收肥料，一段時間後又屆臨施肥週期，還要再施肥，這就增大了基質的肥料濃度，有導致肥害產生的可能。

蘭花在冬季休眠期不宜施肥。因為冬季溫度低，土壤中的微生物活性弱，不能有效分解有機物。蘭花的根在休眠期基本不吸收肥料，如果照樣施肥，基質裡的肥料濃度會越來越高，就會產生肥害。如果施了含促長激素的肥料，還會干擾其休眠，使之早發芽，導致新芽產生凍害。

休眠期的蘭花如果在溫室內，可以根據苗情，每月適當噴施1次葉面肥，不宜根施肥料。

第九章
蘭花病蟲害防治

在蘭花生活的環境中，光照、溫度、水分、空氣、土肥和生物等因素時時刻刻影響著蘭花的生長發育。當這些因素對蘭花有利的時候，就是優良環境，蘭花就有可能年年開放；如果這些因素對蘭花產生了不良影響時，就會造成病害或蟲害，也就難得看見蘭株開花了。

導致蘭花發生病蟲害的因素有多種。從蘭花自身的因素上看：蘭花的肉質根不耐水濕，蘭株的葉鞘層疊易淤積水肥、夾帶病蟲，株葉交錯遮掩不利於通風透光等。

從環境因素上看：水、肥、溫、光、氣條件沒有滿足蘭花生長發育的要求，栽培設施管理不當，消毒不嚴密，光照、溫度、通氣調節不當，水肥施用不合理，空氣污染，昆蟲侵害等因素，都會招致病蟲害的發生。

第一節　蘭花病害防治

病害——蘭花在生長發育過程中受到不良環境因素的影響或有害病原菌的侵染，使植株在生理和形態上發生了一系列的變化，導致蘭花的經濟價值受到影響。這種變化即稱為「病害」。

蘭花發生病害比較嚴重的後果之一便是倒草。

倒草——蘭花在生長過程中出現由葉尖逐漸向葉基部枯黃，或葉肉無光澤，葉子變薄，葉脈突出，最後逐漸全株枯死的現象。

蘭花倒草的原因有兩種，一種是病理性倒草，一種是生理性倒草。所以，蘭花病害按病原的性質，可分為生理性病害和侵染性病害兩大類。

一、生理性病害

生理性病害——由蘭花自身的生理缺陷或遺傳性疾病，或由於在生長環境中有不適宜的物理、化學等因素直接或間接引起的病害。由於它不是寄生物侵染的結果，所以又稱非侵染性病害。

生理性病害發生的原因主要是：營養不良，溫度、濕度不適，有毒物質的污染和肥害、藥害等。生理病害不產生病症，也不互相傳染。一般待病因消失，病害就不再發展。所以，防治生理性病害的要點是滿足蘭花生長的環境條件，營造蘭花生長的優良環境。蘭花生理性病害的主要類型有營養元素缺乏症、生理性爛芽病、基部腐爛病、葉片脫水褶皺症、葉尖生理性焦枯症和其他生理性病症。

1. 營養元素缺乏症

（1）缺氮

蘭株缺氮的症狀：新株葉比老株葉短狹而質薄，分蘗少而遲；葉色淡黃少光澤，起初顏色變淺，然後發黃脫落，但一般不出現壞死現象。缺綠症狀總是從老葉上開始，再向新葉上發展。

氮素是肥料三要素中蘭花需求量最多的營養元素。

防止蘭株缺氮的方法是：

①生長期用肥注意 N、P、K 三要素相對平衡。萌芽前期和展葉期略增氮素的比例。

②出現缺氮症狀時需儘快澆施氮肥。在使用的肥料中加入高氮有機肥，或加入碳銨等化肥；也可澆施「愛施牌」高氮型葉面肥 500～1000 倍液或施用美國產「高樂」1000 倍液。

③葉面可噴施「花寶 5 號」，或按磷酸二氫鉀 1 份、尿素 2 份的比例混合，稀釋成 800～1 000 倍液噴施。

（2）缺磷

蘭株缺磷的症狀：發芽遲，芽伸長慢，發根更慢；葉片呈暗綠色，葉緣常微反捲，莖和葉脈有時變成紫色；植株矮小，花芽分化少，開花遲。嚴重缺磷時蘭花各部位還會出現壞死區。

缺磷症狀首先會表現在老葉上，其防治方法是：

①植料混配時注意 N、P、K 三要素的相對平衡，平時施肥時不要偏施某一元素的化肥。

②蘭苗上盆時，用過磷酸鈣和餅肥做基肥，把蘭根在基肥上浸蘸一下再入盆。

③出現症狀時澆施 2％～3％的過磷酸鈣浸出液，或磷酸二氫鉀 800 倍液，7～10 天 1 次，續噴 2 次。最好適量撒施骨粉以鞏固效果。

④葉面噴施「花寶 3 號」1000 倍液，或磷酸二氫鉀 800 倍液，3～5 天 1 次，續噴 3 次。

（3）缺鉀

蘭株缺鉀素的症狀：葉緣和葉尖發黃，進而轉為褐色，出現斑駁的缺綠區；葉主側脈偏細，葉質柔軟，易彎垂，嚴重時葉片捲曲，最後發黑枯焦。

缺鉀首先表現在老葉上，逐漸向幼嫩葉擴展。

防治方法為：

①平時施肥注意 N、P、K 三要素相對平衡，勿多次偏施某一元素。

②根澆 0.5%～1% 硫酸鉀溶液，或盆面撒施蘆葦草炭。

③葉面噴施「愛施牌」高鉀型葉面肥 500～1000 倍液或磷酸鉀 800 倍液。

（4）缺鎂

蘭株缺鎂的症狀：葉脈間缺綠，有時出現紅、橙等鮮豔的色澤，老株葉發黃；中年株葉的葉尖和葉緣呈黃色，且向葉面捲曲（俗稱銅鑼緣），嚴重時出現小面積壞死；新株葉色欠綠。

防治方法為：向葉面噴施 0.1%～0.2% 硫酸鎂溶液，每隔 3～5 天 1 次，續噴 2～3 次；但對線藝蘭只能用 0.1% 濃度，也只噴 1 次，以防止增鎂偏多導致葉綠素大量增多而掩蓋線藝性狀。

（5）缺錳

蘭株缺錳的症狀：葉片出現日灼樣斑紋，常常斑中有斑；葉脈之間的葉肉組織缺綠，嚴重的發生焦灼現象；老株葉易早枯落。

一般中性壤土、石灰性壤土和沙質土較易出現缺錳症狀。

防治方法是：在葉面施肥時加入 0.3% 硫酸錳溶液，或單獨噴施 2～3 次。

（6）缺鈣

蘭株缺鈣的症狀：葉尖呈鈎形，有的向葉面勾捲，也有的向葉背勾捲（品種固有特徵除外）。缺鈣的症狀首先表現在新葉上，典型症狀發生時幼葉的葉尖和葉緣壞死，然後是芽的壞死，根尖也會停止生長、變色，生長點死亡。

此症發生的原因是土壤酸性較大，引起鈣元素固定，造成

蘭株吸收困難；長期只施酸性肥料也會出現這種情況。

防治方法是：澆施1次1％石灰溶液，或撒施骨粉。

（7）缺鋅

蘭株缺鋅的症狀：葉片嚴重畸形，老葉缺綠，底部葉片中段呈現鐵銹樣斑，並逐漸向葉基和葉尖擴展；新株的葉柄環明顯比老株的葉柄環低；葉片較正常葉要小。

防治方法是：用0.1％硫酸鋅溶液噴施葉片，每隔3～5天1次，續噴2次。

（8）缺鐵

蘭株缺鐵的症狀：葉片失綠，首先表現為幼葉的葉肉變黃甚至變白，但中部葉脈仍能保持綠色，一般沒有生長受抑制或壞死現象。

鹼性土壤或石灰性鈣質土，以及土壤透氣不良都容易產生鐵元素固定，使蘭花難以吸收鐵元素。

防治方法為：

①注意疏鬆土壤，增加植料透氣度以利於好氣微生物活動。

②在栽培植料中加入適量的鐵片或鐵屑。

③用0.5％硫酸亞鐵溶液噴施葉片，每隔3～5天1次，續噴2次。

（9）缺銅

蘭株缺銅的症狀：葉尖失綠，逐漸轉現灰白色，並向全葉擴展，生長停滯。

防治方法是：用0.1％硫酸銅溶液噴施葉片，每隔7天1次；或結合預防真菌病害，噴施1次銅製劑殺菌劑，如「銅高尚」、「可殺得」。

（10）缺硼

蘭株缺硼的症狀：葉片變厚和葉色變深，幼葉基部受傷，葉柄環處極脆易斷；莛花朵數明顯減少，花蕾綻放慢，花期明顯縮短，常未凋謝就掉落；根系不發達。

防治方法為：用0.3％硼砂或硼酸溶液噴施葉片，每週1次，續噴2～3次。

（11）缺鉬

蘭株缺鉬的症狀：新株明顯矮化；老葉失綠，以致枯黃、萎蔫至壞死。

防治方法為：用0.1％鉬酸銨溶液噴施於葉面，每3天噴施1次，續噴3次。

2. 生理性爛芽病

主要症狀是：在沒有病原物侵染的情況下，蘭株上原來飽滿的新芽，逐漸枯萎變色，最後腐爛。原因是水肥、藥液漬害和外力傷害，其防治對策主要是兩個方面：

（1）防止水、肥、藥液漬害

防治的主要方法有：

①蘭場設置擋雨設施，以防雨水積聚，從而造成蘭根周圍漬水。

②合理施肥、打藥，避免水肥、藥液澆至芽株心部，同時應注意濃度配比適當。

③每當澆施水、肥、藥後，需打開門窗，加強通風，讓蘭株上的水分儘快散失。

（2）防止外力的傷害

在採集、分株換盆、運輸裝卸、種植、剪除花莛、剔除敗葉和鑒別品種等操作過程中，需小心操作，以防止蘭芽受到傷害。

3. 蘭株基部腐爛病

主要症狀是：在沒有病原物侵染的情況下，蘭株基部腐爛，蘭葉逐漸枯死。原因是澆水過多，植料排水不暢，形成水肥、藥液漬害。除了採取與防治生理性爛芽同樣的措施之外，還要將病株及時連根剔除、銷毀，以防病情擴散；再用1000～2000倍液氯黴素淋施鄰近盆蘭，全面噴施所有蘭株，每日或隔日施藥1次，續施2次。

4. 葉片脫水褶皺症（圖9-1）

蘭葉脫水出現褶皺，大多是由於霜凍、高溫、乾旱、水漬、缺素和肥藥害等生理性病原所致。蘭株在乾旱、水漬時最容易發生葉片脫水褶皺症，在受到霜凍、高溫、肥藥害時受害面積最大。但缺素害僅是個別現象，不會大面積發生。葉片脫水褶皺症的防治方法要根據具體情況，分別對待。

一般因乾旱而使葉片脫水皺褶，只要漸漸增加澆水和噴霧，大多在短時間內可以糾正；高溫害、水漬害、缺素害和肥藥害經及時搶救、改善生態條件和促根，大部分也可救活；如果遭受凍害，只有將葉片全部剪去，採用「捂老頭」的方法，利用尚有生命活力的假鱗莖上的新芽重新萌發。

5. 葉尖生理性枯焦症

葉尖枯焦是蘭花最常見的生理性病害。主要症狀表現為蘭花葉尖由赤色轉褐色、再轉黑色，與綠色部分的邊界整齊，沒有異色點斑塊間雜的乾焦。它既降低了蘭花的觀賞價值，又影響了蘭株的生長發育，嚴重時還會導致蘭株的早衰和早亡。葉尖生理性枯焦症致病因素

圖9-1　蘭葉脫水褶皺症狀

很多，但基本上是由以下生理病因所致：

（1）**缺素**。蘭株如缺鐵、磷等營養元素，根、莖的生長即受阻；如缺鈣元素，則會影響根尖和芽的生長點細胞分裂；缺氯、鉬、硼、鉀等營養元素，養分與水分的運輸功能減弱，如較長時間得不到補給，芽、根的生長點即會死亡。較長時間的缺素，便會導致根尖發黑直至組織壞死。在地上部分便表現在對葉片的給養減弱而出現葉尖乾焦。

（2）**凍害、乾旱害、高溫害**。這些災害均可導致蘭根組織壞死、腐爛而出現焦葉尖。

（3）**水漬**。如培養基質疏水性能低下，澆水太勤或較長時間淤積過多的水分，蘭根呼吸不良，便會產生爛根尖至爛根。在葉片上的症狀則首先顯現為葉尖乾焦。

（4）**澆水不當**。陽光下噴水，水聚葉尖，經強光照射而焦尖。澆水的水質受污染也會引起葉焦尖。

（5）**缺水和乾燥**。基質缺水，水分供應不上勢必引起蘭葉焦尖。

空氣中如果濕度太低，過於乾燥，從而引起蘭株蒸騰作用加強，蘭葉水分供需失衡也會致使蘭葉焦尖。一般說來室內養蘭因空氣濕度較大，蘭葉焦尖情況並不嚴重，而室外養蘭由於空氣濕度難以控制，蘭葉焦尖的情況就要嚴重些。

（6）**肥害、藥害和空氣污染**。常因為施肥的濃度偏高，間隔時間過短，或高溫、低溫期施肥而傷根；也有因澆施農藥的濃度偏高等引起的傷根。如鋅、銅、鈣元素含量過高的肥料和含銅製劑的農藥在強光照下施用，易產生肥、藥害；噴施量過大，葉尖淤積大量殘渣也會產生肥、藥害；蘭場臨近污水區、工業區，或有人在蘭苑附近焚燒有害物質，致使空氣中彌漫有害氣體從而危害蘭葉也會引起焦尖。

（7）**不良基質**。如基質過分偏酸或偏鹼，基質的疏水透氣功能低下，基質成分不適蘭根生長，基質有夾帶污染等。

（8）**環境條件不適**。光照過強或全無，空氣濕度偏大或偏小，溫度的偏高或偏低，空氣流通不暢與完全閉塞，風力過大而被強風所吹，二氧化碳、鉀元素的不足等都會造成葉片生理功能失常而導致葉尖乾焦。

圖9-2　生理性焦尖症狀

（9）**外界傷害**。如葉尖長期接觸盆壁或基質，易產生擦傷與潰傷；外界力量的不慎干擾和侵害，同樣可導致葉片生理功能失常而出現葉尖枯焦。

由於以上原因，蘭花的根系、葉尖生長受阻，從而導致根系和葉片生理功能失常，出現葉尖乾焦。生理性焦尖通常呈黑色，且病緣處沒有黑色橫紋，不會迅速向前推進，病程較為緩慢，危害程度並不大（圖9-2）。針對這種現象，防治葉尖生理性枯焦症的重點是在栽培措施上下功夫，努力創造蘭花生長的良好環境，育肥育壯蘭苗。

6. 其他生理性病症

（1）**根尖腐爛**。發病的原因主要有：

①根尖長久接觸栽培植料中的積水，植料通風不良，蘭根呼吸不暢。

②移栽時蘭株動搖使蘭株根尖擦傷。

③油、煙、汗濕觸及根尖使之受到傷害。

防治方法：在換盆、種株時，不要觸及根尖，植後注意排水通風良好。

（2）**生長點呈乾性**。發病原因：

①栽植過淺，使生長點暴露在培養土外，遭受風吹日曬；

②假鱗莖入土太深，植料積水、不通風，使生長點腐爛。

防治方法：栽植時注意控制深度。

（3）**芽生銹斑**。發病原因：

①當芽開葉時，芽心積水，又經日曬。

②氣溫高時，在高溫下給蘭花澆水。

防治方法：注意澆水方式和澆水時間。

（4）**芽苞株莖枯乾**。發病原因：

①天氣悶熱，通風不良，澆水導致苞葉悶熱。

②培養土過濕使苞葉呈黑爛狀，或培養土久未更換而被病菌感染。

防治方法：注意澆水方式和澆水時間，及時換盆更新栽培植料。

（5）**假鱗莖皺縮**。發病原因：

①澆水不足或長期低溫。

②被強烈陽光灼焦。

防治方法：注意及時澆水、遮陰。

（6）**花苞變黃或苞口不展開**。發病原因：

①濕差太大，使花苞變黃再變褐色。

②濕度太低，使花苞黏合不易展開。

③變質花苞，由遺傳因素或不明生理因素所致。

防治方法：控制空氣濕度。

（7）**花蕾不生長**。發病原因：

①遺傳因素或夜間溫度太高。

②蜜液凝固使花萼前端黏合而不能正常展開。

防治方法：控制溫度。

7. 空氣污染對蘭花的影響

空氣中除正常成分外，隨著工業發展，農藥的使用，一些有毒有害物質進入大氣，造成大氣污染，對蘭花的生長發育產生危害。這些氣體主要有：

（1）二氧化硫

二氧化硫由氣孔進入蘭花葉片，被葉肉吸收變為亞硫酸鹽離子，使蘭花葉片受到損害（如氣孔機能失調、葉肉組織細胞失水變形、細胞質壁分離等），蘭花的新陳代謝受到干擾，光合作用受到抑制，氨基酸總量減少。

外表症狀表現為：葉脈間有褐斑，繼而無色或白色，嚴重時葉緣乾枯。

（2）氯氣

氯氣對植物的傷害比二氧化硫大，夠迅速破壞葉綠素，使葉片褪色漂白脫落。初期傷斑主要分佈在葉脈間，呈不規則點或塊狀。與二氧化硫危害症狀不同之處為受害組織與健康組織之間沒有明顯的界限。

（3）氟化氫（HF）

氟化氫由葉的氣孔或表皮吸收進入細胞內，經一系列反應轉化成有機氟化物影響酶的合成，導致葉組織發生水漬斑，後變枯呈棕色。它對植物的危害首先表現在葉尖和葉緣，然後向內擴散，最後使葉片萎蔫枯黃脫落。

（4）煙塵

對園林植物產生間接危害。煙塵中的微粒粉末堵塞氣孔，覆蓋葉面，影響光合作用、呼吸作用和蒸騰作用的進行。

各種有害氣體、物質對植物危害程度與環境因數、植物種類和發育時期有很大關係。晴天、中午時溫度高、光線強，危害重；陰天和早晚，危害輕；空氣濕度為75％以上時，不利於

氣體擴散，同時葉片氣孔張開，吸收量大，受害嚴重；生長旺季和花期時受害嚴重。

另外，植物離有毒氣體及煙塵源的距離、風向、風速的不同，也會造成受害程度的差異。

二、侵染性病害

侵染性病害──由生物因子（病原物）引起，具有侵染性和傳染性的一類病害。

侵染性病害有病原菌，能透過一定途徑傳播蔓延。按習慣我國將植物浸染性病害分為 8 類，即真菌、放線菌、細菌、類菌質體、病毒、類病毒、線蟲和寄生性種子植物。蘭花侵染性病害的病原菌主要是真菌、細菌和病毒 3 類。其中由真菌引起的病害占 2/3 以上。

1. 真菌病害

真菌──具有真核和細胞壁的異養生物。

真菌大多數是在顯微鏡下才能看到的小型生物體。它沒有葉綠素，不能製造養分，主要靠寄生或腐生的營養方式生活。

寄生──一種生物寄居於另一種生物的體內或體表，以攝食其養分生活，並往往對宿主構成損害的一種生活方式。

腐生──從動植物屍體或腐爛的生物體組織中分解有機物並獲取營養維持自身生活的一種生活方式。

感染蘭花的真菌都是寄生性的。它們從寄主身上吸取養分，破壞組織，從而引起寄主產生許多症狀，例如枯萎──葉片變成棕褐色，腐爛──受感染部分腐爛，發鏽──受害部分呈鐵銹色繼而死亡，潰瘍──局部潰爛或呈凹陷傷缺，炭疽──潰瘍狀壞死呈黑色凹陷，痂斑──稍浮凸或凹陷或破裂，斑點──葉面出現組織死亡和塌陷的損傷，黴變──感染部分

覆蓋粉末狀物等。有些真菌寄生於蘭花植物體表面，以特殊的菌絲插入表皮細胞；有些則生於細胞之間或圍繞活細胞進行侵染活動。目前所知危害蘭花的真菌有30餘屬100多種。其中比較常見的是下列諸屬中的一些種類：引起炭疽病的「刺孢盤屬」（*Collectotrichum*），引起白絹病的「小核菌屬」（*Sclerotium*），引起花果枯萎病的「葡萄孢屬」（*Botrytis*），引起黑腐病或心腐病的「疫黴屬」（*Phytophthora*），引起葉斑病或枯萎病的「鐮孢屬」（*Fusarum*），以及引起銹病的「夏孢鏽菌屬」（*Uerdo*）、「鞘鏽菌屬」（*Coleosporium*）等。

　　由於致病真菌的傳播途徑是由空氣、水、昆蟲、其他動物、人類或植物本身的直接接觸，因此，防治真菌性病害首先要講究蘭場的清潔衛生，養成良好的園藝操作習慣，控制傳染媒介，以杜絕病源。

（1）蘭花黑腐病

　　「蘭花黑腐病」又稱「冠腐病」、「猝倒病」或「心腐病」，是蘭花最常見的真菌病之一。由「疫黴屬」（*Phytophthora*）的病菌引起，可危害多種蘭花的小苗、葉、假鱗莖、根等，其中以心葉發生最多。該病害多數是從新株的中心葉背開始為害，先是在葉片上出現細小的、有黃色邊緣的紫褐色濕斑，並逐漸變為水漬狀擴大，密連成片，較大和較老的病斑中央變成黑褐色或黑色，用力擠壓時還會滲出水分，隨後葉片變軟發黑，不久開始腐爛脫落（圖9-3）。

　　如不及時剪除病葉並施藥，病菌將擴染葉鞘、鱗莖及根部，乃至整簇、全盆蘭株爛枯。它由已發生

圖9-3　蘭花黑腐病症狀

污染的栽培介質、肥料與流水等傳播,特別是在高溫高濕的環境中,病原菌擴散極快,危害較重。

防治方法:

①在栽培過程中,保持通風,避免潮濕,以預防黑腐病發生;一經發現,需立即剪除病株葉,並淋施藥劑。

②定期使用50%「福美雙」100～150倍液,或用75%「百菌清」800倍液加0.2%濃度的洗衣粉,或用「代森錳鋅」600～800倍液噴布葉面進行預防。

③發病時切除感染部位或器官,加以燒毀或深埋;病斑已密連成片的,說明病菌已向下擴染。應起苗消毒,重新上盆。並對陳列病株之場地淋藥消毒。

④發病時採用0.1%～0.2%的硫酸銅噴灑,或採用50%「克菌丹」可濕性粉劑400～500倍液、1%波爾多液噴灑殺菌;64%「卡黴通」700倍液、10%「世高」2000倍液。

⑤醫用氯黴素1 000倍液淋灑透全盆並噴施,每隔1～2天施藥1次,續施2次。

（2）蘭花炭疽病

炭疽病又稱「黑斑病」、「褐腐病」、「斑點病」,是蘭花常見真菌病害之一,中國南方各地常見。由「刺孢盤屬」（*Collectotrichum*）的病菌引起,主要危害葉片,也可危害花朵。該病菌危害多在葉片中段,發病時,在葉面上出現若干濕性紅褐色或黑褐色小膿疱狀點,其斑點的周邊有褪綠黃色暈。擴大後呈長橢圓形或長條形斑,邊緣呈黑褐色,裡面呈黃褐色,並有暗色斑點彙聚成帶環狀的斑紋(圖9-4)。有時聚生成若干帶,當黑色病斑發展時,周圍組織變成黃色或灰綠色,而且下陷。黴雨季節發病尤為嚴重,以6～9月為發病的高峰期。高濕悶熱,天氣忽晴忽雨,通風不良,花盆積水,過量施

用氮肥，株叢過密，摩擦損傷，介
殼蟲為害嚴重等因素均會加重病情
的發生蔓延。

圖9-4　蘭花炭疽病症狀

　　防治方法：

　　①加強栽培管理。徹底清除感
病葉片，剪去輕病葉的病斑。冬季
清除地面落葉，集中燒毀。蘭室要
通風透光，落地盆栽要有陰棚防止
急風暴雨，放置不宜過密。

　　②發病前用65％「代森鋅」600～800倍液，或75％「百
菌清」800倍液、或75％「百菌清」800倍液加0.2％濃度的洗
衣粉噴布預防。

　　③發病初期噴灑25％「炭特靈」可濕性粉劑500倍液，或
36％「甲基硫菌靈懸浮劑」600倍液，或25％「苯菌靈乳油」
800倍液，隔10天左右施藥1次，連續防治2～3次。發病時剪
去受感染的器官，並用50％「多菌靈」800倍液，75％「甲基
托布津」1000倍液噴灑，有效藥劑還有「代森錳鋅」、「多菌
靈」、「托布津」、「炭特靈」等。以德國產「施保功」1500
倍液為特效。最好將非內吸性殺菌劑與內吸性殺菌劑混合施
用，或交替施用。

　　（3）蘭花葉斑病

　　蘭花葉斑病是蘭花發生最普遍的病害之一。危害蘭花的葉
斑病有多種，其受害症狀因不同菌類差異較大。主要表現為葉
片上出現紅褐色葉斑，邊緣呈暗紫色圓形或不規則形，葉斑面
積可長達數公分。後期在病斑上集生許多小黑粒（圖9-5）。

　　防治方法：

　　①冬季清理蘭場，剪除病枯葉，噴一次1～3「波美度石硫

圖9-5　蘭花葉斑病症狀

合劑」，或50％「多菌靈可濕性粉劑」1000倍液。

②病害發生時先除去病葉，再噴施1％「波爾多液」，或50％「多菌靈可濕性粉劑」1000倍液，或50％「托布津可濕性粉劑」800倍液，或75％「百菌清可濕性粉劑」800～1000倍液。

③注意保持養蘭場地通風，發病時也可選用「多硫懸浮劑」800倍液、「複方硫菌靈」、「代森錳鋅」等防治。使用德國產「施保功」1500倍液、珠海產「蘭威寶」800倍液、瑞士產「世高」6000倍液防治效果更為顯著。如果只有少數斑點，可用消毒後的針頭刺點斑病點，然後抹上醫藥用「達克寧」霜。

（4）蘭花花枯病

蘭花花枯病的病原菌有多種，多危害蘭花的花或花序，幼嫩的蘭芽也易受感染。此病多發生在環境潮濕的地方，受害蘭花的花被片上出現淡褐色的、非常小的水漬斑點。此種斑點會變大並使整個花腐爛。有些表現為感染部分出現凹陷的暗褐色至黑色病斑，上面通常覆蓋白色粉末。嚴重感染能使花在芽期變黃、凋落。

防治方法：

①栽培過程中注意環境濕度不可太高，特別是在夜間溫度較低時。

②在植株發病時需剪除病花，每4～7天用80％「代森鋅」或80％「代森錳鋅」可濕性粉劑500倍液噴灑和澆灌土壤，也可以用50％「多菌靈可濕性粉劑」500倍液噴灑和澆灌土壤。

（5）蘭花白絹病

蘭花白絹病又稱「蘭花白絲病」，發病時在土壤表面、蘭莖頸部和根基處密佈白色菌絲，形如白絹。它是蘭花最常見的真菌性病害之一，由「小核菌屬」（*Sclerotium*）的病菌引起，多發生於高溫多雨季節，或在春夏之交的梅雨季節，以及秋雨連綿的季節時發生尤為嚴重。

圖9-6　蘭花白絹病症狀

盆栽蘭花植料排水不暢或澆水過多也容易發生白絹病。

該病主要危害蘭花的根部及莖基部分。植株受感染時先在莖基部出現黃色至淡褐色的水漬狀病斑，隨後葉片萎蔫、莖杆呈褐色腐爛，容易折斷；嚴重時蘭花假鱗莖也會被侵染，在病部產生白色絹絲狀菌絲，呈輻射狀延伸，並在根際土表蔓延（圖9-6）；發病後期，菌絲體常交織形成初為白色、後漸變為黃色、最終呈褐色的圓形、菜籽狀菌核，這是該病區別於其他病害的最典型症狀。

受害株的葉片先呈黃色，後枯萎死亡，繼而迅速出現根與假鱗莖的衰萎與腐爛。如果向上蔓延，莖會出現壞蝕槽，接著腐爛，從而導致蘭花全株死亡。

蘭花白絹病以菌絲體或菌核的形式在病株殘體與盆土中越冬。菌核對不良環境抵抗力極強，能在盆土中存活4～5年，並借病苗、病土和流水傳播。

它在氣溫驟高、細雨綿綿的4～5月開始侵染，高溫高濕的6～8月為發病的高峰期。一般在高溫乾燥後，或陰雨轉晴時開始危害植株。以酸性（pH5.3）條件下發病最為嚴重。

防治方法：

①在病穴周圍適當撒施生石灰，以控制病菌蔓延，或者用1：500的百菌清和1：1：100的「波爾多液」噴灑葉面及灌根，也可單用1：100的石灰水直接灌在病根及病根周圍土壤中，還可用甲基托布津800倍液在高溫多雨季節噴灑土壤，以預防該病。

②在基質中拌入適量的草木灰，或在盆面略撒施蘆葦草炭。或在4～5月，向盆栽植料澆施1%的石灰水，以此來改變基質酸鹼度，以抑制其繁衍危害。一旦發病，立即剪去病莖，並將蘭株浸於1%的硫酸銅溶液中消毒，盆土用0.2%的五氯硝基苯或50%多菌靈可濕性粉劑進行消毒，也可用50%的代森鋅500～1000倍液或50%多菌靈1000倍液噴灑根際土壤，控制病害蔓延。

③在假鱗莖周圍有白絹出現而假鱗莖未腐爛時，立即將蘭株拔出，去掉根部帶菌的植料，用流水清洗整個蘭株，再用洗衣粉擦塗病株的根部、葉基、假鱗莖等處，稍過幾分鐘後再用清水沖洗，晾乾後再種植到無菌的新植料中。

④用井崗黴素500～700倍液，直接噴淋白絹病病株1～2次，如還有少量菌絲或菌核，可再噴淋1～2次。也可用醫用氯黴素針劑，每安瓿稀釋500～1000g水淋澆病株，每日1次，續施2次。對於近鄰植株，可用同種藥劑，全面噴及葉背、盆面、株基，每日1次，續噴2次，也可1日2次，續噴4次。

⑤發病後噴50%苯來特可濕性粉劑1 000倍液，每7～10天噴一次，連噴2～3次，防治效果良好。也可在陰雨或降雨前後噴藥防治，可採用50%速克靈粉劑500倍，或50%農利靈（乙烯菌核利）粉劑500倍液，殺毒礬500～600倍液，噴施株莖、葉片、盆面，防治效果顯著。

（6）蘭花葉枯病

蘭花葉枯病又稱「蘭花圓斑病」。危害蘭花葉片不同部位，一般從葉尖或葉片前端開始發病。

發病初期在葉尖上發生褐色小斑點，然後斑點擴大為灰褐色的病斑，中間成灰褐色，並有小黑點，嚴重時相鄰病斑融合成大病斑，最後葉尖枯死。

圖9-7　蘭花葉枯病症狀

有時是葉片中部受害，病斑面積較大，呈圓形或橢圓形，中央灰褐色，邊緣有黃綠色暈圈，嚴重時整片葉枯死脫落（圖9-7）。

引起蘭花葉枯病的是「鐮孢屬」（*Fusarum*）的病菌，病菌以菌絲或分生孢子在病殘組織內越冬，主要靠風雨水滴傳播，從葉片傷口或自然孔口侵入。一般4～5月發病危害老葉，7～8月發病主要危害新葉。高溫、冷害、日灼、藥害、營養失調等會引起植株活力下降，加重葉枯病的發生。有明顯的發病中心，並可向四周蔓延。

防治方法：

①冬季清除蘭株上的病殘枯葉，注意防凍。

②發病初期時及時摘去病葉，並噴灑75％百菌清可濕性粉劑600倍液，或40％克菌丹可濕性粉劑400倍液，或50％甲基硫菌靈可濕性粉劑500倍液防治，隔10天左右1次，連續噴2～3次。

③已發病的植株要暫停澆水並避免雨水澆淋，發現病株及時噴灑藥劑，並對周圍健康蘭株噴施1：1：100的波爾多液，防止病情蔓延。

蘭花栽培小百科

（7）蘭花灰黴病

蘭花灰黴病又稱「花腐病」，一般在花上發病。主要危害花器，即萼片、花瓣、花梗，有時也危害葉片和莖。發病初期出現小型半透明水漬狀斑，隨後病斑變成褐色，有時病斑四周還出現有白色或淡粉紅色的圈。當花朵開始凋謝時，病斑增加很快，花瓣變黑褐色並腐爛。花梗和花莖染病，早期出現水漬狀小點，逐漸擴展成圓至長橢圓形病斑，黑褐色，略下陷。病斑擴大至繞莖一周時，花朵即會死亡。病菌危害葉片時，會使葉尖焦枯。

病菌以菌核形式在土壤中越冬。翌春時產生大量菌絲和分生孢子，借助於氣流、水滴或露水傳播。即將凋落的花瓣或受完粉的柱頭，有傷口的莖、葉都是灰黴菌易侵染的部位。該病多在每年早春和秋冬時節出現2～3個發病高峰，當氣溫7～18℃、空氣濕度高於80％時最容易發病。

防治方法：

①合理調控環境的溫濕度，尤其在早春、初冬季節低溫高濕，花房或居室要注意加溫和通風，以防止濕氣滯留；澆水時不要濺到花上，淋澆在白天進行，以使植株特別是花朵上的水分儘快蒸發。

②在發病時剪去重病花朵或其他病部並銷毀。

③發病初期噴灑50％速克靈可濕性粉劑1500倍液，或50％撲海因、50％農利靈可濕性粉劑1000倍液，或50％苯菌靈可濕性粉劑1000倍液，或65％抗黴威可濕性粉劑1500倍液，約10天1次，連續防治2～3次。為防止病菌產生抗藥性，要注意輪換交替或複配用藥。

④在大棚或溫室大規模栽培時還可採用煙霧法或粉塵液施藥。採用煙霧法時可用10％速克靈煙劑，燻3～4 h，粉塵法於傍

晚噴撒10%滅克粉塵劑或10%殺黴靈粉塵劑，每次1 000 m²/kg左右。

（8）蘭花鐵銹病

鐵銹病俗稱「沙斑病」，由「夏孢鏽菌屬」（*Uerdo*）、「鞘鏽菌屬」（*Coleosporium*）等病菌引起。病原入侵後，葉端背表層會鼓起許多如芝麻大小的鐵褐色凸狀物。數日後，其凸狀物破裂，露出

圖9-8　蘭花鐵銹病症狀

鏽色粉狀物隨風四處飄揚，重複侵染。由於該病的病斑，初期斑形細小，斑色不豔，又處於葉端背，在葉面不易被覺察到，需要逐一翻檢才能發現（圖9-8）。如果待到葉面上能發現病斑時說明其病菌孢子已擴散。

防治方法：

①常翻檢葉端背，一旦發現病斑需及早擴剪燒毀。

②對症防治藥劑是代森錳鋅500～600倍液，或含銅殺菌劑。但銅製劑易導致焦葉尖。故多選用「粉鏽寧」500倍液、「大生45」、「萬佳生」等。施藥時注意噴及葉端背。

（9）蘭花褐銹病

蘭花褐銹病又稱「蘭花鐵炮病」。該病菌從葉背氣孔處入侵，最初在葉面緣呈現淡褐色至橙黃褐色細點斑。然後逐漸擴大，密連成片，直至葉片枯落。當病斑密連成片時，斑色逐漸轉為黑色，斑緣常有黃暈（圖9-9）。在冬季寒流襲來或早春氣溫剛剛回升時，如果栽

圖9-9　蘭花褐銹病症狀

培基質過濕，該病常易發生。

防治方法：

①發現葉緣出現病斑時應及時擴剪、集中燒毀，然後噴施代森錳鋅600倍液，每週1次，續噴2～3次。

②藥劑治療：瑞士產「世高」1000倍液、71％「愛力殺」1000倍液。病情嚴重的3天噴1次，並澆施1次。

2. 細菌病害

細菌——一類結構簡單，細胞核無核膜包裹，多以二分裂方式進行繁殖的原核單細胞微生物。

細菌比真菌個體小，它們一般藉助雨水、流水、昆蟲、土壤、植物的種苗和病株殘體等傳播。主要從植株體表氣孔、皮孔、水孔、蜜腺和各種傷口侵入花卉體內，引起危害。表現症狀為斑點、潰瘍、萎蔫、畸形等。

由於細菌性病害治療比較難，要以預防為主。蘭花細菌病害主要有褐腐病、軟腐病、葉腐病和花腐病等。

（1）蘭花褐腐病

蘭花褐腐病是全球性常見細菌性病害之一，一般危害蘭花的芽或葉。受害時，蘭株葉面先是出現水漬狀黃色小斑點，後逐漸變為栗褐色，並有可能下陷；接著水浸處呈褐色腐爛，常會迅速擴展至連續長出的葉上，繼而毀壞葉子，使其脫落。有時會危害整個植株。此病多發生於潮濕、溫暖的環境中。

防治方法：

蘭株一旦受害，應及時除去病葉，直至只留下假鱗莖，然後用200 mg/L農用鏈黴素或0.5％波爾多液噴殺，每週1次，連續3～5次。

（2）蘭花軟腐病

蘭花軟腐病主要發生在蘗芽上，其次是葉片。高溫多濕時

易引發此病，在中國南部地區發病較為嚴重，可由土壤傳染，也可從傷口及害蟲食痕處侵染，還可隨雨水或澆水傳播。一般表現為全株發病，多從根莖處侵染，葉片受害時，為暗綠色水浸狀小斑點，迅速擴展呈黃褐色軟化腐爛狀。腐爛部位不時有褐色的水滴浸出，散發特殊臭味，嚴重時，葉迅速變黃。若

圖9-10　蘭花軟腐病症狀

假鱗莖染病，也會出現水漬狀褐色至黑色病斑，最終使假鱗莖變得柔軟、皺縮和暗色，而後迅速腐爛（圖9-10）。

防治方法：

①蘭株一旦發現病斑，需立即起苗洗淨，擴創病灶後用0.5％高錳酸鉀溶液浸泡30 min，然後撈出沖洗乾淨、晾乾，再重新栽入消毒過的基質中。待基質偏乾時，再用2000倍液鏈黴素溶液作定根水澆根。

②春末夏初之後，對有病情的蘭株選用法國產「科博」400～600倍液，7～15天噴1次，續噴2～3次；或32％克菌乳油1500～2000倍液，7～10天噴1次，續噴2～3次；也可用71％「愛力殺」1000倍液，7～10天噴1次，續噴2～3次。

③發病初期，每2天噴施1次2000倍液醫用鏈黴素溶液，連續2次。如果噴施鏈黴素還不能徹底控制病情，可改用2000倍液醫用氯黴素針劑溶液噴施，用法相同。

（3）蘭花葉腐病

受該病侵害的蘭花初期蘭葉表面出現半透明的斑塊，有的染病初期葉片呈黃色水漬狀，其後病斑都會變為黑色並下陷，最後可導致整個葉片腐爛、脫落。此病主要由傷口感染，如碰

折、蟲害等。濕度過高時也易誘發此病。

防治方法：

①及時剪除發病蘭株的病葉，同時在傷口上用波爾多液塗抹。

②發現病株可用0.5％波爾多液或200 mg/L農用鏈黴素或甲基多硫磷等噴灑葉面。也可將發病蘭株拔出，用1％高錳酸鉀溶液浸泡5 min，撈出後用流水清洗，然後在陽光下曬15 min，利用紫外線殺菌，晾乾後再種植。

③在病害嚴重或迅速蔓延時，要嚴格控制水分和濕度，尤忌澆當頭水。

（4）蘭花細菌花腐病

蘭花花朵細菌性腐爛病是世界性的蘭花病害之一。致病細菌既可腐生，也可寄生感染已被破壞的蘭花組織。蘭株感病後多在花上出現爛斑，包括一些小的、壞死的病斑，具有水漬狀的暈圈，嚴重時會導致花朵壞死，甚至引起根、莖、芽的壞死與腐爛。

防治方法：

①更換培養土並加以嚴格消毒。植料消毒的方法可用烈日暴曬、蒸汽高溫滅菌，也可用200 mg/L農用鏈黴素或醫用氯黴素和0.5％波爾多液噴灑。

②拔出病株，剪去受感染組織，並用0.1％高錳酸鉀溶液浸泡受感染植株，清洗晾乾後重新種植於消過毒的植料之中。

3. 病毒病害

病毒——是由一個核酸分子（DNA或RNA）與蛋白質構成的非細胞形態的營寄生生活的生物體。

蘭花病毒病亦有人稱為「拜拉絲」，是影響蘭花生長發育最危險的病害。因為它無處不在，不但會侵染栽培的蘭花品

種，而且也會侵染自然條件下生長的野生蘭花。蘭花一旦受到病毒感染，其欣賞及栽培價值就會迅速下降。因此，對蘭花病毒病要有一個充分的認識。

病毒是一種專性寄生物，體積比細菌小得多，其大小一般在 $10 \sim 30 \, \mu m$，普通光學顯微鏡下見不到。病毒沒有細胞壁和細胞核的結構，呈纖維狀、杆狀等。在一般情況下，有些病毒可以自蘭花植株體內提取成結晶。在電子顯微鏡下，病毒結晶中有排列極為整齊而緊密的病毒顆粒。

病毒由核酸和蛋白質兩部分組成。寄生於蘭花植株上的病毒所含核酸絕大多數為核糖核酸（RNA）。病毒的核酸被包在一層蛋白質的外殼內。病毒侵染蘭花細胞時，僅核酸進入植株細胞內，而蛋白質的外殼則遺留在體外。故有侵染力的只是核蛋白部分，其致病性也主要決定於其核酸部分。一種病毒有的可以具兩種不同形態。形態不同的顆粒可能具有不同的遺傳分工。只有當不同形態的顆粒共同進入寄主時，才能表現出該病毒的全部侵染力、致病性及其他遺傳特性。

蘭花的病毒具有很高的增殖能力，其增殖方式不同於細胞生物的繁殖。它不是在寄生細胞內吸取養分形成的大病毒，然後分裂為小病毒，而是採用核糖核酸（RNA）照樣複製的方式。寄主細胞在病毒核酸的支配下，在細胞中合成與病毒的核蛋白相同的物質而形成新的病毒。

病毒的危害性大致也在於改變寄生細胞的代謝途徑，破壞了正常的生理程式。在蘭花體內，病毒似乎破壞了細胞內的葉綠體，而使細胞失綠，造成細胞養分的同化障礙，使葉片組織黃化或壞死。究竟是病毒顆粒直接作用細胞或者是其病毒釋放的毒素影響，還需要作進一步的研究。蘭花一旦感染上病毒後一般沒有特效藥防治，因此病毒病只能靠改善環境衛生，提高

圖9-11　蘭花病毒病症狀

種植技術進行預防。

（1）病毒病的症狀

蘭花病毒病的症狀多出現在葉片上，主要症狀類型有花葉、變色、條紋、枯斑或環斑壞死、畸形。在發病的早期，葉片的某一部位會呈現與葉色不同的乳白色或淡黃色網線斑駁，呈長短、粗細形狀不一、邊界不規則的條形斑，或呈不規則的環狀斑。其斑的邊界往往呈現水漬狀。斑的正反兩面位置相符而呈失綠樣透明，斑中沒有異色點綴其間，只是斑體變得很薄而顯現透明（圖9-11）。

發病中期時，在病斑的附近葉緣有不同程度的萎縮，褶皺、反捲；斑鄰近的葉面，可有不同程度的脫水樣褶皺；發病的晚期，斑體有明顯的凹陷，並有日灼樣焦灼斑塊夾雜其間；隨後斑塊增多，脫水加重，斑塊組織壞死，直至全株枯萎死亡。

（2）病毒斑與其他病斑的區別

蘭花在生長發育過程中因各種因素的影響，會出現多種病斑，易與非侵染性病害相混淆。需準確識別病毒的病斑與其他病斑的不同，在栽培管理時才能區別對待，採取正確的防治方法。

①病毒斑與日灼斑的區別

日灼斑的部位在蘭葉最易暴露在日光下的葉端部和弧曲葉的中段，葉基不會出現日灼斑。而病毒斑在全葉的各個部位均有可能出現。日灼斑不向下凹陷，而病毒斑多向下凹陷。日灼斑不透明，而病毒斑白而透明，且在斑的中心處出現褐色壞死斑。日灼斑葉側和葉緣不後捲，而病毒斑葉側葉緣常明顯後捲。

②病毒斑與藥傷斑的區別

含銅殺菌劑或施藥濃度大有時會引起蘭株的藥害，出現藥傷斑。藥傷斑常因藥液積聚在葉端而產生焦葉尖。藥傷斑色淺黃，斑體不透明，葉背沒有明顯的斑紋，葉面沒有脫水樣褶皺，葉側不後捲；病毒斑色白而透明，葉背有斑紋，葉面具脫水樣皺褶，葉側明顯後捲。

③病毒斑與水肥漬斑的區別

蘭葉上的水肥漬斑與藥傷斑形、色相似，但它沒有像藥傷斑那樣有焦葉尖和焦斑，更無病毒條形失綠壞死斑，斑體鄰近部位也無脫水樣的皺捲症狀。

④病毒斑與炭疽病斑的區別

炭疽病斑出現在綠葉之上，病斑的周邊有寬闊的黃色暈，後期長出黑色的分生孢子；病毒斑出現於綠葉上的透明條形斑之上，沒有黃色暈，後期不會生出其他異物，只會枯死爛穿。

⑤病毒斑與介殼蟲斑的區別

介殼蟲斑斑點密集，多呈淡黃色或夾雜有乳白色，斑形橢圓浮凸，且每個斑塊的中心部具有刺傷的黃色放射狀小點，隨著蟲害防治成功，蟲斑會逐漸隱去至消失；病毒斑斑點散放，白色透明，斑形呈條形並向下凹陷，沒有刺傷點，其壞死的褐色斑，只有不斷擴展至爛穿而枯，不可能隱去至消失。

（3）病毒的傳染

病毒病多為系統性侵染，傳染方式有3種：

①本體傳染。蘭花被病毒感染之後，病毒顆粒會隨著維管束輸送至蘭株各部位。已感染病毒的蘭株，在進行分株、扦插等無性繁殖時，雖經離體分植，但由於蘭株周身帶有病毒，繁殖出的小苗仍然會顯現病毒征。這種情況下只有利用芽尖的生長錐進行組織離體培養才有可能脫毒。

蘭花栽培小百科

②介體傳染。各種害蟲如蚜蟲、飛蝨等刺吸式口器昆蟲取食帶有病毒蘭株的汁液，或者毛蟲類等咀嚼式口器的昆蟲咬食帶病毒蘭苗時，夾帶了有病毒的汁液，再到其他沒有病毒的蘭株上去活動，就會很快將病毒傳播開來。

③非介體傳染。病毒只能在活的細胞中傳染。蘭株表面的微傷，使病毒有可能進入活的細胞。蘭株本身葉面摩擦，人工起苗、分株、修剪等管理中都會產生創口，病毒隨時可能由創口進入株體。所以，蘭花陳列、起苗、裝運、種植和管理時都要注意儘量避免損傷蘭株，並注意消毒。

（4）病毒病的防治

由於病毒本身的結構特點，到目前為止，人們還沒有找出根治蘭花病毒病害的方法。目前防治蘭花病毒病的基本策略是：「防重於治」和「綜合防治」。一般採取以下措施：

①選育抗病品種和慎重引種。在對受到病毒侵染的蘭花栽培群中，有目的地選育病毒沒有侵入或即使侵入也無法複製的抗病品種和對病毒感染有較強適應性的耐病品種。

注意不要引進已有病毒碼的種苗，也不要引進來自病毒流行區的種苗，以及與病毒混裝、混賣的種苗。

②清除病苗和種苗消毒。如在蘭圃中發現病毒苗，要立即將病株連同盆缽、基質清理深埋。同時對鄰近的蘭株和場地進行藥劑消毒，可選用「病毒必克」500倍液淋灑，每2～3天1次，續施3～5次。

在引入蘭苗時，為了防止有病毒潛伏，要在栽植前將所有引進種苗全部用抗病毒藥劑浸泡2 h。使用的工具，如剪刀等，要用2%福馬林浸泡2 h以上，或用火焰（如打火機火焰）燒烤數秒鐘消毒。種植後，每次澆水，均要用抗病毒劑稀釋液澆施，每月澆施1次，2年後如無出現病毒碼，方可與健康苗

一樣管理。

③注意防治蟲害。危害蘭花的昆蟲，特別是刺吸式口器的蚜蟲、粉虱等，在吸食蘭花汁葉的同時也傳播了病毒。生產上一定要注意加強對害蟲的防治，利用生物農藥、化學農藥、物理誘捕等方法將蟲害控制住。對那些名品蘭花，可以另闢專養場所、實行隔離性半自然管理，棚頂有遮雨、遮陰設施，四周有白色篩網封裹，以防害蟲擴散病毒原。

④加強管理，提高免疫力。健康生長的蘭花，抗病毒的能力也強。生產上需合理調控蘭場的溫度、濕度，注意透光通風，合理澆水施肥，採用減少遮陰密度，實行冬春全光照、夏秋半遮陰管理，增加光照量、通風量的半自然式管理等都是增強蘭花體質的良好措施。

除了與健康苗同樣施肥、澆水、噴藥外，為防病毒侵染，還可以噴施食用米醋250倍液，每季分別噴施1次「阿司匹林」、「植物動力2003」溶液等。

⑤藥劑防治。雖然目前還沒有根治蘭花病毒的有效藥劑，但由實驗證明，有些藥劑可短期抑制病毒。

一是市售的植物病毒高效抑制、防治劑「病毒必克」。它具有很強的內吸性和傳導活性，透過抑制病毒的增殖，加快葉綠素合成，提高光合作用強度而達到防治目的。本品可以與中性、酸性農藥混用，使用時一般稀釋成500倍液。

二是中草藥浸出液。經實驗發現，凡具有清熱解毒作用的中草藥均有一定的抗病毒作用。對蘭花病毒有明顯抑制作用的中草藥有大蒜、煙草、大黃、貫眾、金銀花、大青葉、虎杖、檳榔、小藜、玉簪、紫草、月季、蛇床子、商陸、甘草、連翹、蒲公英、黃芩、重樓、紫金牛、射干、板藍根、商陸、梔子、一見喜、七葉一枝花塊莖、苦楝等。防治時可以在其中選

蘭花栽培小百科

2～3種組合，將藥材和水按1：20的比例浸泡一週後密封備用，使用時稀釋10～20倍澆噴。

施藥時可以將「病毒必克」與中草藥浸出液交替施用。初施時對發病蘭株每3日噴施1次，每6日澆施1次；續施3個月後，改為每週一噴施、每旬一澆施；續半年後，改為每月一澆施，每旬一噴施；續施1年後，發芽前澆噴3～5次，高溫期每半月1次。澆噴時，兩類藥液最好都加入稀釋液1%量的食用米醋，以增加藥液滲透力而提高藥效。

第二節　蘭花蟲害防治

蘭花的根、莖、葉、花朵在生長過程中常常會遭受害蟲的取食，被害蘭花因此而生長不良，也就不能年年開花。在蘭花上取食的不僅有昆蟲，也有蟎類或軟體動物，我們在生產上將其統稱為「蘭花害蟲」。

蟲害——蘭花在生長發育過程中受到害蟲的侵襲，嚴重影響蘭花的品質，並造成重大經濟損失的現象。

蘭花害蟲以昆蟲為主，防治昆蟲最值得注意的是它們取食的方式和生活習性。危害蘭花的昆蟲取食方式與它們的口器有密切關係，對蘭花危害最大的一般是刺吸式口器和咀嚼式口器，還有一種特殊的銼吸式口器（圖9-12）。

刺吸式口器——取食蘭花汁液的昆蟲所具有的既能刺入蘭花體內又能吸食蘭花體液的口器。

刺吸式口器的特點是具有刺進蘭花體內的針狀構造和吸食汁液的管狀構造。如介殼蟲、蚜蟲、葉蟬等。危害蘭花時是借肌肉動作將口針刺入組織內，以便吸取汁液。針對刺吸式口器的昆蟲，用藥物防治一般要使用內吸劑。

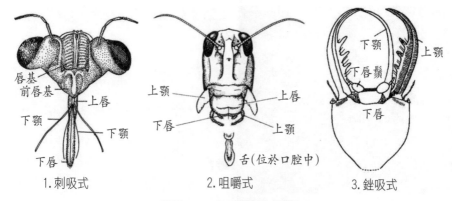

唇基
前唇基
上唇
下顎
下顎
下唇

1.刺吸式

上顎
下唇
上顎

上唇
上顎

舌(位於口腔中)

2.咀嚼式

下顎
下唇鬚
上顎

下唇

3.銼吸式

圖9-12　三種昆蟲口器

　　咀嚼式口器——取食蘭花器官組織等固體食物的昆蟲所具有的口器。

　　咀嚼式口器是昆蟲最原始的口器類型，由上唇、下唇、舌各1片，上顎、下顎各2個組成。如蛾、蝶類的幼蟲，危害蘭花時是將蘭花的器官組織咬切下來，造成缺損、斷葉斷根等。對咀嚼式口器的害蟲，用藥物防治時一般要使用胃毒、觸殺劑。

　　銼吸式口器——為纓翅目昆蟲薊馬所特有的特殊的刺吸式口器，各部分的不對稱性是其顯著的特點。

　　薊馬的口器與典型的刺吸式口器有所不同。薊馬的頭部向下突出，其上唇和下唇合成一個短小的喙，內藏舌、左上顎和下顎口針，其右上顎已退化或消失。取食時，口針插入植物組織內，將其刮破，待汁液流出後再吸入消化道內。對咀嚼式口器的害蟲，用藥物防治一般要使用內吸、薰蒸劑。

　　從生產防治的角度出發，我們將蘭花害蟲分為危害地上部分的害蟲和地下部分害蟲兩部分來介紹。

一、地上部分害蟲

　　危害蘭花地上部分的害蟲很多，常見的有介殼蟲、蚜蟲、

圖9-13　介殼蟲

葉蟎、薊馬、粉虱、潛葉蠅和毛蟲類等。

(一)介殼蟲（圖9-13）

介殼蟲又名蚧蟲，俗稱「蘭虱」，以刺吸式口器吮吸蘭花汁液為食。危害蘭花的介殼蟲有多種，一般危害嚴重的有盾蚧、蘭蚧、擬刺白輪蚧等。介殼蟲的蟲體細小，體色呈灰黑、乳白或黑色，長 1.2～1.5 mm，寬 0.25～0.5 mm。每年5～6月份，由蟲卵孵化而成的若蟲開始擴散，到處爬行。當若蟲找到生活地點時，即分泌一層蠟殼將自己固定，並用它的刺吸式口器，穿入蘭花體內吸取汁液。

介殼蟲主要寄生在蘭花的葉片上，輕則使葉片變黃老化，重則成片覆蓋葉面，影響蘭株生長發育，使其不能正常開花，出現枯葉、落葉，直到全株死亡。侵害後的傷口極易感染病毒，分泌物易招致黑黴菌的發生。

介殼蟲的繁殖能力強，春夏為多發季節，5～9月危害最嚴重，一年可繁殖多代。若蟲分泌蠟殼一般農藥不易滲入，防治比較困難，一旦發生，也不易清除乾淨。在水濕過重、悶熱而又通風不良的環境下發生則更為嚴重。

防治方法：

（1）**注意蘭場環境。** 由於介殼蟲多在水濕過重而又通風不良時出現，因此首先要保持蘭圃場地通風良好，日常管理應特別注意環境通風，避免過分潮濕。購買蘭苗時，不要將有介殼蟲的種苗帶回蘭圃。蘭場內若有少量介殼蟲出現時，應將有蟲植株與健康植株隔離。

（2）**人工清除蟲體**。有少量介殼蟲出現時，可用軟刷輕輕刷除蟲體，再用水沖洗乾淨（圖9–14）。如果出現介殼蟲數量多而且面積較大的時候，則需施用農藥。

圖9–14　刷除介殼蟲

（3）**抓住用藥時機**。在若蟲體表尚未形成蠟殼，即在若蟲爬行期內進行施藥殺滅，防治效果最好；一旦若蟲蠟殼形成後則農藥難滲入，防治效果就欠佳。以每年5月下旬至6月上旬第一代若蟲孵化整齊，蟲體面尚未形成蠟殼時為防治適期。可用40%「樂果」或「氧化樂果乳油」1000倍液，或50%「敵百蟲」250倍液，或80%「敵敵畏乳油」1000～1500倍液，或2.5%「溴氰菊酯乳油」2000～2500倍液噴灑1～3次，每次間隔7～10天。介殼蟲易對藥物產生抗性，要掌握好農藥的使用濃度和交替使用農藥。噴藥力求全面周到，葉面、葉背、株基、盆面等都要全面噴及。

（4）**改變施藥方法**。對受害嚴重的可採用藥液浸盆法。做法是選用具有殺卵功能的藥劑如「介死淨」、「毒絲本」、「卵蟲絕」、「掃滅利」、「果蟲淨」等，按使用說明稀釋藥液，浸沒盆蘭5～10 min。室內少量栽培的可用藥劑埋施法。將「滅蟲威」（鐵滅克15%）顆粒藥劑埋入基質2～3 cm深，讓藥劑被根系吸收再運送至全株，讓所有害蟲吸食中毒而亡。盆徑20 cm的，埋施2 g藥劑，依此類推。埋施殺滅法既不污染環境，滅蟲效果也很好。

（二）蚜蟲（圖9–15）

蚜蟲的種類很多，一般危害蔬菜、果樹、農作物的蚜蟲，也常對蘭花的嫩葉、葉芽、花芽、花蕾和花瓣進行危害。它們

蘭花栽培小百科

圖9-15　蚜蟲

常寄生於蘭株上，在完成交配後產卵，於葉腋及縫隙內越冬，但在溫室中全年可孤雌生殖，即雌性蚜蟲可不透過雄性蚜蟲的授精而大量繁殖後代。以成蚜、若蚜危害蘭花的葉、芽及花蕾等幼嫩器官，吸取大量液汁養分，致使蘭株營養不良；其排泄物為蜜露，會招致黴菌滋生，並誘發黑腐病和傳染蘭花病毒等。蚜蟲繁殖迅速，一年可產生數代至數十代。

防治方法：

（1）家庭少量養蘭，零星發現蚜蟲時可先用毛筆蘸水刷下，然後集中消滅，以防蔓延。

（2）春季蚜蟲發生時，可用銀灰驅蚜薄膜條，間隔鋪設在蘭圃苗床作業道上和苗床四周。還可利用蚜蟲對顏色的趨性，在一塊長 100 cm、寬 20 cm 的紙板上刷上黃綠色，塗上黏油誘粘。

（3）蚜蟲危害面積大時，可在 3～4 月蟲卵孵化期間用 40％氧化樂果乳油、乙醯甲胺磷 1000 倍液，或 50％殺螟松乳油 1000 倍液，或 20％殺滅菊酯乳油 2000～3000 倍液，或 40％水胺硫磷乳油 1000～1500 倍液，或 50％抗蚜威可濕性粉劑 1000～1 500 倍液等噴殺。

（三）葉蟎（圖9-16）

危害蘭花的葉蟎有多種，以紅蜘蛛較為常見。紅蜘蛛蟲體小，體色呈紅褐色或橘黃色，以銳利的口針，吸取蘭花葉片中的營養，致使葉片細胞乾枯、壞死。同時引起植株水分等代謝

平衡失調，影響植株的正常生長發育，並且傳播細菌和病毒病害。紅蜘蛛等在溫度較高和乾燥的環境中，蟲體繁殖迅速，5天就可繁殖1代，數量較多，危害嚴重。

防治方法：

（1）葉蟎的雌成蟎一般在蘭花葉叢縫隙和枯死的假鱗莖內落葉下越冬。冬季清潔蘭場，去除蘭株上的枯葉可有效地減少紅蜘蛛的越冬基數。

1.雌成蟎　　　　2.雄成蟎

圖9-16　葉蟎

（2）在越冬雌成蟎出蟄前，在小紙片上塗上黏油，放在蘭株莖基部環進行黏殺。黏油的配比為10份軟瀝青加3份廢機油加火熔化，冷卻後塗在紙片上。

（3）保持環境通風，使環境濕度在40％以上，葉背經常噴水，這些措施都能控制葉蟎的繁衍。

（4）由於農藥難以殺死蟲卵，一般在蟲卵孵化後的若蟲、成蟲期施藥。可用40％氧化樂果乳油1000倍液，或20％四氰菊酯乳油4000倍液，每隔5～7天噴1次，連續2～3次。還可採用600倍液的魚藤精加1％左右的洗衣粉溶液，或73％克蟎特乳油2000～3000倍液，或50％溴蟎酯2000～3000倍液，或40％水胺硫磷乳油1000～1500倍液，或「風雷激」（綠旋風）1500～2000倍液噴殺。

市場上可以用來殺葉蟎的藥劑還有「蟎死淨」、「尼索朗」、「蟎克」、「阿波羅」等。交替使用藥物效果較好，以防抗藥性種群的產生。值得注意的是：三氯殺蟎醇含有致癌物質，已禁止在蘭花上使用。

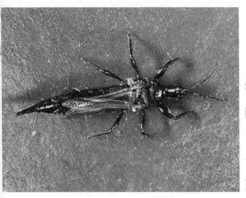

圖9-17　薊馬

（四）薊馬（圖9-17）

薊馬食性雜、寄主廣泛，已知寄主達350多種。近幾年危害蘭花較劇烈。薊馬蟲體較小，成蟲體長1.2～1.4 mm，體色呈淡黃至深褐色，活動隱蔽，危害初期不易發現。主要危害蘭花的花序、花朵和葉片。危害葉片時以銼吸式口器吸食蘭花汁液；多在心葉、嫩芽和花蕾內部群集危害，導致蘭葉表面出現許多小白點或灰白色斑點，影響蘭花生長，降低觀賞價值；花序被危害時，生長畸形，難以正常開花或花朵色彩暗淡。

薊馬一年可發生8～10代。成蟲或若蟲在蘭花葉腋和土縫中越冬。每年3月份開始活動，進入5月後危害最重，一直到晚秋。成蟲怕光，白天多隱藏，夜晚活動。夏季孤雌生殖，秋冬才營兩性生殖。

防治方法：

（1）每年3月上旬薊馬開始活動時即要注意噴藥，5～6月新芽生長期以及花蕾期，各噴2次，每7～10天1次。

（2）薊馬生活在花蕾、葉腋內，噴藥時要特別注意這些地方，周到噴施。冬季噴藥還要注意土縫，以殺死越冬薊馬。

（3）噴施的藥劑可選擇有內吸、薰蒸作用的藥物，如50％「辛硫磷乳劑」1200～1500倍液，或40％氧化樂果乳劑1000～1500倍液等，一般1週1次，重複3～5次。噴施殺蟲劑時，還可混以酸性殺菌劑和磷酸二氫鉀、尿素等葉面肥，這樣殺蟲、殺菌、追肥同時進行，可謂一舉三得。

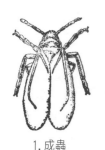

1. 成蟲

2. 幼蟲

3. 蛹正面

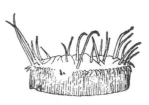

4. 蛹側面

圖9-18　粉蝨

（五）粉蝨（圖9-18）

粉蝨蟲體較小，成蟲體長1～1.5 mm，呈淡黃色，全身有白色粉狀蠟質物。通常群集於蘭株上，在蘭棚通風不良時易發生。粉蝨常危害蘭花的新芽、嫩葉與花蕾，危害時以刺吸口器從葉片背面插入，吸取植物組織中的汁液，傳播病毒，使葉片枯黃；並常在傷口部位釋放大量蜜露，易造成煤汙並發生褐腐病，甚至引起整株死亡。粉蝨由於繁殖力強，在溫室內一年內可繁殖9～10代，並可世代重疊，在短時間內可形成龐大的數量。

防治方法：

（1）清除蘭場雜草枯葉，集中燒毀，消滅越冬成蟲和蟲卵。

（2）利用粉蝨對黃色敏感，具有強烈趨性的特點，將硬紙板裁成100 cm × 20 cm的規格，塗成黃色或橙黃色，然後刷上黏油，每20 m² 放置一塊，用來誘粘粉蝨（圖9-19）。當板上粘滿蟲時，要重塗一遍黏油。這種方法也可以用來防治蚜蟲。

圖9-19　黃紙板誘蟲

（3）在若蟲期抓緊用藥物防治。因為粉虱成蟲身體上有白色蠟質粉狀物，成蟲期藥劑不易滲入其體內。常用2.5％溴氰菊酯2500～3000倍液，或10％二氯苯醚菊酯2000倍液，或20％速滅殺丁2000倍液，或25％撲虱靈可濕性粉劑2000倍液，或也可用40％氧化樂果，或80％敵敵畏，或50％馬拉松乳劑1000～1500倍液，每7～10天噴灑1次，連續噴施2～3次。

（六）潛葉蠅（圖9-20）

潛葉蠅幼蟲呈蛆狀，白色，體長3 mm左右，成蟲多在早春出現。危害時，成蟲產卵於葉緣組織內，蟲卵孵化後發育成幼蟲，幼蟲以潛食葉片上下表皮間的葉肉細胞為主，在葉片上形成曲曲彎彎的蛇形潛痕，呈隧道狀。成蟲的取食和產卵孔也造成一定危害，影響光合作用和營養物質的輸導。它不僅破壞葉片組織，使蘭花失去觀賞價值，而且被破壞的部位還易產生黑腐病，從而導致整個葉片甚至全株腐爛死亡。潛葉蠅一年發生多代，5～10月危害最重。

防治方法：

（1）潛葉蠅少量發生時可以用針尖將幼蟲挑出，較嚴重時要及時摘去蟲葉，並進行銷毀。

（2）在幼蟲初潛葉危害時噴灑40％氧化樂果乳劑1000倍液，或50％倍硫磷乳劑1500倍液，或50％敵敵畏乳劑1000倍液防治，每7～10天1次，連續3次。幼蟲化蛹高峰期後8～10天噴灑下列藥劑之一防治：48％樂斯本乳油1000～1200

1. 成蟲

2. 幼蟲

圖9-20　潛葉蠅

倍液，或1.8％愛福丁乳油2000～3000倍液，或5％抑太保乳油1500～2000倍液，或1.8％蟲蟎光乳油2000～3000倍液，或5％銳勁特膠懸劑2000～2500倍液，或75％滅蠅胺可濕性粉劑2000～3000倍液，40％蟲不樂乳油600～800倍液，或40％超樂乳油600～800倍液等。

(七)毛蟲類（圖9-21）

毛蟲為蝶類或蛾類的幼蟲，種類非常多，但都具有咀嚼式口器。它們啃食蘭花的新芽、新根、新葉及幼嫩的花序、花蕾、花瓣等幼嫩組織，一般經其危害過的部分，難以恢復原狀，危害性大。

防治方法：

（1）針對各種毛蟲的防治要以預防為主，首先要清除盆面或蘭場周圍的雜草，不讓蟲卵有存身場所。

（2）利用成蛾有趨光性的習性，可結合防治其他害蟲，在成蟲發生盛期，設誘蟲燈誘殺成蟲。白天要驅趕和捕殺飛入蘭棚的蝶類，防止產卵。

（3）在幼蟲危害期噴灑80％敵敵畏乳油1000～1500倍液，或10％氯氰菊酯乳油2000倍液，或2.5溴氰菊酯乳油2500～3000倍液，或40％氧化樂果乳劑1000倍液，或50％敵敵畏乳劑1000倍液。對一些洋蘭可用注射防治，在假鱗莖上用注射器注射內吸傳導性藥劑，如40％氧化樂果、40％久效磷、5％吡蟲啉高滲乳油，濃度要控制在100倍以內。

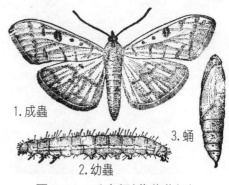

1.成蟲
3.蛹
2.幼蟲

圖9-21　毛蟲類(蘭花葉螟)

二、地下部分害蟲

危害蘭花地下部分常見的害蟲有小地老虎、蠐螬、蟑螂、螞蟻等。

(一)小地老虎（圖9-22）

「小地老虎」別名「黑土蠶」、「黑地蠶」。成蟲體長16～23 mm，呈深褐色。卵為半球形，呈乳白色至灰黑色。老熟幼蟲體長37～47 mm，呈黑褐色至黃褐色。地栽蘭在幼芽出土後，常有小地老虎於夜間蠶食幼芽、嫩葉。小地老虎一年發生4代。5月上、中旬為危害盛期。管理粗放、雜草多的蘭圃受害嚴重。小地老虎的發生與環境有密切關係，土壤濕度大，雜草多，則有利於幼蟲取食活動。

防治方法：

（1）**清除雜草**。在3月中旬至4月中旬，如除草及時，可減少成蟲產卵數量，減少幼蟲食物來源。

（2）**誘殺成蟲**。成蟲對糖、醋的發酵和糖漿趨性很強，夜出活動，趨光性強。可在每年3月成蟲羽化期利用黑光燈、糖漿液誘殺。

（3）**捕捉幼蟲**。針對大齡的幼蟲，可於每天清晨扒開被害蘭株周圍的表土，進行人工捕殺。

（4）**藥劑防治**。將新鮮青菜葉切碎，加上炒熟的麩皮，用90％敵百蟲800倍液，或75％辛硫磷乳油800倍液，或20％樂果乳油300倍液噴灑碎葉，選擇晴天下午將拌

圖9-22　小地老虎（幼蟲）

過藥的麩皮碎菜葉分散放置於幼蟲經常出沒的蘭圃地內。於第二天清晨清除、捕捉葉下已死或未死的幼蟲。或者用90％敵百蟲1000倍液，或75％辛硫磷乳油1000倍液，或20％樂果乳油300倍液噴灑幼苗。

（二）蠐螬（圖9-23）

蠐螬別名「白土蠶」，種類很多，成蟲通稱「金龜子」，幼蟲通稱「蠐螬」。按其食性可分為植食性、糞食性、腐食性三類。其中植食性蠐螬食性廣泛，能直接咬斷蘭花的根、莖，造成蘭花枯死；或啃食根條、鱗莖，使蘭花生長衰弱，危害很大。

防治方法：

（1）**冬前耕翻土地**：將部分成、幼蟲翻至地表，使其風乾、凍死或被天敵捕食、機械殺傷。

（2）**合理施肥**：施用充分腐熟的有機肥，防止招引成蟲飛入田塊產卵，減少將幼蟲和卵帶入蘭花栽培土壤的可能。

（3）**人工捕殺**：施有機肥前應篩出其中的蠐螬，發現蘭苗被害時可挖出根際附近的幼蟲。

（4）**以菌治蟲**：在蠐螬卵期或幼蟲期，每畝用蠐螬專用型白僵菌殺蟲劑1.5～2 kg，與15～25 kg細土拌勻，在蘭花根部土表開溝施藥並蓋土。此法高效、無毒無污染，以活菌體施入土壤，效果可延續到下一年。

（5）**藥劑處理土壤**：在蘭苗移栽前進行土壤處理，每畝用

圖9-23　蠐螬

10%「殺地虎」（二嗪磷顆粒劑）500 g，與15～30 kg細土混勻後撒於床土上或移栽穴內，待蘭苗移栽後覆土。也可用50%辛硫磷乳油每畝200～250 g，加10倍水噴於25～30 kg細土上拌勻製成毒土，順壟條施，隨即淺鋤；或將該毒土撒於種溝或地面，隨即耕翻或混入廄肥中施用。還可用2%甲基異柳磷粉每畝2～3 kg拌細土25～30 kg製成毒土；或用3%甲基異柳磷顆粒劑、3%呋喃丹顆粒劑、5%辛硫磷顆粒劑或5%地亞農顆粒劑，每畝2.5～3 kg處理土壤。

（6）**毒餌誘殺**：每畝地用25%對硫磷或辛硫磷膠囊劑150～200 g拌穀子等餌料5 kg，或50%對硫磷、50%辛硫磷乳油50～100 g拌餌料3～4 kg，撒於蘭苗行間，亦可收到良好防治效果。

（三）蟑螂（圖9-24）

蟑螂分住家蟑螂和野地蟑螂兩種。通常從盆孔鑽入蠶食味甜質嫩的蘭根尖和嫩芽。白天一般躲在蘭盆中或藏於什物間，夜間出來活動。

圖9-24　蟑螂

防治方法：

蟑螂繁殖能力強，抗藥性較大，一般以預防為主。首先要防止其藏在蘭盆中，可在盆底墊一層細孔塑紗網防止蟑螂進入。已經發生時，可將整盆浸入濃度為1000倍液的氧化樂果中5 min以殺死蟑螂。另外，可採用硼酸加白糖配製成糊狀誘殺，還可採用滅蟑靈等藥劑噴殺。

（四）螞蟻（圖9-25）

圖9-25　螞蟻

螞蟻對蘭花的危害主要表現在其經常在蘭盆

中作巢對蘭花的根莖與葉片生長會造成傷害。

防治方法：

可用80％的敵敵畏800倍液澆灌盆底蟻巢，或用其噴施蘭株進行防治，也可選用50％敵百蟲乳油1000倍液浸沒蘭盆以將其殺滅。還可選用80％敵百蟲可溶性粉劑，以1：10的劑量，拌碎花生米、砂糖，製誘餌撒施於盆面誘殺。如果是場地或畦蘭發現有螞蟻爬行，要追蹤其巢穴，用開水淋灌。

第三節　其他有害生物防治

一、蝸牛和蛞蝓（圖9-26）

蝸牛和蛞蝓屬軟體動物，蝸牛有著硬質保護殼，蛞蝓無殼。這兩類動物白天多藏在無光、潮濕的地方，夜間出來活動，特別是在大雨過後的凌晨或傍晚成群結隊出來啃食蘭花幼根、嫩葉與花朵。因其食量較大，常常一個晚上就能把整株蘭花小苗吃光。蝸牛和蛞蝓爬過時，會在蘭株葉片留下光亮的透明黏液線條痕跡，影響蘭花的觀賞價值。蝸牛和蛞蝓冬季低溫時常躲藏於石頭間隙及盆中空隙中。

防治方法：

（1）**人工捕殺和誘殺**。平時注意蘭室內的清潔衛生，及

1.蝸牛　　　　　　　　　　　　　　2.蛞蝓

圖9-26　蝸牛和蛞蝓

時清除枯枝敗葉，一旦發現就及時捕殺。夏季多發季節可採取藥物誘殺，常用藥物是300倍液多聚乙醛、蔗糖50 g、5％砒酸混合300 g，拌入炒香的豆餅粉400 g，製成毒餌，撒在它們經常活動的地方。

（2）地面撒藥。在蘭株周圍撒一薄層石灰或五氯酚鈉消滅蟲源。或在蘭花根際周圍潑澆茶子餅水，或在介質表面撒上8％滅蝸靈顆粒劑、6％聚乙醛顆粒、5％的食鹽水等。

二、蚯蚓

蚯蚓在地栽花卉中對疏鬆土壤、提高土壤的肥力有利，但在蘭花的盆栽過程中由於吞食蘭株幼根，或在鑽洞和來回潛動的過程中會損傷蘭株的幼根，而造成蘭株生長停滯。

防治方法：

（1）在種植前用50％辛硫磷800～1000倍液淋灌植蘭場地，淋灌後用塑膠薄膜覆蓋12 h將其悶殺。

（2）將油茶、油桐渣餅搗碎，在蘭畦基土上密撒一層，然後填鋪培養基質；也可用渣餅碎浸泡液稀釋20倍，淋澆盆蘭或畦地蘭。

3.卵

1.雌蟲　　2.雄蟲

圖9-27　線蟲

三、線蟲（圖9-27）

線蟲，也稱「蠕蟲」。它的體形較小，長不及1 mm。雌蟲呈梨形，雄蟲線形。它常寄生於蘭根，致使根體形成串珠狀的結節瘤凸，小者如米粒大小，大者如珍珠大小（根瘤中的白色黏狀物就是蟲體與

蟲卵）。受害的葉片，常出現黃色或褐色斑塊，日漸壞死枯落；受害的葉芽，多難發育展葉；受害的花芽，往往乾枯或有花蕾而不能綻放。線蟲在土壤中越冬，常於高溫多雨季節從蘭根入侵寄生危害。

防治方法：

（1）**物理消毒**。最經濟便捷又富有實效的方法是夏季在混凝土地面上反覆翻曬培養土，利用高溫殺死線蟲。在無日光可曬的情況下，可用高壓鍋高溫消毒。

（2）**藥劑消毒**。可用40％氧化樂果1000倍液，或80％二溴氯丙烷乳油200倍液，澆灌盆土；還可選用3％呋喃丹顆粒劑，於盆緣處撒施3～5粒；或每50000 g培養基質中拌入5％甲基異柳磷顆粒劑250 g防治。

四、老鼠

老鼠對蘭花的危害主要表現在啃食蘭花幼苗、中苗甚至大苗，以及花芽、花穗、花苞，甚至啃食開花株的假鱗莖，影響蘭株的生長，造成減產或影響觀賞價值。

防治方法：

（1）**器械滅鼠**

利用捕鼠器械如捕鼠夾、鼠籠、套扣、壓板、鐵刺和電子捕捉器等器械進行滅鼠。其優點是對環境無殘留毒害，滅鼠效果明顯，是目前室內廣泛採用的滅鼠方法；缺點是費工、成本高、投資大。現有的器械有百餘種，包括壓、卡、關、夾、翻、灌、挖、粘和槍擊等。

器械滅鼠也需科學方法，如安放鼠籠（夾）要放在鼠洞口，應與鼠洞有一定距離，有時用些偽裝；鼠籠上的誘餌要新鮮，應是鼠類愛吃的食物。

（2）藥劑滅鼠

藥劑滅鼠是指用滅鼠藥配製成新鮮的毒餌在蘭園裡投放，誘使老鼠咬食藥劑後中毒而亡。滅鼠的藥劑包括胃毒劑、薰殺劑、驅避劑和絕育劑等。品種主要有「溴敵隆」、「大隆」、「殺鼠迷」、「殺鼠靈」、「敵鼠鈉鹽」、「殺它仗」等。其優點是投放簡單、工效高、滅效好、見效快，是目前大面積控制鼠害普遍使用的一種滅鼠方法；缺點是易污染環境，如果滅鼠藥使用不慎或保管不當，易引起人、畜中毒。

毒餌要投放於鼠洞附近和鼠類經常出沒的地方，室內每15 m^2 投餌20～30 g，每堆5～10 g。投餌量的多少視鼠類密度高低而增減，鼠多處多投，鼠少處少投，無鼠處不投。為保證滅鼠效果，應做到藥量、空間、時間三飽和，投餌後發現已被全部取食時，應補充投餌以求鼠類種群均能服用致死毒餌量。

（3）藥劑驅避

選用二硫代氨基甲酸鹽類保護性殺菌劑「福美雙」（賽歐散、秋蘭姆）500倍液，噴施蘭株、蘭場。既可防治霜黴病、疫病、炭疽病、立枯病、猝倒病、白粉病、黑粉病、黑星病、褐斑病、腐爛病和根腐病等多種菌病害，又可有效地驅避老鼠、兔、鹿、甲蟲等動物的危害。在蘭場周圍、蘭架下的場地噴施藥液，也有驅避的作用。

（4）生物防治

生物防治是指利用鼠類的天敵捕食鼠類或利用有致病力的病源微生物消滅鼠類以及利用外激素控制鼠類數量上升的方法。目前家庭防鼠主要方法是養貓。

第十章
國蘭栽培技術要點

　　蘭花栽培技術有其共性，但也有個性。不同的蘭花種類和品種，因其自然分佈不同，長期生活的環境有所不同，各自所形成的生物學習性和生態學習性也就有所差異。

　　生物學習性——指蘭花生長發育的規律。即蘭花由種子萌發，經過幼苗、成苗逐步發育，到開花結實最後衰老死亡，整個生命過程的發生發展規律。

　　因此在人工栽培蘭花時，應當針對各種蘭花的生長發育規律和它們對環境條件的不同要求，採取不同的栽培措施，滿足所栽蘭花的生長發育條件，使蘭花茁壯生長，促進花芽分化，讓蘭花年年盛開。

第一節　春　蘭

一、生長開花習性

　　春蘭個體比較矮小，每株葉數為4～6枚，少數可達8枚，生長條件越優，植株越健康，葉數就越多。

　　葉芽每年5月下旬至6月下旬出土（有的在秋季8月中旬也有葉芽出土，但當年不能完成生長，須在次年才能繼續生

蘭花栽培小百科

長）。葉芽出土後有20天左右的緩長期，6月中旬至7月上旬陸續開展葉片，生長逐漸加快；10～11月時，葉片不再增長；一般10月下旬至次年2月為休眠期，葉片停止生長。

花芽出土時間在8月下旬至9月下旬，生長至2～3cm時，暫停生長，進入休眠期。經5個月左右的春化休眠（5℃左右），到1月中旬至2月中旬（少數在2月下旬至3月上旬）開花前10天左右，花莛很快伸長而開花。

二、對環境條件的要求

1. 光照

春蘭怕強光直射，在散射光下生長良好，遮陰度相對要求較高。夏、秋季時遮陰度為70%～80%，春季時遮陰度為50%～60%，冬季時遮陰度為20%～30%甚至全光照。可用黑色塑膠遮陽網進行調節。夏、秋李時用二層遮陽網，春、冬季用一層即可。

2. 溫度

春蘭較耐寒，冬季短期在積雪覆蓋下對開花也毫無影響。冬季室內溫度-2～0℃時也能安全越冬，但以3～7℃時為宜，因為春蘭要在2～5℃經過3～5週時間的春化階段才能開花。夏季要用遮陰、噴水降溫，因為氣溫30℃以上時葉片便停止生長。

在中國沒有明顯冬寒的地區，要使春蘭能年年順利開花的關鍵，在於休眠期給它創造一個低溫的春化條件，完成春化期。然後轉入正常管理，便可正常開花。在中國的最南方地區，冬季氣溫仍然高於10℃以上。給春蘭春化處理的方法是：一般於12月下旬的「冬至」時，把春蘭植株移至完全沒有自然光照，也沒有燈光的通北風的視窗下，放置20～30天就可以

了。如果這個自然環境下的氣溫仍然高於10℃的，只有把蘭株放入冰箱的最下層，讓氣溫保持在5℃以下，零攝氏度以上，放置20天左右，然後移出正常管理，便可順利開花。

3.濕度

春蘭喜濕潤，生長期的空氣濕度應保持在75％～80％，一般情況下應保持在60％～70％，冬季休眠期的空氣濕度應保持在50％左右。在夏秋高溫時，盆栽的春蘭最好放置在簾子或樹蔭下，並增加地面噴水次數，以增加環境濕度。

三、栽培場所

根據春蘭對環境條件「濕潤、散光、通風」的要求，栽培場所要求通風透光，具遮陰設施，防止烈日暴曬、乾燥和煤煙；環境要整齊、清潔，最好在蘭棚內栽培。

四、栽植技術

選用排水通暢的蘭盆，切忌盆內積水。盆土宜用腐葉土或山泥，再摻入1/3的河沙，也可用腐殖土4份、草炭土2份、爐渣2份和河沙2份等混合配製。植料要過篩分出粗、中、細3類（圖10-1）。

種植時先在盆底部的氣孔上蓋一層紗窗，以防螞蟻鑽入做窩而蠶食蘭根，之後在紗窗上再放疏水透氣罩或者鋪蓋2層至3層碎瓦片。然後將蘭花放入盆中，理順蘭根並漸漸加土，先粗後細加至根莖部，並在成為饅頭形時止。最後澆足水，放置於室外暖和的半陰處。

圖10-1　植料過篩

五、水肥管理

1.澆水

平時使盆土保持濕潤，冬季休眠期盆土應偏乾忌濕。在芽和葉片生長期間，盆土保持微濕潤為好。在一般情況下，晚春可半個月澆水一次，夏季晴天可每週澆水一次，秋季可10天澆水一次，冬季及早春可一個多月澆一次水。

2.施肥

要薄肥勤施，切忌施入濃肥或未經發酵腐熟的生肥。除本書第4章介紹的肥料種類以外，在江南水鄉，肥料可用田螺500 g，加開水500 g，浸泡後，裝入塑膠壺密封漚製，經一年漚制後，摻水50倍後稀釋使用。一般在5月至9月中旬，每月施入上述薄肥1～2次。

❀ 第二節　蕙　蘭 ❀

一、生長開花習性

蕙蘭葉片較長，直立性強。每株葉數為5～9枚，常為6～7枚。

葉芽春季5月上旬至6月上旬出土，秋季7～8月也有葉芽出土，但當年不能完成生長。新葉芽出土後有20天左右的緩長期，每年5月下旬至7月下旬展葉，7～10月為葉片生長期，10～11月葉片停止增長，11月至來年2月為休眠期。蕙蘭每苗從出土到生長完成需3年左右時間。

蕙蘭花芽的出土在每年的9月至10月上旬之間，生長至2～3 cm後，暫停生長，大約休眠5個月，要到次年3月中旬至

4月花莛伸長而開花，晚花期至次年5月上旬。蕙蘭的幼蕾俗稱為「鈴」，在開花過程中有排鈴和轉莖的現象出現。這些是欣賞蕙蘭開花的時間依據。

二、對環境條件的要求

1. 光照

古人說「蘭生陰，蕙生陽」，國蘭中蕙蘭是最喜光的蘭花。在光照充足的環境中，植株生長健壯，葉片直挺有神，且富有光澤；在光照不足時，則植株軟弱，葉片細長、下垂、無光澤，開花數減少。但夏天時不宜強烈的直射光線，一般夏季以一層透光率50％～60％遮陽網遮陰較好。冬季透光率可保持80％或全光照。因此蒔養蕙蘭，要重視解決光照問題，為它設置一個類似的生態環境。把蘭盆放在朝東南面向陽的位置上，使它常年享受到充足的陽光。除了夏季、初秋要用遮陽網遮去中午前後的烈日暴曬外，其餘季節都可以讓陽光直曬，以利增強光合作用，加速養料製造，促進植株生長。

2. 溫度

在國蘭中惠蘭是最耐寒耐高溫的蘭花。蕙蘭的生長適宜溫度為15～25℃，夏天不超過38℃，冬天不低於-5℃，生殖生長溫度為10～20℃。蕙蘭較耐寒，只要冬季注意將蘭室門窗關閉，適時用進排風設施通風，保持蘭室的溫度和濕度，不需加溫，也不必加草苫，因為蕙蘭也要經過5℃左右3～5週時間的春化階段才能開花。夏季在棚上60 cm處加一道透光率50％～60％遮陽網防曬降溫，將溫度控制在30℃以下，夜間開窗自然通風，以滿足溫差需求，這樣蕙蘭葉面不發斑、不易燒尖。

3. 濕度

蕙蘭較喜濕潤，生長期的空氣濕度可保持在70％～85％，

一般情況下保持在60%～70%，冬季休眠期保持在50%左右。在夏秋高溫時，可向葉面噴水，並增加地面噴水次數，以增加環境濕度。

總的來說，蕙蘭喜光照畏陰暗，喜通風畏閉塞，喜疏鬆畏板結，喜叢生畏分單，喜薄肥畏濃熱。

三、栽培場所

根據蕙蘭要求「光足、濕潤、涼爽、通風」的環境條件，栽培地點要求通風條件好，具備遮陰設施，最好在蘭棚內種植，盆栽要有蘭架。

四、栽植技術

蕙蘭要用深盆、大盆深栽，一是因為蕙蘭假鱗莖較小，腳甲高，栽得深一點不會因此而爛芽爛苗。實踐中深栽比淺栽的蕙蘭長得好，發的新苗壯，容易起花。二是蕙蘭的根粗壯且長，一般養春蘭的小盆不能滿足蕙蘭的生長需要，故要採用較深大的蘭盆，且多叢栽一盆。養蕙蘭要3苗以上連體栽培，3苗以下不易成活，這一點非常重要。栽種前花盆要清洗，新盆要浸泡退火（圖10-2）。栽種時選用原產地林下的腐葉土5份、沙泥1份混合作為栽培基質。也可用腐殖土4份、草炭土2份、爐渣2份和河沙2份等混合配製。栽時將蘭根放在消毒液中消毒，取出晾乾後，先在蘭盆內放置一定數量較粗的底土，然後用一隻手握放好蘭株，另一隻手邊加植料，邊搖盆體，待植料加到一定程度時，用手指輕壓蘭盆周圍的土，保持盆土疏鬆，有利於蘭根儘快恢復正常生長。

圖10-2 花盆清洗退火

五、水肥管理

1. 澆水

蕙蘭的假鱗莖小，需要保持盆土濕潤。但它是國蘭中最耐乾旱的蘭花，它有粗長的根，具有一定的保水性，能應付4天左右的短期乾旱，所以保根是植好蕙蘭的重中之重。一定要認識「秋不乾，冬不濕」的意義。初秋晴日多，炎熱未盡，空氣乾燥，增大空氣濕度是防止蘭葉焦尖最有效的辦法。注意在3月份要扣水，讓盆土乾透，這樣能促進新芽萌發。一般蘭花在7月扣水能促花芽，蕙蘭在3月扣水發苗率更高。平時盆土保持濕潤即可，注意秋季不可缺水，冬季要相對乾燥。

2. 施肥

蕙蘭沒有蘆頭，但是葉片多、消耗大，比其他地生蘭更喜肥，因此是國蘭中需肥水平最高的。蕙蘭施肥要勤，但要薄肥勤施，最好施稀薄液肥，每年3月初至10月初，澆一次稀釋腐熟有機肥，生長期每10天噴一次「蘭菌王」，8～11月每隔15天噴一次「花寶3號」或「磷酸二氫鉀」，交替使用，以促花蕾。除正常施肥以外，對新栽蕙蘭植株，在新根未生出前一週可向葉面噴灑800倍液磷酸二氫鉀，生根後每半月噴一次，常年不間斷，這樣可促進其葉芽和花芽分化。

❋ 第三節　建　蘭 ❋

一、生長開花習性

建蘭葉片稍寬，每株葉數為2～5枚，多數情況下為3枚，生長條件好的可達6～7枚。

蘭花栽培小百科

　　建蘭的新芽一般在中秋過後開始孕育。假鱗莖出芽率較高，3代以內強壯的假鱗莖，多數可發兩個新芽。蘭苗新芽的粗壯與否，主要取決於母苗的健壯與養分積蓄，一般春芽較秋芽壯。葉芽每年2月下旬至3月中旬出土，新芽長至5 cm時有近一個月的緩長期，此時正是子株長根和母株分化花芽期。4～5月新葉芽的根長至2公分以上時便有了自供自給養分的能力，也就進入了伸長展葉期。4月下旬至5月中旬開始展葉，6月以後進入葉片伸長期，10月葉片停止增長。

　　建蘭的花芽出土時間在每年6月上旬，花芽無休眠期，花莛出土後逐漸伸長，經25～30天即可陸續開花，花莛直立，長30 cm左右。建蘭花期因品種和環境的不同而有多種多樣，有不少品種一年可開2～4次。有的在秋季，也有的在春末、夏季和初冬。因花期能跨越四季，故又名「四季蘭」。

二、對環境條件的要求

1. 光照

　　建蘭喜光但怕強光直射，在散射光下生長良好，具半蔭性的特性。夏、秋季光照強烈，可用黑色塑膠遮陽網，控制50％～70％的遮陰密度，春、冬季可以全光照或掌握30％～40％的遮陰密度。

2. 溫度

　　建蘭生長的溫度範圍較廣，最適溫度為18～22℃，最高不超過35℃，冬天不低於5℃，生殖生長溫度為14～25℃。冬季一般適合在14℃以下，5℃以上的溫度下休眠。溫度低於2℃時要注意防霜凍，以防凍傷。

　　在夏季，氣溫超過30℃便會停止生長。所以，高溫期要用遮陰、噴霧等方法，將白天溫度調控在28℃以下，夜間溫度調

控在18℃以下，以確保蘭株的正常生長。

3.濕度

建蘭較喜濕潤，生長期的空氣濕度可保持在60％～70％，夏季偏高，春秋季偏低，冬季休眠期保持在50％左右。

在夏秋高溫時，可採取遮陰、向葉面和地面噴水的方法來增加環境濕度。

三、栽培場所

建蘭要求「溫暖、濕潤、光足、通風」的環境條件。栽培地點要求光照充足，通風條件好、水源清潔，蘭棚敞亮，具遮陰、通氣、防風設施。

四、栽植技術

建蘭喜酸性土，要選用以腐葉土為主料的酸性培養土栽植。栽植時要根據建蘭喜叢植的特點，視花盆大小，以8～13株一盆為宜。先將疏水透氣罩放入蘭盆，再選蘭苗3～4叢，呈三角形或梅花形放置（圖10-3）。然後，一手扶葉，一手添腐葉土，添土至根部一半時，需將蘭苗輕輕往上提，目的是使根系舒展。添土至根際部時，根據根的長度、盆的高度以及確定提起的高度，至假鱗莖略高於盆面位置時為好，同時搖動花盆，讓泥土與根緊密相連，再輕輕壓實。種好後，不要急於澆水，隔1～2天再澆定根水，置於蘭棚內正常養護。

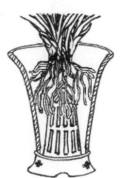

圖10-3
蘭株入盆示意

五、水肥管理

1.澆水

建蘭喜濕潤忌水漬，有較強的耐旱性。栽培時

把握基質粗糙和環境保持通風是非常重要的，它的需水量以濕潤為佳。建蘭的根系粗大，假鱗莖圓大，能貯藏較多的水分和養料，能在缺水情況下存活15天左右。用蘭花泥為主料栽植的，要牢記「寧乾勿濕」的原則；用無土栽培法栽植的，由於粗植料保水性能差，要堅持「寧濕勿乾」的原則。具體澆水量應根據季節、天氣、苗情而定，儘量做到盆土潮潤而不濕，微乾而不燥。

2. 施肥

建蘭喜淡肥勤施，忌濃肥驟施，它的需肥量比其他蘭要大些，在生長期可以10～15天施一次淡薄肥。建蘭施肥可以根據一年中植株生長情況而定，總的原則是淡肥勤施。

在春季回暖時可施「催蘇肥」，多用「施達」500倍液或「花寶4號」1000倍液噴灑葉面；在施「催蘇肥」後的3周，可用同樣的方法噴施一次「催芽肥」；當葉芽出土後可用磷酸二氫鉀1000倍液噴施「促花肥」；在5月上旬可用腐熟的人尿100倍液澆施一次「助長肥」；在開花期可用「高樂」500倍液噴施葉面作為「坐月肥」。

❀ 第四節　墨　蘭 ❀

一、生長開花習性

墨蘭葉片寬大，每株葉數3～5枚。

葉芽每年2～3月萌發，4～5月新芽出土；5月下旬至6月下旬展葉，7～10月為葉片伸長期，以7～9月生長最快；11月以後葉片基本停止生長，10～11月新蘭株漸趨成熟，蘆頭增大，花芽開始分化。

花芽出土時間在每年8月中旬至10月，秋花型的墨蘭出土

時間較早，報歲型的出土時間較晚。花芽在9～12月繼續生長，休眠1個月後，於9月下旬至次年2月開花。

二、對環境條件的要求

1. 光照

墨蘭較耐陰，是典型的陰性植物。如果陽光過強，會產生日灼害。墨蘭在散射光下生長良好。可利用黑色塑膠遮陽網進行光照調節，冬春宜有60％～70％的遮陰密度，夏秋宜有85％～90％的遮陰密度。8、9月份高溫酷暑，如遮陰不夠，供水不足，容易被烈日灼傷，造成葉片「燒邊」或焦尖。

2. 溫度

墨蘭的生長適溫為25～28℃，休眠期適溫為白天12～15℃，夜間8～12℃。它不適宜在3℃以下的低溫環境中生存，即使是在短暫性的2℃以下的低溫也會產生凍害。所以墨蘭與冬季怕暖的春蘭習性正好相反。冬季蘭棚內的溫度要求白天有10～12℃以上，夜間有5～10℃以上的溫度。如果溫度低於2℃，花莛、花蕾發育受阻，易被凍爛；溫度低於0℃時，基質偏濕，空氣濕度高，將會全株被凍爛。所以，在酷寒地區需要密切注意保溫防凍。由於酷寒地區冬季居室多有採溫設施，一般把它移入居室內避西北冷風襲擊便可。在夏、秋季節要用遮陰和噴霧的方法降溫，以確保墨蘭的正常生長。

3. 濕度

墨蘭原生於雨水充沛的南方林野，喜濕而忌燥。生長期的空氣相對濕度要保持在65％～85％，冬季休眠期也應保持在50％左右。在夏秋季節，高溫容易引起空氣乾燥，要多向地面噴水，還要利用噴霧增加空氣濕度，同時注意蘭棚的遮陰降溫。如基質表面偏乾，就需儘快澆水，切勿偏乾時間過久。

三、栽培場所

墨蘭屬半陰性植物，要求「溫暖、濕潤、散光、通風」的環境條件。栽培地點要求通風良好，光照充足，具遮陰、保暖、噴霧等設施。

四、栽植技術

圖10-4　填腐殖土

腐殖土是栽培墨蘭的優良盆栽用土。在北方栽培墨蘭，一般都用腐葉土5份、沙泥1份混合而成；也有用腐殖土4份、草炭土2份、爐渣2份和河沙2份等混合配製。種植前先在盆底排水孔上面蓋以大片的碎瓦片，並鋪以窗紗，接著鋪上山泥粗粒，即可放入蘭株（蘭株根系的分佈要均勻、舒展，勿碰盆壁）。然後往盆內填加腐殖土埋至假鱗莖的葉基處(圖10-4)，並在泥表面再蓋上一層白石子或翠雲草，既美觀又可保持表土濕潤。

接著用盆底滲水法使土透濕後取出，用噴壺沖淨葉面泥土，放置於蔽陰處緩苗，一週後轉入正常管理。

五、水肥管理

1.澆水

平時保持盆土濕潤即可，不要澆水過勤，切忌盆內漬水。用噴壺給墨蘭澆水時，不要將水噴入花蕾內，以免引起腐爛。夏季切忌陣雨沖淋，必須用薄膜擋雨。

澆水時間，夏秋兩季在日落前後，入夜前葉面以乾燥為宜；冬春兩季，在日出前後澆水最好。

2.施肥

墨蘭的葉與假鱗莖均含有大量的磷，其老根也有極強的吸

收磷的能力，因此墨蘭的需磷量較少；墨蘭株粗葉闊，對氮的需求較大，也需要較多的鉀素營養。

株葉的木質素與纖維素能有效地增多而增強株葉的支撐力，不至於軟弱不支。因此墨蘭對肥料三要素的適合比例為氮35％：20％：45％。

墨蘭施肥「宜淡忌濃」，一般從春末開始，至秋末停止。施肥時以氣溫18～25℃為宜，陰雨天均不宜施肥。肥料種類，有機肥或無機肥均可。

生長季節每週施肥一次。秋冬季墨蘭生長緩慢，應少施肥，每20天施一次，施肥後噴少量清水，防止肥液沾汙葉片。施肥必須在晴天傍晚進行，陰天施肥有爛根的危險。

第五節　寒　蘭

一、生長開花習性

寒蘭每株葉數為2～5枚，多數為每株3枚，實生苗每株常為2枚，生長條件優越者可每株達7枚。

寒蘭葉芽每年4月下旬至5月上旬出土，葉芽出土2～3cm時，有20天左右的緩長期；6月中旬前後新芽伸長展葉，6月下旬至10月為葉片伸長期，以7～10月初生長最快；10月中旬以後葉片逐漸停止生長。總共經4個半月左右時間新葉發育成熟。

寒蘭花芽出土時間在每年9月下旬，出土後花莛即繼續伸長，經50天左右生長發育，至11月中旬陸續開花。

但春寒蘭的花期在2～3月，夏寒蘭花期在6～9月，秋寒蘭花期在8～10月。

二、對環境條件的要求

1. 光照

寒蘭喜陰濕。在光照強的夏秋高溫季節，要特別注意用雙層遮陽網遮陰，遮陰度達80％～90％。冬春季節可以全光照養護。

2. 溫度

寒蘭生長最適宜溫度為20～28℃，生殖生長溫度為14～22℃。最高不要超過30℃，最低不要低於0℃。所以寒蘭其實並不耐寒，冬季要做好防風、防凍工作。秋冬時期，要避免大風勁吹，霜凍期間應遮蓋保暖。當氣溫高於30℃時，寒蘭會停止生長，所以夏秋高溫季節時，要注意遮陰降溫。

3. 濕度

寒蘭喜濕潤，在空氣濕度合適的情況下，葉面油亮翠綠，易養出全封尖的上等苗。在生長季節要保持白天65％～75％，夜間不低於80％的相對濕度，可採用加濕機、自動噴霧器、掛水簾、地面灑水、設水池或水盆增濕等措施。但濕度大時應切記經常保持通風。

三、栽培場所

寒蘭屬半陰性植物，要求「暖和、濕潤、散光、通風」的環境條件，特別需要空氣清新、無污染的生長環境。栽培地點要求通風好，具有遮陰設施。

四、栽植技術

栽種時選擇高腳紫砂蘭盆，消毒後先放入疏水透氣罩，然後於盆底1/3處用粗顆粒的磚塊墊底，中部以腐殖土、粗木

屑、植金石、磚粒拌和至盆1/3，上部以米粒大小的風化石、磚粒拌和少量腐殖土即可。摻有一定數量山泥（腐殖土）的混合料所養的寒蘭長勢最好。較適合栽培寒蘭的植料配方：塘基石或植金石（也可用其他硬植料或河沙代替）40％，山泥（最好是蘭花原生地的黑色腐殖土）35％，栽過食用菌的菌糠或廢木屑（經太陽暴曬或消毒）15％，蛇木（或用蕨根代替）10％混合而成。植種要求疏鬆、透氣、利水、保溫性能強。

五、水肥管理

1. 澆水

寒蘭的假鱗莖明顯而較大，根細長而深紮，相對較耐乾旱，宜盆表面土偏乾4天左右澆水為好，切忌澆半截水。寒蘭忌水漬喜葉濕潤，喜歡盆土稍乾的環境，要嚴格控制澆水。平時儘量做到盆土潮潤而不濕，微乾而不燥。無論大盆還是小盆，一般晚春8～15天澆水一次，夏季晴天4～6天一次，秋季5～10天一次，冬季及早春可20餘天甚至一個多月不澆水。為了便於大小盆相對統一管理，可大盆多栽苗，小盆少栽苗；根系發達的用大盆，根差的用小盆；也可用壯苗帶弱苗，珍稀名品用一般品種陪植的方式。這樣做既符合蘭花喜歡聚生的習性，積聚蘭菌利於生長，又可基本上達到大小盆的澆水週期相同。盆土以「見乾見濕，澆即澆透，平時稍乾」為原則。

2. 施肥

大多數寒蘭因假鱗莖相對較小，儲存的養分有限，再加上易開花且葶高花多朵大，消耗養分較多，故栽培寒蘭熟草壯苗，換盆時最好能添加少量基肥。植料中拌入1％左右經腐熟發酵滅菌的豬糞最有利於寒蘭生長開花。但剛下山的生草，或新購草及根系不完好的弱苗切不可急於施肥，否則必遭肥害。

圖10-5　澆施肥料

另外，磷酸二氫鉀、「蘭菌王」等交替使用作葉面施肥，每隔7～10天一次，新芽成長期可加適量尿素，新苗成熟期再噴2～3次高鉀肥促使假鱗莖增大。為了使各種養分更均衡，每年4～6月及9～10月每月可增施一次稀薄有機肥，施肥時可用小水壺沿盆邊慢慢澆，不要澆到葉面上（圖12-5）。同時要切記寧淡勿濃，防止造成肥害。也可在每年4～6月葉面噴施含氮量高的化肥，如「花寶4號」，「B1催芽劑」等。每年8～10月期間噴施含磷鉀的化肥，如「開花肥」、「花寶3號」、磷酸二氫鉀等。

第六節　春　劍

一、生長開花習性

春劍葉片較長，直立性強。每株4～7枚葉，少數可達到8枚。

春劍葉芽每年5月中旬至6月下旬出土，秋芽每年8月下旬出土，但當年不能完成生長。新葉芽出土後有20天左右緩長期，5月中旬至7月上旬陸續開展葉片，生長逐漸加快；6～10月為葉的伸長期，10～11月時，葉片不再增長；11月至來年2月為休眠期。春劍每苗從出土到生長完成需1年左右。

春劍花芽出土時間在每年8月下旬至9月下旬，生長至2～3 cm時，暫停生長，進入休眠期。春劍需要5個月左右的時間春化休眠，春化期間所需的低溫在5℃左右。到1月中旬至2月中旬（少數在2月下旬至3月上旬）花莛在開花前15天左右

很快伸長而開花。開花期為每年的2月前後，初花期為元月，晚花期3月，盛開期為2月中旬。

二、對環境條件的要求

1.光照

春劍屬於半陰性植物，在生長季節怕陽光直曬，需適當遮陰。秋冬季節可去網開窗，多照陽光促其生長。5月除中午陽光外，還可照6 h；從6月開始，全天候遮陰，遮陰度為65％～75％。「蔭多葉好，陽多花好」，10月以後，可以不用遮陰全敞開養護，以利花芽養分積累。

2.溫度

春劍的生長適宜溫度為18～28℃，夏天不超過35℃，冬天不低於-2℃，生殖生長溫度為8～18℃。春劍稍耐寒，冬季入房保持2℃以上室溫即可安全越冬，不要特別加溫。在冬季休眠期間，春劍需要5℃左右的低溫下保持3～5週的春化時間，溫度過高反而不利於開花。在晴天無風中午前後，朝南面或東南面要開窗、拉網通風。

春劍生長期間氣溫高於35℃時便會停止生長甚至出現生理性病害，所以夏秋季高溫時節要注意遮陰、噴霧降溫。

3.濕度

春劍原生長在空氣濕潤的環境中，生長期需要保持55％～70％的空氣濕度。冬季休眠期空氣濕度不要低於50％，生長期最好空氣濕度應保持在70％左右。所以乾旱季節裡，除需遮陰外，還必須傍晚噴霧，增加空氣濕度，降低溫度；也可向盆蘭地面（檯面）上澆水。蘭盆最好放在蘭架上，若放置在地面上，要鋪設吸水性強的紅磚；居家陽臺也可以用白鐵皮製小水罐貯水墊上磚頭蒔養，增加濕度。

三、栽培場所

春劍屬半陰性植物，要求「濕潤、散光、通風」的環境條件。栽培地點要求光照充足、通風好、環境清潔、無污染，具遮陰、噴霧、擋風等設施。

四、栽植技術

圖10-6　綁支柱

栽植春劍原則上要用新盆，如用舊盆應當用消毒劑消毒後再使用。選擇的植料必須要求通氣、排水良好；春劍因假鱗莖較小，不易成活，栽植時最少要3株為一體，不可少於2株。蘭花入盆根部要向四面八方均勻展開，使每條根都能接觸植料，還要注意把新芽擺在盆的中央，將來新芽長大開花時便可居中。

春劍不可深植，深植基部長期潮濕會腐爛。種植時，將植料填充根部，基部或假球莖必須露出，不可埋入植料裡面。蘭株不深植，會有蘭苗立不穩的現象，因此栽植時必須用支柱，綁線或利用吊鉤當支柱加以固定（圖10-6）。填埋植料時要稍壓緊，正確的方法是從兩側壓實，不是從上面重壓。

新苗在栽植時根部可能受傷，所以栽後3～5天內不能澆水，促進新根恢復生長。栽植好的蘭株應放置於暖和而遮陰的地點，同時噴霧提高空氣中的濕度，直至蘭株恢復正常生長。

五、水肥管理

1. 澆水

春劍性喜涼爽，它的假鱗莖和粗根都具有一定的保水性，能應付6天左右的乾旱。栽培養護期間盆土不宜過濕，開花時

間和生長期適當多澆水，休眠期宜少澆水。春劍澆水以雨水和泉水為好，自來水或淘米水需隔夜使用。春劍宜用深筒素燒瓦盆栽培，澆時從盆邊澆，不可澆入花苞內。

　　澆水量應按照氣溫、盆土乾濕程度及蘭草生長情況而定。每年4～5月新芽尚未出土時，盆土宜乾一些，如過濕新芽易腐爛；每年6～9月為春劍新葉生長期，澆水量要增加。晴天要在清晨澆水，切忌中午烈日時澆水；秋天時酌情減少水量，可採用葉面噴霧水，保持盆土潤濕為好；冬季更應控制水量，保持「八成乾，二成濕」為宜。

2. 施肥

　　給春劍施肥要視所選盆土及生長情況而定。新植上盆根未發全的新苗，需經1～2年後方可施肥。年年翻盆的盆土，基質養分充足，不宜施肥。隔年春劍，可在開花和萌芽前後，用0.1％的磷酸二氫鉀兌水施用，對弱苗可適當加點氮肥施用。

　　春劍施肥，宜淡不宜濃，最忌過量。在5～6月當蘭花葉芽伸長約1.5 cm時，每隔3週施一次腐熟的液肥（濃度以稀為宜約10％）。忌用化肥，如遇高溫季節不宜施肥，8～9月每隔2～3週施一次稀釋液肥。每次施肥宜在傍晚進行，第二天早晨要澆「還魂水」。

第七節　蓮瓣蘭

一、生長開花習性

　　蓮瓣蘭葉片細狹但較長，每株6～9片葉。

　　蓮瓣蘭葉芽每年5月中旬至6月下旬出土；5月中旬至7月上旬陸續開展葉片，生長逐漸加快；10～11月時，葉片不再增

長，進入休眠期。

蓮瓣蘭花芽普遍在每年8～9月開始孕育，視各地氣候的差異，多數在9～10月出土，經過一段時間的營養積蓄，在12月至次年3月開花。花開歷時一個多月。

圖10-7　遮陰養護

二、對環境條件的要求

1.光照

蓮瓣蘭喜歡半陰半陽的環境，在生長季節，朝陽的照射效果顯著，全天中光照只要2～3 h就夠了，所以一般情況下都要在遮陰的環境下養護（圖10-7）。冬春季節最好全光照栽培。

2.溫度

凡冬季氣溫在–5℃以上，夏天35℃以下的環境都適宜蓮瓣蘭的生長。在0 ℃以下進入休眠期。生長季節最適溫度在16～18℃之間。

3.濕度

平時生長季節空氣濕度以65％～75％為宜，冬季應保持40％～50％之間的空氣濕度。

三、栽培場所

蓮瓣蘭喜歡濕潤、陰涼、通風、透氣、養足、酸鹼適中、偏陰的環境，怕接觸含油煙的氣體和有毒空氣。

栽培場所一定要空氣流通，不能窩風，產生悶熱的感覺，同時要有遮陰、噴霧等設施。

四、栽植技術

使用盆缽以瓦質、泥質及紫砂的為好。上盆前必須清理一

下盆底孔，然後用濾水器或凸形瓦片、蚌殼、小塊栗炭、腐朽櫟樹乾等填在盆底，填20毫米左右的厚度，確保根系即使水分過多時，也不會積水糟根。上盆用的基質以腐葉土為最佳，其次是其他腐葉土。腐葉土可以從山上採集來，也可以人工腐化而成。但是全用腐葉土種植，隨著澆水和花盆的搬動，腐葉土會慢慢地下沉，植料的通透性就會逐步變差，因而出現爛根和焦尖。較為理想的配方是60％的腐葉土加40％的顆粒植料，植料不宜過細。餘下部分的2/3的盆內空間，用發酵過的腐葉土混合填入，並使填料與根系充分接觸。最後剩下1/3的上部空間，用稍細一點的混合土覆蓋。

盆栽時儘量避免重壓，因為腐熟的腐葉土又細膩又柔軟，如果過於壓緊，形成土粒間密度過大，吸水過多，容易造成蘭根透氣性差，致使蘭根缺氧而爛根，所以，應相對粗鬆一點，保持盆上落根就行。具體方法是先放一定較粗的底土，然後用一隻手握放好蘭株，另一隻手邊加料邊搖盆體，待料加到一定程度時，用手指輕壓蘭盆周圍的植料，做到既確保植料充分落根，又要保持盆上寬鬆，這樣就有利於蘭根儘快恢復正常生長。上完盆後，選一個晴天上一次定根水，最好透泡一次，再輕輕撳實盆內沿及植株周圍的土，鋪上盆面材料，如水苔、彩色小石、翠雲草等，選陰涼通風之處放置半月左右，然後再重新定位，進入正常管理。

五、水肥管理

1. 澆水

蓮瓣蘭養護的難點就是澆水，水分供應不正常很容易導致葉片「燒尖」。給蓮瓣蘭澆水的方式因季節、氣溫、日照、盆體、通風等條件的不同而不同，可靈活採用全泡、半截泡、平

時澆、早晚噴霧等方法。一般採用全泡與葉面噴灑相結合的方法，半月至一月要泡一次，看盆體的實際狀況用全泡或半截泡。一般待腐葉土乾透時，把盆體置於水中，水面比盆邊低3～4 cm，浸泡1～2 h即可。

栽種蓮瓣蘭選用的多是高腰盆，植料是腐葉土，其含水量大，水分不易散發，平時要少澆水，掌握「不乾不澆，澆則澆透」的原則，使盆土上下乾濕均勻。由於蓮瓣蘭原生長地的氣溫相對低、濕度大，平時除了澆水外，更需要噴水，以增加空氣濕度。平時每隔3～4天進行一次葉面噴水，使葉面剛好被水淋濕為好，不要把水淋進葉芽。冬春季泡水應在日出前，夏秋季應在日落後進行。噴水只在當天氣溫較高以及日出以前和日落以後進行，這時氣溫和水溫相近，可避免陽光照射或高溫時向蘭葉噴水灼傷葉芽。要使盆土保持常潤的狀態，冬季可適當偏乾一點，以適應休眠的需要。

2. 施肥

腐葉土由於營養全面並且充足，一般不需要單獨施肥，一般1～2年換一次腐葉土就足夠供給蘭花養分。為使蘭株更壯更美，可以施以氮、磷、鉀及微量元素為主的肥類，但是施肥一定要淡，因為腐葉土裡肥足而蓮瓣蘭不需要過多的肥料。施肥一定要與季節和天氣相配合。

在一年當中，可以從3月開始，施肥用量由少到多，重點放在5～9月當中進行，因為這幾個月氣溫直線上升，蘭株吸收肥料的速度隨溫度的升高而加速。9月以後，要遞減或停止施肥。一天當中，施肥最好選擇在晴天上午，施肥後的第二天再補給一次清水就行了。在泡盆時，適當摻進一些肥水也是一種簡便易行的辦法。春夏兩季可選在晴天上午10點以前，用0.1％的液態肥對葉面噴霧施肥，每半月一次。

第十一章
每月養蘭花事

一月花事

（一）**防凍保暖**。一月是一年中最寒冷的時期。蘭室應緊閉窗戶，防止寒流侵襲，千萬不能讓蘭盆結冰。有條件的蘭房可加溫，但需注意加熱溫度不可過高，以夜間5℃、白天10℃為宜。不可用煤爐加熱，以防煤氣傷苗；如用空調器加熱，應用水空調，可增加蘭房濕度。

（二）**通風換氣**。如天空晴朗、氣溫較高、溫暖無風時，可在溫度允許的範圍內（10℃以上），打開南面的窗戶換氣，時間在上午11點至下午2點之間。

（三）**科學澆水**。如盆土乾透可適當澆水，但只需濕潤即可，不可澆得太多。澆水宜在晴天的上午進行，澆水要注意水溫和氣溫相接近。

（四）**葉面噴肥**。此時蘭花處在休眠期，不可根施肥料。可向葉面噴施生物菌肥1～2次，宜在晴天上午操作，以利蘭株吸收。噴施量不可太多，以葉面濕潤為度，否則會引起葉心腐爛。

（五）**防治病蟲**。本月宜殺蟲、滅菌各一次，亦在晴天上午進行操作。應注意藥液宜淡，且噴霧量不宜太多。

（六）觀芽摘蕾。對繁殖增苗的蘭花，需摘除花蕾，積累養分，明春發芽可提前60天，並形成正春的粗大壯芽。若需要賞花的蘭花，可儘量讓其開花，且不要翻盆。

二月花事

（一）防凍保暖。本月平均溫度比上月略高1～2℃，但仍時有寒流侵襲，天氣仍然很冷，蘭花養護仍以防凍為主，具體做法和上月基本相同。

（二）通風透氣。蘭花進房時間較長，如果長期不通風，加上蘭房密封濕度大，蘭盆及植料極易發黴生斑，嚴重者會引起爛根。解決辦法是選擇晴天中午打開南面的窗戶，換進新鮮空氣。

（三）增加光照。光是蘭花春季萌發葉芽的重要條件之一，且可以增強蘭株抵抗病害的能力。如盆數不太多，可在晴天中午將蘭盆搬出，放置於避風向陽處曬一曬。但室內蘭花忌高溫悶熱，如遇陽光強烈仍需遮陰。

（四）盆土保濕。為避免盆泥燥裂，可適當澆水，但不可當頭淋澆，亦不可過濕，時間仍以上午或中午為宜，注意水溫和室溫要相近。

（五）葉面施肥。由於大地回春，蘭芽開始萌動，可施極稀薄的肥料。但禁止根施肥料，仍以葉施無機肥或生物菌肥為主，以促進新芽活力，保證新芽生長的營養需求。

（六）蘭場消毒。殺蟲滅菌每10天進行一次，需在晴天上午進行；藥劑量不能噴得太多，以免灌入葉內爛心。同時對蘭具、蘭場進行全面消毒。

（七）蘭株修剪。本月春蘭盛開，已欣賞過的蘭花要及時剪除，以免消耗過多養分，影響新芽萌發。對殘枝敗葉及焦尾

葉尖應及時剪除，以保證蘭叢清新，提高觀賞效果。

（八）**分株換盆**。本月下旬起是分株換盆的大好時機，但翻盆後勿使光照，否則易倒老草，需陰養一週後方可光照。

（九）**展蘭購蘭**。本月春蘭展進入高潮，要爭取參加蘭展，交流經驗，同時也是挑選和購買蘭花、發展蘭苑引進品種的大好時機。

三月花事

（一）**注意防寒**。本月天氣漸暖。但因天氣多變，常有陰雨，霜雪還沒有斷，仍要注意防寒，遇有倒春寒仍需採取防凍措施。

（二）**避風遮雨**。無蕊蘭花可在天暖穩定後出房，但必須放置在面南、朝陽、背風之處。本月降水量較大，已出房的蘭花，如遇春雨可任其淋之，淋一次春雨勝施一次肥。但如遇連綿春雨，需採取遮雨措施，長期淋雨不僅會產生水傷，造成爛芽，而且易生黑斑病。

（三）**增加光照**。遇晴朗天氣多讓蘭花接受光照。光是萌發葉芽和花蕾的重要條件，有良好的光照才會有理想的新株。光可以增強蘭葉的剛性，且可增強蘭株抵抗病害的能力。

（四）**通風降溫**。室內蘭花忌高溫，如遇豔陽高照、高溫又無風的情況下，可開啟窗戶或排吸系統通風降溫，使溫度、濕度達到理想狀態。

（五）**防治病蟲**。本月蟲、菌開始活動，殺蟲滅菌處於一年中最關鍵的時期。治蟲可用氧化樂果，或殺滅菊脂；殺菌可用多菌靈，或甲基托布津。

（六）**科學澆水**。本月起澆水時間改為早上，不可中午澆水；水溫要和氣溫相近，防止冷水傷苗。本月起澆水量可稍

大，不宜偏乾。

（七）蘭株修剪。已欣賞過的蘭花要及時剪除，勿使其消耗過多養分，花後抓緊補充養分，促使其早發芽、多發芽、發壯芽，以提高經濟效益。

（八）分株換盆。本月是分株換盆的最佳時機，即使老株分開後亦能很快發芽。但分盆後勿使光照，陰養一週後再轉入正常管理。

（九）合理施肥。本月對已出房的蘭花可進入週期性的施肥階段，每10天施一次氮、磷、鉀肥分齊全的肥料。但需翻盆的蘭草可不施肥。

（十）展蘭購蘭。本月蘭展進入高潮，市場交易熱烈，是購買蘭花發展蘭苑的最好時機。

四月花事

（一）盆花出房。本月天氣暖和，霜雪基本停止。所有盆花均可出房，有花蕙蘭在布篷下養護，不必擔心寒冷，即使有寒流，時間也不會很長，不會影響蘭花生長。尚未出房的蘭花要打開全部窗戶，以利通風透氣。

（二）調節光照。本月蘭花可以接受全光照，一般情況下不必遮陰，儘可能的使其多受陽光的照射，但必須做好搭棚遮陰的準備工作。如遇高溫天氣，光照過強的中午時分仍需適當遮光。

（三）水分管理。本月雨水很多，要防盆內過濕或積水，否則要引起爛根。如逢大雨或連續陰雨三五天，要移避或遮雨。反之如天晴較久則需要澆水，但不可太多。澆水時間改為早上或傍晚進行，水溫宜於氣溫相近。

（四）防治病蟲。由於氣溫漸高，易滋生軟腐病、黑斑

病、炭疽病，可使用有強力效果的殺菌劑（甲基托布津、多菌靈、可殺得）噴、澆交替進行；用殺蟲劑（氧化氯果、三氯殺蟎醇）撲殺或預防介殼蟲、紅蜘蛛等害蟲，同時夜間捕捉蝸牛、蛞蝓等害蟲。

（五）**分株翻盆**。本月是分株翻盆的最好時期，換植料時宜小心，勿使新生小芽受害。

剛分株上盆的蘭花應置陰涼之處，待一星期後再正常管理，換盆分株工作最好在本月結束。

（六）**合理施肥**。本月可對出房的蘭花施肥，根施以有機肥為主，宜稀薄，時間亦宜在傍晚進行，第二天早上一定要澆「還魂水」。葉面施肥以氮肥為主，為防蘭葉瘋長，以0.1％的尿素加0.1％的磷酸二氫鉀混合使用較適宜；有條件的最好噴施生物菌肥，如「蘭菌王」、「促根生」、「植全」、「喜碩」等。施肥最好根施、葉面噴施輪流進行，以每週一次為宜。

（七）**展蘭購蘭**。蕙蘭展一般在本月上旬舉辦，需積極參加。同時把握機遇，進行引種購買或交換，以增加品種。

五月花事

（一）**遮光降溫**。本月溫度漸高，日光漸強，可適當用疏網遮光。本月上中旬從上午10時起放簾，下旬起從上午8時起即放簾遮陰。

（二）**遮風避雨**。本月冷暖空氣仍時常交替，可引起持久的雨季，日照少，濕度大，對蘭花生長不利。勿使蘭盆積水，短期小雨可任其淋之，如遇大雨則要遮擋。

（三）**科學澆水**。如天氣晴好，盆內水分蒸發快，澆水量應酌增，防備盆土乾燥，新芽枯尖，影響子芽生長。由於本月

新芽出土開叉,嫩葉逐日生長,要保護嫩芽,澆水、噴霧須謹慎,勿使芽內積水腐爛。

(四)合理施肥。本月是蘭花生長旺季,大部分子芽開始破土或即將破土。為使新芽苗壯,需對蘭花進行追肥,以根施有機肥為好,但需薄肥勤施,且施肥宜在傍晚進行,第二天早上須澆「還魂水」。亦可根外追肥,可施無機肥,以0.1%的尿素加0.1%的磷酸二氫鉀噴施。

本月起由於光照強、溫度高,為防肥害第二天早上應噴水洗葉。亦可噴施生物菌肥,如「促根生」、「植全」、「蘭菌王」、「喜碩」等。最好是有機肥、無機肥和生物菌肥交替進行,每週一次。

(五)防治病蟲。本月由於陰雨天氣較多,造成蟲類、菌類滋生,殺蟲滅菌工作甚為重要。每10天噴一次殺菌藥,以甲基托布津、多菌靈、可殺得等交替使用,以提高藥效。但注意帶銅的殺菌藥儘量不要用,因銅抑制蘭苗生長。每半月噴一次殺蟲藥,以氧化樂果、三氯殺蟎醇為主。本月撲殺介殼蟲、紅蜘蛛效果最好。另外本月蝸牛、蛞蝓活動甚為猖獗,可於夜間投放滅蝸淨或捕捉。

(六)修剪蘭株。對於被病害危害過的葉片,應及時剪去並燒毀,以免傳到其他蘭株;已經枯黃的老葉及焦尖葉,也應剪去,使蘭叢清新。

六月花事

(一)遮陰降溫。在一年之中本月白天時間最長,氣溫逐漸升高,光照強,天氣炎熱,要做好遮陰工作,不使蘭花受陽光暴曬,以免灼傷蘭葉。

(二)避雨控水。本月正值梅雨期間,是一年中降雨量最

大的一個月份，多雨濕熱。遇小雨可任其淋之，要防止長雨、大雨、暴雨，造成積水爛根、爛芽。要做好遮雨工作，或將盆移至通風處。梅雨期間空氣濕度高達100％，即使盆內較乾也不要澆水。

（三）**科學供水**。梅雨季節過後，進入天乾物燥時期，盆土不要過分乾燥，不使蘭花缺水，同時注意中午氣溫較高時不澆水、不噴水。澆水宜在早上進行，晚上讓其「空盆」，以利蘭株生長。

對十分乾燥的蘭盆可用「浸盆法」供水，高溫時要對環境增濕，濕度較大時要注意通風透氣。

（四）**合理施肥**。本月可多施肥，澆施、噴施交替進行，有機肥、無機肥、生物菌肥交替進行，做到氮、磷、鉀肥分齊全。由於氣溫高，施肥注意選較涼爽天氣傍晚進行，第二天早上要澆「還魂水」，洗去沾在葉上的肥水，濾掉盆內的殘肥，以防肥害。

（五）**防治病蟲**。本月高溫、高濕，蘭花容易生病，每10天左右要噴一次殺菌劑，將多菌靈、甲基托布津、可殺得交替使用，以增強殺菌效果。同時本月亦是害蟲較為猖獗的時期，可用氧化氯果、三氯殺蟎醇等交替使用，撲滅介殼蟲、紅蜘蛛等蟲害。施藥要注意選擇涼爽天氣，以太陽即將落山時作業為宜。

（六）**察芽護芽**。本月是養蘭的豐收季節，子芽相繼破土、開葉，隨時注意各個品種新芽出土時芽尖色澤和轉化情況，積累識別不同品種的知識和經驗。這期間蘭宜偏陰，蕙蘭可稍陽，以利蘭草新芽茁壯。

（七）**花事禁忌**。本月至中秋節期間，禁止翻盆、分株、換料。

蘭花栽培小百科

七月花事

（一）**加強遮陰**。本月是一年中氣溫最高的月份，三分之二以上的天氣為高溫烈日的晴天。因此本月最主要的工作是加強遮陰，用70％左右的遮光網，直到陽光照射不到蘭葉時才可收簾。

（二）**通風降溫**。由於天氣酷熱，要加強通風降溫工作，悶熱天氣時可採用換氣扇、微型電扇等以微風吹拂，促使空氣流通；同時經常向地面灑水降溫，防止酷暑傷蘭。環境濕度盡可能達到60％～70％。

（三）**科學供水**。水的管理是本月工作的重點。若燥熱少雨，盆土易一乾到底，要注意盆土濕潤，澆水要澆透，次數要增加，如盆土已乾透可用浸盆的辦法去解決。但盆土不可長期過濕，以防引起根腐病、莖腐病、軟腐病和爛芽。

（四）**合理施肥**。本月高溫，不宜根施肥料，施肥以噴施葉面肥為好，可用0.1％的尿素加0.1％的磷酸二氫鉀及生物菌肥交替使用，以補充養分，促使生長旺盛，為來年發芽、發花打下基礎。葉面施肥在傍晚噴施，第二天早上洗葉，以防肥料積存葉面經高溫日曬引起傷苗。

（五）**防治病蟲**。本月最易發生各種病蟲害，殺蟲滅菌工作不能鬆懈，應選擇於涼爽的傍晚施藥。治介殼蟲的最好藥物是氧化氯果，消滅紅蜘蛛最好用三氯殺蟎醇，殺滅蚜蟲要用滅蚜淨，藥液不要過濃以防藥害。蝸牛、蛞蝓可在夜間捕捉。滅菌防病以噴灑多菌靈、甲基托布津、百菌清及培綠素較好。

（六）**防風避雨**。本月已有颱風暴雨出現，要做好防颱風工作，防止颱風吹翻盆缽，吹斷蘭葉。要採取遮雨措施，防止暴雨襲擊，造成損失。

（七）花事禁忌。本月高溫，切勿翻盆、換土、分株，即使需要引種最好等至秋分前後進行。

八月花事

（一）遮陰降溫。本月天氣酷熱，是全年第二個高溫月。最主要的工作仍是遮陰，酷熱時仍用密簾，如氣溫在28℃以下時可用疏簾，勿使蘭花受陽光照射。室內蘭花注意通風。

（二）科學供水。立秋以後空氣濕度降低，水分供應甚為重要，應酌量多澆水，牢記古人「秋不乾」的告誡。特別是久旱無雨時，要注意澆水、淋水、噴霧保證蘭房濕度，確保蘭花茁壯生長。

（三）合理施肥。蘭株經過夏季高溫酷暑之後，盆內養分消耗很大，本月中下旬起要根施有機肥1～2次，葉面施肥半月一次，二者可交替進行。

本月施肥要適當增加磷鉀成分，以利產生花蕾，同時保證秋芽生長和孕育茁壯的早春芽，但要稀薄不可施濃肥。施肥時間仍選擇在蘭盆內植料稍乾後的晴天傍晚，第二天早上需澆「還魂水」。

（四）防風避雨。本月時有颱風來襲，要做好防颱風工作，防止颱風吹翻蘭盆，吹斷蘭葉。

颱風來時要採取遮雨措施，防止暴雨襲擊，造成損失。颱風過後即是無風的酷熱天氣，因而要及時整修被颱風吹壞的遮陽網，以防蘭花被烈日灼傷。

（五）防治病蟲。本月菌蟲活動猖獗，要做好治蟲防病工作。治蟲要對症下藥，殺介殼蟲用「氧化樂果」，滅紅蜘蛛用「三氯殺蟎醇」，殺蝸牛、蛞蝓用「密達」。夜間要少開燈，因燈光會誘來蟲蛾產卵，螻蛄、金龜子等還會鑽入盆中危害。

蘭花栽培小百科

要用滅菌藥噴灑整個蘭苑。殺蟲滅菌工作仍宜在晴天傍晚太陽即將下山時進行。

（六）調節光照。秋天的陽光可增加蘭草的剛性，增強其抵抗病蟲害及抵禦嚴寒的能力，因而立秋後蘭草可逐漸多見陽光，但要先避過「秋老虎」的高溫。當氣溫降至28℃以下可用疏簾，早晚可拉開遮陽網。

（七）修剪蘭株。本月建蘭盛開，花後及時剪去花枝並補充養分，以壯蘭株；同時對蘭葉進行整理，剪去病葉，以免傳染其他蘭株，枯葉、焦尾葉亦須剪去，使蘭株亮麗。

（八）花事禁忌。本月換盆工作仍不宜進行，分株的老草易倒草且不易發芽；同時本月蘭株因酷熱失去美態，缺乏商品價值。

九月花事

（一）調節光照。本月暑氣漸消，蘭花的根、葉已很茂盛，可以多曬一點陽光，以增加蘭葉的剛性。遮陰可用疏簾，下旬起基本可以結束遮陰工作。但對於氣溫較高的特殊天氣仍需遮陰，不可大意。

（二）科學供水。正確理解「秋不乾」，防止旱害，久旱乾燥時需多澆水，避免盆料過乾，以偏「潤」為好。但如雨天較長，則需注意控水。如需見花，則需控水促乾，催生花蕾。秋天氣候乾燥，要注意增加空氣濕度，可地面噴水，有條件的情況下可使用彌霧機或水簾。

（三）防風避雨。本月台風尚在頻發期，要做好防颱工作。颱風期間會有狂風暴雨，要採取遮雨措施，防止暴雨襲擊。颱風過後可能有乾燥的氣流來襲，亦有可能豔陽高照，熱氣逼人，這些均需加以防範。

（四）**防治病蟲**。本月介殼蟲、紅蜘蛛、蚜蟲、蛞蝓、蝸牛十分猖獗，軟腐病、黑斑病時常發生，要注意殺蟲滅菌。需對蘭場進行1～2次全面消毒。用藥時間仍以傍晚為好。

（五）**翻盆分株**。本月下旬是翻盆換料及分株繁殖的大好時機，凡需翻盆或分株的蘭花，可在這段時間依據翻盆分株的要領及時作業；但如需欣賞的盆花，最好不要翻盆分株。

（六）**察芽摘蕾**。本月各種花蕾開始透土，要保護花蕾，需注意觀察辨認各種花蕾的顏色、筋脈及外形，增強識別不同品種的能力。如為了增殖，或為了明年多發新芽壯芽，可將花蕾摘掉。

（七）**合理施肥**。本月是蘭草生長的黃金季節，可大膽地對蘭草進行施肥。施肥工作可每隔7～10天一次，根系施肥和葉面施肥輪流進行，有機肥、無機肥及生物菌肥交替使用。要注意氮、磷、鉀肥分需齊全，且適當增加磷、鉀肥的比例。

（八）**引種換種**。「秋分」節令後是引種交易的又一個黃金時期，要不失時機地尋覓新種，發展自己的蘭苑。自己多餘的品種要捨得轉讓，達到以花養花的目的。

十月花事

（一）**增加光照**。本月氣溫漸轉秋涼，陽光漸轉柔和，遮陰工作全部結束，蘭草可以全日多曬太陽，使蘭花增加剛性，促進花草成長和花蕾飽滿，有利於蘭株過冬。

（二）**科學供水**。本月降水量小，晴天時秋高氣爽，空氣中濕度很低，盆內植料很易乾燥。應視情增加澆水次數和水量，遇秋雨可任其淋之，但連綿陰雨還須遮擋，切勿讓蘭株長期淋雨，否則易生黑斑病。

（三）**合理施肥**。十月是蘭花生長的黃金季節，亦是施肥

的大好時機，可每週一次，根施、葉施交替進行，以滿足蘭花生長需要的營養，但不能施濃肥。要注意適量多施磷、鉀肥，至月底原則上結束一年的施肥工作。

（四）**防治病蟲**。繼續噴施「氧化樂果」、「三氯殺蟎醇」，以剿滅介殼蟲、紅蜘蛛、蚜蟲；撒「施呋喃丹」，以殺滅盆中蚯蚓、地老虎、螻蛄及其他盆中害蟲，不能讓其過冬；撒施「密達」，以剿滅蝸牛、蛞蝓。殺菌防病噴施甲基托布津、多菌靈，確保蘭草冬季不發病。

（五）**預防早霜**。本月下旬可能有早霜來臨，注意收看天氣預報，如預報有霜，要做好防霜工作，晚上可以拉遮陽網遮擋，勿使蘭花遭受霜害。

（六）**翻盆分株**。本月仍是交流引進品種和翻盆、分株、換料的最佳時機，此項工作最好在本月底前完成。

（七）**觀蘭察蕾**。本月新草均已長成，是一年中蘭叢最漂亮的時期；本月各種花苞均已透土，要注意觀察花蕾顏色、形狀，積累識別不同花蕾的能力，提高鑒賞水準。

十一月花事

（一）**蘭花入室**。位於屋後的蘭苑，因曬不到太陽，本月上旬可搬入室內。而位於房前的蘭花，可根據氣溫延至中下旬進房。但如遇有寒流，需提前採取入室措施，以免受害。已入房的蘭花，要儘量讓蘭花承受全光照。

（二）**增強光照**。本月蘭花可以全日照，無需遮陰，這樣有利於培育有剛性的壯草，有利於增強蘭花的抗病能力，也有利於來年早發大芽。

（三）**防霜防凍**。本月早晚漸有寒意，早霜陸續來臨，要做好防霜工作，晚上可拉遮陽網遮擋。同時本月可能有強大寒

流侵襲，出現低溫霜凍現象，要注意收看天氣預報，及時採取防護措施，如有強大寒流侵襲，可讓蘭花提前進房。

（四）**通風透氣**。注意蘭房的通風透氣，寒流來時需關閉窗戶，一旦天氣轉晴，溫度上升，即需開窗換氣。無論天氣多冷，只要室內不結冰，蘭房均無需加溫。適當的低溫有利於蘭花的休眠，也有利於花芽分化。

（五）**保持濕度**。室內蘭房要注意保持一定的空氣濕度，最好能達到60％以上，勿使太乾燥影響蘭株。要經常向室內地面噴水，經濟條件允許的可安裝全自動增濕機。

（六）**適當澆水**。本月上、中旬蘭草仍繼續生長，盆料不宜過乾，以「潤」為好，但澆水改在晴天上午進行，且水溫宜和室溫相近。由於蘭花冬眠固水量不宜過大，澆水不可太勤，防止爛根。

（七）**葉面噴肥**。已入房的蘭花應讓其冬眠，絕對禁止根系施肥，以免產生肥害爛根。但葉面噴施磷、鉀肥或生物菌肥可照常進行，時間以上午為好。由於氣溫低，蒸發慢，量不能太大，以免灌入葉心，引起腐爛。

（八）**防治病蟲**。由於蘭房溫度較高，病蟲仍在危害，為根除病蟲隱患，殺蟲滅菌仍需進行2次，時間亦在上午為宜。

（九）**翻盆引種**。本月仍可翻盆、引種，尚未完成翻盆工作的需在上、中旬抓緊完成，這樣有利於蘭草恢復，以利來年早發大芽。

十二月花事

（一）**防寒保暖**。本月進入嚴冬季節，防寒是養蘭的工作重點。天氣寒冷時要關閉窗戶，晚上溫度最好控制在5℃左右，不能低於0℃，白天最好控制在10℃左右。如達不到要採

取加溫措施,有條件的可安裝空調器,但千萬不可在蘭房內用煤爐或燃燒煤氣增溫。

(二)**通風透氣**。如天氣晴和,在溫度許可的情況下,中午時分可開南面窗戶換氣,以防蘭盆和植料發黴引起爛根。

(三)**保持濕度**。冬天空氣乾燥,低於40%對蘭花生長是不利的。要注意保持蘭室內一定的空氣濕度;要在蘭架下設水池,擴大水面,並經常向蘭房地面及周圍環境噴水。

(四)**科學供水**。冬季水分蒸發慢,盆土偏乾不宜濕。如盆土確實已乾可澆水,澆水宜在晴天的臨近中午時進行,用與室溫相近的水為宜。

不可夜間澆水,以防植株凍傷。

(五)**葉面施肥**。冬季蘭花並不完全停止生長活動,可向葉面噴施1～2次生物菌肥或磷、鉀肥,施肥時間仍以晴天上午為好。

(六)**防治病蟲**。雖是冬季,因蘭房內溫度、濕度較高,病蟲害仍時有發生,殺蟲滅菌工作不可終止,每月仍需作業1～2次。

附　錄
古代十二月養蘭口訣

　　宋代李恫（字願中，世稱延平先生）《李願中藝蘭月令》（福建地區）

　　正月安排在坎方，黎明相對向陽光，晨昏日曬都休管，要使蒼顏不改常。

　　二月栽培更是難，須防葉作鷓鴣斑，四圍扦竹防風折，惜葉猶如惜玉環。

　　三月新條出舊叢，花盆切忌向西風，提防濕處多生虱，根下猶嫌太肥濃。

　　四月庭中日午炎，盆間泥土立時乾，新鮮井水休澆灌，膩水時傾味最甜。

　　五月新芽滿舊窠，綠蔭深處最平和，此時老葉從他退，剪了之時愈見多。

　　六月驕陽暑漸加，芬芳枝葉正生花，涼亭水閣堪安頓，或向簷前作架遮。

　　七月雖然暑漸消，只宜三日一番澆，最嫌蚯蚓傷根本，苦皂煎湯尿汁調。

　　八月天時漸覺涼，任它風日也無妨，經年污水今須換，卻用雞毛浸水漿。

　　九月時中有薄霜，階前簷下好安藏，若生蟻虱防黃腫，葉

灑茶油庶不傷。

十月陽春暖氣回，來年花筍又胚胎，幽根不露真奇法，盆滿尤須急換栽。

十一月天宜向陽，夜間須要慎收藏，常叫土面生微濕，乾燥之時葉便黃。

臘月風寒冰雪欺，嚴收暖處保孫枝，直教凍解春司令，移向庭前對日暉。

清代嘉慶年間屠用甯的《蘭蕙鏡》中農曆12個月養花法（江浙地區）

正月天寒不出房，須防泥燥致乾傷；盆邊乾透泥離殼，極妙須澆生腐漿。

二月春分微透風，須澆河水兩三鍾；花盆大小宜斟酌，莫向花澆盆內中。

三月春和日暖時，蘭花風露用心思；東風雖大全無礙，西北狂風宜避之。

四月晴和真好養，不拘雷雨卻無妨；若還久雨安簾下，風透微微便不傷。

五月太陽微似火，夜澆早曬三時藏；蔭過午後交申酉，新透萌芽便不傷。

六月炎炎早晚澆，行根透發起新苗；若還苗瘦如何治，秘授仙傳人乳澆。

七月天時初立秋，新根受旺長苗頭；盆中若見根泥結，鬆土還宜用指尖。

八月中秋霜露濃，須將草汁滿中盆；根強葉壯秋棵透，早發新花便不同。

九月重陽風漸寒，盆中泥面不宜乾；勸君多曬多濡露，自

有新棵土面穿。

十月小春寒與熱，慎防風雨及嚴霜；天和須向窗前曬，天冷還宜暖屋藏。

子月開寒莫出房，溫和還要閉風窗；最宜松葉鋪盆面，否則棉花亦可良。

臘月天時緊閉窗，極寒極凍用銀缸；盆中乾透微澆水，四面勾開中勿傷。

清代光緒年間許齊樓的《蘭蕙同心錄》中「種蘭蕙四季口訣」（江浙地區）

正月：又是春風月建寅，暖房安置倍留神。向陽窗拓勤宵閉，不使寒侵到晌晨。

二月：杏花春雨鬧枝頭，喜見幽芳日漸抽。簷下避霜更防凍，惜花時動夜寒愁。

三月：清明時節雨如絲，濕透苔痕蕊長時。防悶更移宜爽處，臨簷猶禁朔風吹。

四月：蕙蘭開罷又清和，漸覺陽驕奈曬何。整頓護花障簾架，半陰爭比竹林窠。

五月：黴雨連朝長翠莖，舊叢又見子芽萌。陰陽天氣宜珍護，莫使驕陽漏竹棚。

六月：暑浸中庭熱不消，重簾晨蔽夜方挑。明年花信胚胎試，謹慎還宜草汁澆。

七月：涼風乍動暑猶薰，泥燥留心灌澆勤。得氣蕊應先出土，計時不必定秋分。

八月：桂花蒸後烈秋陽，乾涸防將根本傷。記取時逢菱角燥，一壺清水即瓊漿。

九月：木葉摧殘霜暗飛，任它夜露受風微。直看瓦上痕添

薄，始置南簷納曙暉。

十月：嶺梅乍放小春回，又恐暄和霜雪來。移置草堂迎爽氣，瓦盆高供小窗開。

十一月：廣寒月冷仲冬交，天地無情凍怎熬。旁午拓窗申又閉，周圍護惜更編茅。

十二月：九九嘗防凍不開，窗封更恐雪飛來。倘逢滴水成冰候，爐火能將春喚回。

參考文獻

1. 吳應祥. 中國蘭花. 北京：中國林業出版社，2000.

2. 許東生. 蘭花賞培600問. 北京：中國林業出版社，2002.

3. 韋三立. 花卉無土栽培. 北京：中國林業出版社，2001.

歡迎至本公司購買書籍

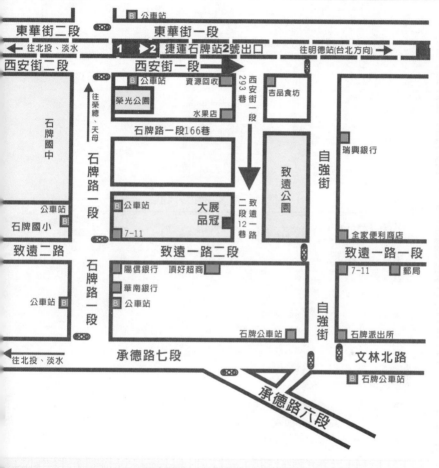

搭乘路線
搭乘捷運、公車
　淡水線石牌站下車，由石牌捷運站２號出口出站(出站後靠右邊)，沿著捷運高架往台北方向走(往明德站方向)，其街名為西安街，約走100公尺(勿超過紅綠燈)，由西安街一段293巷進來(巷口有一公車站牌，站名為自強街口)，本公司位於致遠公園對面。搭公車者請於石牌站(石牌派出所)下車，走進自強街，遇致遠路口左轉，右手邊第一條巷子即為本社位置。

自行開車或騎車
　由承德路接石牌路，看到陽信銀行右轉，此條即為致遠一路二段，在遇到自強街(紅綠燈)前的巷口(致遠公園)左轉，即可看到本公司招牌。

國家圖書館出版品預行編目資料

蘭花栽培小百科 ／ 殷華林　編著
　　——初版，——臺北市，品冠文化，2016〔民104.11〕
　　面；21公分 ——（休閒生活；10）
　　ISBN　978－986－5734－56－5（平裝）
　1.蘭花　2.栽培
435.431　　　　　　　　　　　　　　　　　105017137

蘭花栽培小百科

編　　著／殷華林
責任編輯／劉三珊　楊都欣
發 行 人／蔡孟甫
出 版 者／品冠文化出版社
社　　址／台北市北投區（石牌）致遠一路2段12巷1號
電　　話／（02）28233123 · 28236031 · 28236033
傳　　眞／（02）28272069
郵政劃撥／19346241
網　　址／www.dah-jaan.com.tw
E－mail ／ service@dah-jaan.com.tw
承 印 者／凌祥彩色印刷股份有限公司
裝　　訂／眾友企業公司
排 版 者／弘益電腦排版有限公司
授 權 者／安徽科學技術出版社
初版1刷／2016年（民105年）11月

定 價／600元

大展好書　好書大展

品嘗好書　冠群可期